JN243480

アクチュアリー数学シリーズ

1 [第4版]

アクチュアリー数学入門

黒田耕嗣
斧田浩二 [著]
松山直樹

日本評論社

まえがき

保険商品を開発したり，保険会社の収益と負債を評価して会社の安定的な財政運営に重要な役割を果たすのがアクチュアリーとよばれる人々です．また年金数理人とよばれるアクチュアリーは年金基金の財政運営にも携わっています．彼らは確率統計の知識を用いて保険や年金のリスクに対処しています．

アクチュアリーになるためには日本アクチュアリー会が行うアクチュアリー試験に合格しなければなりません．1 次試験は数学 (確率統計)，生保数理，年金数理，損保数理，会計・経済・投資理論の 5 科目であり，この 5 科目の試験に合格すると準会員となり，2 次試験 2 科目に合格すると正会員となります．2 次試験は生保コース，年金コース，損保コースの三つに分かれています．

このアクチュアリー試験の準備のために企画されたのが本シリーズです．しかし，単に試験の合格を目指すだけでなく，近年複雑化してきている金融リスクを数理的に取り扱うための知識を身につけることも目指しています．

生命保険と損害保険とでは数理的な取り扱いが大きく異なります．生命保険では保険金はあらかじめ決められていますが，損害保険では保険金額 (クレーム額) も不確定なものとなり，複合 Poisson 過程を用いてリスク評価が論じられます．また年金数理では，年金制度の安定的な財政運営を行うための各種の財政方式を取り扱います．

本書では，まず現役アクチュアリーの座談会を通じてアクチュアリーの業務とは何であるのかを読者の皆さんに理解していただきます．次に，アクチュアリー数学を学ぶにあたって，何をどのように学ぶべきかの指針を与え，アクチュアリー試験でどのような問題が取り扱われるかを論じています．具体的には，アクチュアリー試験の数学で出題される確率統計の知識をまとめ，生保数理，年金数理，損保数理の基本的な考え方を述べています．

本書が，アクチュアリー試験を目指す人にとって最初の一歩をどのように歩めば良いかの道しるべとなれば幸いです．

2010 年 3 月 10 日

著者を代表して　**黒田耕嗣**

第2版へのまえがき

近年，金融の世界において，金利リスク，流動性リスク，オペレーショナル・リスク等，さまざまな経済リスクを数量化して評価することが求められています．これらの経済リスクをどのように測るかは大きな問題であり，どのようなリスク尺度を用いるかは金融企業の経営にも非常に重大な影響を与えます．リスク評価において，確率論や確率過程論の果たすべき役割も大きくなっていると言えます．

このような時代の要請から，アクチュアリーの世界でもアクチュアリー資格の上にたつ ERM (Enterprise Risk Management = 全社的リスク管理) に関する CERA (Chartered Enterprise Risk Actuary [Analyst]) 資格の導入が決まっています．この資格に関しては，本書において概要説明を行っているので，ご覧になってください (227〜233 ページ参照)．また改版に際して,「アクチュアリー試験過去問題の出題箇所」の入れ替えを行っています．

本書は保険，年金における数理的なプロフェッショナルを目指す人たちのための入門書として企画されたものでありますが，アクチュアリーを目指す人たちばかりでなく，リスク管理に興味を持たれる人たちにとっても良き入門書となれば幸いです．

2012 年 3 月 10 日

著者を代表して　**黒田耕嗣**

第3版へのまえがき

保険料の設定や責任準備金の管理といったアクチュアリー本来の業務に留まらず，金融企業全体のリスク管理の役割をアクチュアリーが担おうとしています．このことは，ERM の資格である CERA の導入にも見て取れます．また，アクチュアリーの役割の拡大にともない，アクチュアリーに求められる知識や能力にも変化の兆しが現れてきています．本書がアクチュアリーをめざそうとする人たちにとって，良き入門書となることを切望しています．

2014 年 7 月 17 日

著者を代表して　**黒田耕嗣**

第4版へのまえがき

近年，アクチュアリーに興味をもつ学生が多様化してきているように思います．以前は主として数学科の学生が多かったのですが，最近では理系の学生にとどまらず文系の学生もアクチュアリーに興味をもつようになってきています．公認会計士資格はもっているが，アクチュアリー資格も目指したいという人たちも出始めてきています．

本書は，アクチュアリーを目指す人たちにアクチュアリー数学の概要を紹介するための本です．第4版となる今回は,「アクチュアリー試験過去問題の出題箇所」の入れ替えのほかに，金融・保険業界で活躍する女性アクチュアリーの皆さんの座談会を第1章へ新たに収録しました．本書から始まり，第2巻以降の本シリーズを読まれて，アクチュアリー試験に臨んでいただければと思います．

2016年7月21日

著者を代表して　黒田耕嗣

目 次

第1章 アクチュアリーの業務とは

『アクチュアリー』という言葉については，近年『アバウト・シュミット』という映画でも取り上げられるようになって，多少は知られるようになってきてはいますが，まだまだ一般の方々にはなじみの薄い言葉ではないかと思われます．この映画の主人公がアクチュアリーで，仕事一筋に生きてきたのだが，定年後仕事をしなくても良い生活になかなかなじめない様子が描かれています．このように書くとアクチュアリーとは気難しい人間が多いのかというイメージを受けられるかもしれません．私の知っているアクチュアリーの中にもたしかに気難しい人もいますが，概して人との交流を重視する人が多いように見受けられます．この章や第6章の中で，アクチュアリーの人たちの実際の業務や生活について紹介するページを用意してありますので，そのページをよくお読みください．

まず，アクチュアリーとはどのような業務をおこなう人であるのかを説明しておきましょう．アクチュアリーとは一言で言うと，保険に関する数理を扱う人です．すなわち，確率論や数理統計の手法を用いた保険の保険料の算出や，保険会社が将来の保険金支払いのために準備しておくべき責任準備金を算出する人なのです．保険会社では，数理部，主計部，商品開発部，リスク管理部(ALM)などの部門で多くのアクチュアリーが働いており，信託銀行では年金関連部門で年金アクチュアリーが企業年金の財政運営管理の仕事をおこなっています．

アクチュアリーの実際の業務については後回しにして，まずはアクチュアリーになるためにはどうすれば良いかという話について述べたいと思います.

1.1 アクチュアリー試験について

アクチュアリーになるためには，日本アクチュアリー会が行うアクチュアリー試験に合格しなければなりません．詳しくは日本アクチュアリー会のホームページ (http://www.actuaries.jp/) を参照ください.

試験科目は 1 次試験と 2 次試験に分かれています．1 次試験の試験科目は次の 5 科目です.

(1) **数学 (確率論，数理統計，モデリング論)**
(2) **生保数理**
(3) **年金数理**
(4) **損保数理**
(5) **会計・経済・投資理論**

この 1 次試験 1 科目以上に合格すると，**研究会員**となり，1 次試験すべてに合格すると**準会員**となります.

2 次試験は，生保コース，年金コース，損保コースに分かれ，各々 2 科目ずつが課せられます．2 次試験 2 科目に合格すると，**正会員**となります．2 次試験を受けるときには，将来の自分の働き場所が生保なのか年金なのか損保なのかを決めておかなければなりません.

本書で扱わない『会計・経済・投資理論』以外の 1 次試験の各科目について，試験を受けるときのチェックポイントをまとめておきましょう.

◉――『数学』を受けるときのチェックポイント

□ 測度論的な確率論の範囲からは出題されない．したがって，ルベーグ積分の知識がなくても大丈夫である.

□ 基本的に以下の確率分布が良く出題される.

① 二項分布 $B(n;p)$ と多項分布

② Poisson 分布 Po(λ)
③ 幾何分布 Ge(p)
④ 正規分布 N(μ, σ^2)
⑤ 指数分布 Ex(λ)
⑥ 一様分布 U(a, b)

これらの分布のモーメント母関数 (積率母関数) は知っていることが必須である．

□ 2 次元確率変数 (X, Y) の結合確率密度関数および convolution(たたみ込み) の計算に習熟していること．

□ 再生性を持つ確率分布の知識はまとめておく．また，独立な指数分布に従う確率変数の和の分布がガンマ分布になるなどの知識も必要である．

□ 仮説検定，区間推定の問題では，正規母集団の知識は基本として持っているべきであるが，Poisson 分布に従う母集団，指数分布に従う母集団についての知識も必須である．また二つの正規母集団の平均の差や等分散性の検定についての知識，データ数が少ないときのデータの取り扱い方についての知識 (精密法) も必須である．大学における数理統計は正規母集団について大部分の時間が割かれていると思うが，Poisson 母集団や精密法はあまり教えられていないのではないかと思う．これらの知識は自分で補っておく必要がある．

□ モデリング論は以下の項目よりなる．

① 回帰分析 (重回帰分析までを含む)
② 時系列解析 (自己回帰システム，移動平均システムなど)
③ シミュレーション (一様乱数，正規乱数などの発生法など)
④ 確率過程 (ブラウン運動，Poisson 過程，マルコフ過程)
⑤ 線形計画法

●——『生保数理』を受けるときのチェックポイント

□ 生命表から定まる生命確率の間の関係に習熟すること．

□ 死力が与えられたとき，生命確率の計算ができること．x 歳のひとの余命 τ_x の確率密度関数が，死力を用いてどう表されるかを理解すること．この知識は連合生命確率を考えるときに重要な役割を果たす．

□ 期末払いの定期保険の一時払い保険料や年 1 回払いの生命年金現価が，現価率と生命確率でどう表されるかを理解すること．

□ 養老保険一時払い保険料 $A_{x:\,\overline{n|}}$，年払い保険料 $P_{x:\,\overline{n|}}$，生命年金現価 $\ddot{a}_{x:\,\overline{n|}}$ の間の関係に習熟すること．この関係は頻出事項である．

□ 即時払いの定期保険一時払い保険料 $\bar{A}^{1}_{x:\,\overline{n|}}$，連続払い生命年金現価 $\bar{a}_{x:\,\overline{n|}}$ が，死力や生命確率を用いてどう表現されるかを理解すること．

□ 据置保険の一時払い保険料や据置年金の現価が，据置でない保険や年金の言葉でどう表されるかを理解すること．

□ 一時払い保険料や年金現価に関する再帰式を用いる問題は頻出事項である．

□ 既払い保険料返還付保険，遺族年金，保障期間月年金について習熟すること．

□ 責任準備金の過去法，将来法による表現の意味を理解すること．

□ 責任準備金の再帰式を用いる問題は頻出事項である．

□ 多重脱退の絶対確率と脱退率との間の関係や，多重脱退表について理解すること．

□ 就業-就業不能問題に関するさまざまな確率 $({}_tp_x^{aa}, {}_tp_x^{ai}, q_x^{i}, {}_{t|}q_x^{ai}, \cdots)$ が，どのように表現されるかを理解すること．

□ 連合生命，および連合生命に関する保険，年金について理解すること．特に，親子保険，復帰年金，ゴムパーツモデルは重要．

□ 営業保険料，チルメル式責任準備金について理解すること．特に，初年度の責任準備金が 0 となるチルメル式責任準備金は重要．

□ 払い済み保険，延長保険，保険の転換について理解すること．

●――『年金数理』を受けるときのチェックポイント

□ 生命表，脱退残存表，利息の計算および年金現価について，生保数理の範囲の内容が理解できていること．

□ 年金の支払い方法や予定利率と，年金額との関係を理解すること．特に保証期間付終身年金で保証期間や予定利率の見直しを行う場合,「保証期間」の年金現価が変わらないように年金額を見直すことが多いことに留意する．

□ 保険料と給付の支払時期に応じて，異なる極限方程式が導かれることを理解すること．極限方程式は,「期初の年金資産＋保険料収入－給付支払＋利息収入 (支払時期によって異なる) ＝翌期初の年金資産」で,「期初の年金資産＝翌期初の年金資産」となることを用いて導かれる．

□ Trowbridge モデルの年金制度の仕組みを理解し，給付現価，人数現価を，$D_x, \ddot{a}_{x_r}$ などを使用して表現できること．

□ Trowbridge モデルの重要な算式

$$S^p + S^a + S^f = \frac{B}{d}, \qquad S^a + S^f = \frac{v}{d} \cdot l_{x_r} \cdot \ddot{a}_{x_r},$$
$$G^a + G^f = \frac{L}{d}$$

の意味を理解し，給付現価，人数現価から導くことができるようになること．ここで使用した式変形 (特に $\sum$ の順序の入れ替え) は，他の算式でも使用する．

□ 賦課方式，退職時年金現価積立方式，単位積立方式，平準保険料方式，加入時積立方式，完全積立方式の各財政方式について，保険料の意味を理解すること．

□ 上記財政方式における定常状態の積立金を，極限方程式を利用して導くことができること．さらに，給付現価と積立金，給付現価と保険料収入現価 $\left(\dfrac{C}{d}\right)$ との関係を理解すること．

□ 加入年齢方式，個人平準保険料方式，閉鎖型総合保険料方式，到達年齢方式について，その仕組みと平準保険料方式へ収束する過程を理解すること．

□ 未積立債務の償却方法 (定率償却，定額・元利金等償却など) を理解すること．

□ 開放型総合保険料方式の制度設立時の過去勤務期間の通算方法と，保険料の関係を理解すること．

□ 開放基金方式では，責任準備金と積立金の大小により保険料の算出方法が異なることを理解すること．

□ 最終給与比例制，給与累積制などの Trowbridge モデル以外の給付算定式について慣れること．

□ 特にキャッシュバランスプランについて，給付の仕組みを理解し，保険料率や責任準備金の特徴について理解すること．

□ 離散的モデルによる責任準備金の計算式を求め，これからファックラーの公式を導くことができること．

□ 連続的モデルによる責任準備金の計算式を求め，これからティーレの公式を導くことができること．

□ 貸借対照表と損益計算書の仕組みについて理解すること．

□ 未積立債務の利息，償却，加入員や総給与の変化による償却額の増減，積立金の利差損，責任準備金の変動 (脱退差損益，昇給差損益など) による，未積立債務の変化の仕組みを理解すること．

●──『損保数理』を受けるときの注意点

□ 生保では保険金は決まっているが，損保では保険金にあたるクレーム額は決まっておらず確率変数として取り扱わなければならない．

□ $\{X_i\}$：i.i.d., N は 0 以上の整数値をとる確率変数とするとき，$S = X_1 + \cdots + X_N$ のモーメント母関数を X_i のモーメント母関数を用いて表現し，S の期待値，分散が計算できるようにしておくこと．($\{X_i\}$：クレーム額，N：1 年間の契約数を表している．)

□ 負の二項展開を用いて負の二項分布のモーメント母関数を求め，再生性が得られることを理解すること．また Poisson 分布と負の二項分布の関係を理解すること．

□ 純保険料，営業保険料の算出法．料率改定率の算出．

□ 免責のフランチャイズ方式，エクセス方式の違いを理解すること．免責を導入したときの営業保険料の割引率の算出を理解すること．

□ Poisson 過程，複合 Poisson 過程について理解すること．事故の時間間隔の分布を表す指数分布と，ある時間までの事故件数を表す Poisson 分布との関係を理解すること．

□ リトン・プレミアム，アーンド・プレミアム，ペイド・ロス，インカード・ロスの言葉の意味を理解すること．

□ 支払備金について理解すること．

□ チェイン・ラダー法について理解すること．

□ 積み立て保険について理解すること．

☐ 危険標識が複数与えられたときの処理を理解すること．

☐ 有限変動信頼性理論で全信頼を得るためのデータ数に関する条件．

☐ 自動車保険等のクレームの発生確率が運転能力 Θ に依存して決まる場合の，クレーム額 X_i についての平均，共分散などの取り扱い．

☐ Bühlmann のモデルによる信頼度 Z の算出法．

☐ 再保険において，再保険料，破産確率等について理解すること．

☐ Lundberg モデルによる破産確率の評価．

【座談会 1】活躍の場が広がるアクチュアリー
アクチュアリーの魅力と女性の進路選択

参加者

浅野紀久男◎日本アクチュアリー会理事長 (当時),
明治安田生命保険相互会社

岡部美乃理◎東京海上ホールディングス株式会社

古家潤子◎株式会社かんぽ生命保険

服部久美子◎首都大学東京大学院理工学研究科 (司会)

藤田佳子◎株式会社りそな銀行

服部 (司会) ●本日は日本アクチュアリー会理事長の浅野紀久男さんと，アクチュアリーとしてご活躍の 3 人の方にお集まりいただきました．アクチュアリーとはどのような職業か，ご自身の経験を通して魅力などをお話しいただきたいと思っています．また，3 人とも女性でいらっしゃいますので，理科系へ進学を考えている女子中高生や親御さんにとって興味深い話を伺えるものと期待しています．

アクチュアリーとは何か

服部●それではほじめに，浅野さんからアクチュアリーとはどのようなものかお話しいただければと思います．

浅野●アクチュアリーを一言で表現すると「確率・統計などの手法を用いて不確実な事象を扱う数理のプロフェッショナル」となるでしょうか．確率論・統計学などの数理的手法を用いて，おもに保険や年金に関わる諸問題を解決し，財政の健全性を確保するという仕事を行っています．

ここで言うところの「アクチュアリー」は「日本アクチュアリー会の正会員」を意味しています．正会員資格を取得するためには，基礎科目 5 科目[1]，専門科目 2 科目[2]，合計 7 科目の試験に合格することが必要です．企業でアクチュアリー業務に携わりながら試験勉強を続けるため，合格までに平均 7～8 年かかります．2015 年 4 月現在，正会員 1514 名，準会員[3]1287 名，研究会員[4]2192 名で，合計 5000 名近い方々が会員となっています[5]．

日本アクチュアリー会の歴史は古く，1899(明治 32) 年創立，100 年以上の歴史があり，世界でもトップ 10 に入る，古いアクチュアリー会の一つです．また，国際的には 85 か国のアクチュアリー会で組織される「国際アクチュアリー会 (IAA)」があり，全世界で約 6 万名のアクチュアリーが正会員として活躍しています．当会も IAA のメンバーです．

服部●アクチュアリーを目指す学生の就職先としては，どのような選択肢があるのでしょうか．

浅野●弁護士や会計士，税理士とは違い，一般の人々と直接接点のある職業ではないために，一般的な知名度はあまり高くありませんが，金融業界や保険・年金業界で知らない方はいないと思います．また，最近では保険会社などに対する外部コンサルタントとして活躍したり，監査法人に所属して保険会社への外部監査を行ったりするアクチュアリーも増加しています．

アクチュアリーを目指す場合は，保険会社や信託銀行などに就職し，実務経験を積みながら資格試験にパスするのが一般的ですが，ここ数年は，大学生や大学院生のうちからアクチュアリー試験を受験する方も多くなっています．

アクチュアリーになるまで

服部●それでは，皆さんに自己紹介をかねていくつかお聞きしたいと思いま

---

[1]「数学」「生保数理」「損保数理」「年金数理」「会計・経済・投資理論」．

[2]「生保」「損保」「年金」のコースに分かれる．

[3]基礎科目 5 科目をすべて合格した方．

[4]基礎科目を 1 科目以上合格した方等．

[5]2016 年 4 月現在，正会員 1579 名，準会員 1318 名，研究会員 2264 名．

す．理科系へ進むことを決めた時期ときっかけは何か？　理科系に進学するにあたりご両親の反応やご自身の不安はあったのか？　大学時代の専攻分野，そして，アクチュアリーになろうと思ったのはいつの段階か，を中心にお答えいただければと思います．

古家●私は高校3年生で理系・文系とクラスが分かれるときに，どちらか決める必要に迫られて理系に決めました．ほかの科目も好きだったのですが，理系の分野は一度離れてしまうと，自分で勉強するのが難しくなると思ったためです．

また，地方だったせいか高校時代は大学卒業後の進路にまつわる情報がそれほど入ってこなかったため，理系に行ったらどうなるということは深く考えていませんでした．親も，大学卒業後にどういう職業に就けるのかを問題にしていなかったと思います．女性が理系に進んだら不利かもしれない，といった話も知らなかったと思いますので，あまり心配はしていないようでした．

大学は数学科で，修士では位相幾何学を専攻しましたが，就職にあたり国家公務員試験を受験してみることにしました．現在は区分が変わっているのですが，当時あった「数学」区分で国家公務員試験を受け，数学区分の合格者を採用していた郵政省へ就職することになりました．郵便局では保険を販売しており，その設計などのために数学区分の合格者が必要で，頑張って勉強するとアクチュアリーという資格も取れる，という話でした．数学の分野ではほかにあまり資格がありませんし，アクチュアリーという資格は民間にも共通する技能が得られる魅力的な資格だと思いました．

服部●大学院に進学するときもご両親の心配はありませんでしたか．

古家●修士に行くときはありませんでしたが，博士課程に行こうかと言ってみたときは少し心配したようでした．結局自分でも修士を終えたところで就職した方がよいと思いそうしました．

服部●国家公務員試験に数学区分があったというお話ですが，郵政省以外ではどの省庁が募集していたのでしょうか．

古家●当時の厚生省がいちばん多く，5～6人募集と書いてあったと思います．厚生省は年金や人口動態統計なども所掌していましたので，厚生労働省となった今も理系の人を採用していると思います．ほかには労働省，郵政省，経済企画庁などが募集していました.

服部●今，数学区分の代わりには何があるのですか.

古家●昔と比べて区分は大くくりになっているようです．昔は物理，数学，建築というふうに募集分野が細かく分かれていて，採用人数がそれぞれ表に書かれていました．数学区分は保険，年金，人口統計などで需要があり，たとえば労働省は雇用保険を行っているから数学区分の合格者が必要だ，というような話だったと思います.

服部●次に藤田さん，お願いします.

藤田●もともと数学が得意で，国語など文系の科目が苦手だったので，ごく自然に理系の道を選びました．親も，中学のときの三者面談で,「女性で数学が得意な子は少ないですよ」と先生から言われ，成績表を見ても,「この子は理系なのかな」とうすうす感じていたと思います．高校 3 年生で理系と文系にクラスが分かれたとき理系を選択し，大学も理系で受験しました.

服部●女性で数学が得意な子は珍しいと言われた先生は，そのことをポジティブに受けとっておられたのですね.

藤田●その言葉が私の背中を押していたのかもしれません.

大学では，数学より物理のほうが得意だったので土木工学系の学科に進みました．土木工学では道路や橋などの社会基盤整備を扱っています．当時から「ドボジョ(土木女子)」という言葉もあり，ヘルメットを被って実験をするような学生時代をすごしていました.

服部●女性は極端に少なくないですか.

藤田●全体の 5 %くらいでした．120 人ほどの学科で女性は 5 人でしたから，入学したときに女性にだけ女子トイレの位置を示す紙が配られました．そんな環境で作業着を着てやっていました.

今では大学でアクチュアリーの講座があったりしますが，当時はなく，アクチュアリーという職業をまったく知らずに就職活動を始めました．就職活動で大学の先輩との面談のときにはじめて，理系だったらこういう仕事もあると教えていただき，そのままアクチュアリー職で採用面接に応募しました.

服部●土木工学科は数学科よりも女子が少ないですよね．大学生活はいかがでしたか.

藤田●女子が少なすぎて男子学生との距離はあったのですが，女性同士はすごく仲良くなりました．一緒に旅行に行ったりしていて，今でも連絡を取っています．

服部●続いて岡部さん，お願いします．

岡部●私は文科系があまり得意ではなく，理論を突き詰めて考えることが好きで得意でもあったので，高校の進路選択のときに自然と理系を選択しました．暗記が苦手ということもあり，理系の中でも生物・化学よりも数学・物理のほうが好きでした．高校時代に物理学や数学を取り扱った本[6)]を親戚に紹介してもらい，それを読んで数学に興味を持つようになりました．その本の内容は多岐にわたっており，宇宙が膨らんでいくといった物理の話は正直よく分からなかったのですが，アラン・チューリングや不確定性原理をかみ砕いて紹介していて，数学の話は面白いなと思いました．

私は心配性なので理系を選択したことについては不安がありました．また，学科の推薦があまりなくて，就職は大丈夫なのかなと不安に感じていたこともありました．

親は進路に口出しをするタイプではなかったので，大学で理系の学科へ進むのも「どうぞ」という感じの反応でした．ただ，その後は非常に協力的で，修士のときは研究が大変だったのですがいろいろサポートしてくれました．父親は電子系の学科出身で大学院まで行っているので，理系に進むことにあまり抵抗がなかったのだと思います．

専攻は迷わず応用数学に進みました．もともと美術部で絵も好きだったので，その中でもコンピュータで図形を取り扱うような計算幾何の研究室に所属しました．抽象的なことがあまり得意ではなかったので，理論よりはプログラミングばかりしていた感じです．

お二方と違うと思ったのは，同じ学科に確率統計や金融工学を取り扱う研究室があるので，金融系に就職することに抵抗がありませんでした．アクチュアリーを知ったのは，いとこが生命保険会社に就職し，アクチュアリーという資格があることを教えてくれ,「女性なので資格があったほうがいいし，まだ人数

[6)]ロジャー・ペンローズ著，林一訳『皇帝の新しい心』(みすず書房).

が少ないからいま取っておくと良い」と，熱心に勧めてくれたのが大きなきっかけです．ただ大学に入ったばかりのころで，進路についてそこまで考えていなかったため，記憶にとどめているだけでした．

大学院に進学して進路を意識し始めたのですが，同じ学科の先輩にアクチュアリーを目指している方がいらっしゃいました．その先輩に話を聞き，自分にも向いているのではないかと考え，アクチュアリーを選びました．

服部●「アクチュアリーになるには大学で確率・統計をやっておいたほうが有利ですか？」と，よく学生に聞かれるのですが，今のお話ですと出身は位相幾何，土木工学，計算幾何とさまざまです．アクチュアリー志望の学生が，大学で選んでおいたほうが有利な専門があるのでしょうか．

浅野●大学で何を専攻するかということよりも，数学的な素養があるのか，論理的な思考ができるのかが大切ではないかと思います．その上で，分析力があるということですね．そして，意外に大切なのがコミュニケーション力です．組織で働きますので，難しい数学的事象を一般の人たちへいかに説明するかが重要です．最近では，アクチュアリーの世界もグローバル化していますので，英語力も欠かせません．

服部●海外の方と話す機会もよくありますか．

浅野●私自身はそれほど多くはありませんが，先ほど述べたIAAは，各国のアクチュアリー会の代表が集まっている国際的な団体で，そこにはいろいろな委員会があり，議論は当然英語で行われます．また，日本のアクチュアリーが委員長を務める委員会もあります．その意味では，日本でもグローバルに活躍するアクチュアリーが増えてきています．

諸外国における女性アクチュアリー

服部●日本アクチュアリー会の女性会員の現状と，諸外国のアクチュアリー会の状況はどのようになっていますか．

浅野●日本アクチュアリー会に入会する女性は毎年20名前後で，新規入会者全体に占める割合は9％前後になります．割合が非常に低いのですが，これは理系に進学する女性が少ないことが原因の一つではないかと思っています．

2015 年現在，当会の女性の正会員は 28 名です[7]．全正会員数は 1500 名を超えていますから，割合としては約 1.8 %．非常に貴重な戦力／存在ではないかと思っています．一方，正会員の一歩手前である準会員は 59 名おりますので，今後，女性の正会員も着実に増加していくと考えています．最近は，アクチュアリーの活躍するフィールドが広がり，認知度も高まってきたため，会員数は大きく伸びています．政府も女性の活躍促進の政策を打ち出していますので，今後も日本アクチュアリー会の女性会員数が飛躍的に伸びていくと期待しています．

一方，諸外国の状況ですが，たとえば世界で最も古いアクチュアリー会である英国アクチュアリー会では，女性の正会員数が 2700 名で，正会員全体の 23.8 %を占めます．

また日本アクチュアリー会の活動として，毎年，保険新興国である東アジアの国々から若手アクチュアリーを招いて，アクチュアリーに関わる日本の諸制度の状況について講座を開いているのですが，直近 10 年の参加者の内訳を見ると，44 %が女性です．アジアでもアクチュアリーとして活躍する女性が多くなっています．

国際会議に出席しても，女性のアクチュアリーが多く，2015 年度の時点で英国，米国，オーストラリア，香港，台湾のアクチュアリー会の会長もしくは理事長が女性です．

服部●日本の女性アクチュアリーの状況は，日本の数学科の状況と似ていますね．数学科の学生のうち女性は 1 割ぐらいです．日本数学会の分科会へ行くと，女性はぽつんぽつんといる程度ですが，国際会議へ行くと女性の多さに驚きます．先日行ったモンゴルの会議では 3 割ほどが女性でした．

日本では，そもそも理系なり数学科に進む女性が少なく，最初のところで供給源が小さいということですね．私の大学では理系に進む女子高校生の助けになればと「理系女子進学応援隊」を作って，大学説明会で女子高校生の質問や相談を受ける部屋を設けています．結構多くの女子高校生が来てくれます．大学でも女性を増やそうとしていますし，社会全体でも女性をもっと雇おうと

---

[7] 2016 年 4 月現在，32 名．

いう雰囲気があります．政府もこれからは増えていくのではと期待していますが，諸外国に比べると少ないですね．

アクチュアリーの仕事

服部●ここで，アクチュアリーとしてどういう仕事をしているか，魅力や面白さは何かを皆さんに伺いたいと思います．

古家●私は最近,「保険計理人」という役職に就きました．これは法令上，保険会社に必要な役職で，決算などが数理的にきちんとできているかといったことを確認するのが仕事です．なぜこういう役職が必要かというと，将来の保険金を支払うために，保険会社はお金をためておかねばなりません．10 年後，20 年後にはこれだけお金を払う必要があるので，現時点ではどれぐらいのお金を持っている必要があるかをきちんと計算しないといけないのです．それをチェックする仕事なので，非常に責任の重い仕事です．頑張ってやっていきたいと思っています．

その前は商品開発の仕事をしていました．保険会社も「今度は○○の場合にもお客様に保険金をお支払いするようになりました」というような新商品をよく発売しており，商品開発部はどの保険会社にもあります.「この場合にいくら保険金をお支払いします」「このような形でいくら保険料をお支払いいただきます」というのが商品の性質ですが，その具体的な条件や金額を決める仕事はとても重要です．ここでアクチュアリーが活躍しています．その仕事には将来の保険金支払額の算出やそれを金利によって割引いて保険料を計算するために確率論などの数学的素養が必要になってきます．

また，データを加工して将来の保険金支払いの発生確率を作り，それから発生確率を少し動かして,「ある確率を前提にすると保険料はこれくらいになるけれど，もう少し確率が悪くなってしまうと，保険料はこのくらい高くなってしまう」というような分析もします．数学的な分析に興味のある人にはとてもやりがいのある仕事ではないかと思います．

藤田●私は年金分野のアクチュアリーで，そのような人たちはおもに信託銀行，生命保険会社，監査法人，コンサルティング会社などに所属しています．

古家さんから，保険商品では保険金を支払うのにいくらずつ掛金 (保険料) を出していただく必要があるかというお話がありましたが，年金アクチュアリーは企業や団体など法人のお客様を対象としています．

企業には公的年金とは別に私的年金の制度を設けているところがあります．私的年金は公的年金とは異なり，企業独自の制度ですので，企業ごとに給付内容が異なりますし，退職率や支払い条件も異なります．そのため，各企業より退職金の規程や従業員のデータなどを収集し確率・統計的に検討して，事業主が従業員のために毎月どのくらいの掛金を積み立てていけば，退職金と退職後の年金が間違いなく給付できるか，という計算をしています．

最近では，企業の会計決算にも将来支払う必要のある退職金の債務額を「現在の価値ではこれぐらい債務を持っています」という形で計上する必要がありますので，決算書に載せるための数値を計算したりもしています．

また，私的年金の制度にはさまざまな法律が絡み，法律に沿った枠組みにしないと税制上の優遇などが受けられませんので，年金の法制度上のアドバイスをしたりします．さらに，たとえば退職金制度自体を見直したいというときもアドバイスをさせていただくことがあります．現在では企業もグローバル化して，法律も国内だけに留まりませんので，個別のニーズに一つひとつ応えていくところが面白いのではないかという感じがします．

岡部●本来の私の所属は損害保険会社ですが，現在持ち株会社に出向しており，そちらで海外事業部門のリスクベース経営をサポートする業務を行っています．名前だけでは少し分かりにくいので，自然災害を例に説明したいと思います．

弊社の場合，アメリカでも事業を行っていますので，たとえばハリケーンが上陸して保険金を支払う場合を考えるとします．とても大きなハリケーンが来たら，どれぐらい保険金を支払わなければいけないのか，100 年に 1 度の規模ならどのくらいのお金が必要かなど，ハリケーンのリスクを把握するために定量的に評価することが重要となります．私は，海外拠点にいる人がそのような計算を行うのをサポートし，拠点から報告されたデータをもとに海外事業全体でどれぐらいのリスクを持っているかを定量的に評価する仕事をしています．リスクを定量的に評価するために数学的な素養が必要になりますので，自分の強みを活かすことができますし，プログラミングもしますので得意なことができるのはいいかなと思っています．

また，リスクの定量的評価を経営判断に活かしていくことも行います．先ほどの例でお話しますと，アメリカでハリケーンの損害保険をたくさん引き受けているなかで，さらに同様のリスクをたくさんとってしまうと，一度のハリケーンで被る損害がとても大きくなってしまい，会社自体がお客様への支払いに耐えられなくなってしまう恐れが生じます．そのため，自分たちの支払い可能な範囲に収まるようにリスクをコントロールしなければいけません．定量的な評価に基づいて，保有するリスクを削減する手立てを打ったり事業計画などの経営判断につなげていきます．会社の経営と近いところにいられるのも，この仕事の面白さの一つかと思っています．

ほかにも，現在，国際的に活動する保険会社に対して，新たな資本規制を導入することが検討されており，実際に規制が導入された場合の影響についての試行計算をしています．アクチュアリーの資格があるお陰で，金融業界の動向も知ることができて良いと思っています．

もともとは国内の業務に携わっていましたが，海外事業を進めるにあたって数理人材が必要になってきたことがあり，現在アクチュアリーとしては比較的新しい分野の仕事にチャレンジできています．アクチュアリーの活躍の場が広がってきているのを実感しているところです．

アクチュアリーと女性のキャリア

服部●アクチュアリーは一つの資格ですが，女性のキャリアという視点で，資格の重要性についてのお考えをお聞かせください．

古家●資格があると,「この人にはこういう能力がある」と外から見ても分かりやすいですし，客観的な指標があることで自分にとっても自信になると思います．自信をもって何かをするべきときに,「資格があるのだからできるはずだ」と前向きになれるのではないかと思います．

藤田●私も同じです．就職を考えるときに，何か資格を持っているほうが安心だと考えていました．また，資格があると何かでいったん職を離れても，またどこかで復帰できるという安心感につながっていると思います．古家さんもおっしゃいましたが，偏見なく評価されると思いますので，客観的指標としてとても良いのではという気はします．

岡部●私も同じです．私はずっと働きたいと考えていますので，結婚，妊娠，出産，育児をむかえるに際などにキャリアが途絶えても，資格を持っているといいのではないかと感じます．

服部●出産してもちゃんと戻れることが会社で保障されているのですか．

岡部●会社に戻るか，戻らないかの選択は個人によりますが，制度としてきちんと整えられており，実際に育児をしながら働いている人もたくさんいます．

服部●戻りたい人にとっては制度がうまく働いているのでしょうか．

藤田●会社にもよるかもしれませんが，弊社の場合，アクチュアリーの部署はごく限られるので，いったん育児休暇を取ってもまた，同じ部署，同じ仕事に戻って普通に働けています．そういった会社のサポートもちゃんとできていると思います．

服部●それは安心ですね．次に，アクチュアリー資格試験制度について，女性の視点からお考えをお話しいただけませんか．

古家●一つひとつ積み上げていく試験で，何年経っても無効にはなりませんので気長にできると思います．出産などで中断しても再開が可能です．また，2次試験は保険業法など法律を踏まえた試験になりますので，文章を書く能力が必要となります．昔，読んだ本に,「女性のほうが言語能力は高い」と書いてありました (笑)．もしそうであれば女性に向いているという言い方ができるかもしれません．

藤田●私も同じく，積み上げ方式なので長い期間かかっても大丈夫ということですね．働きながら勉強をするというのは体力がすごく必要で，この点は男性のほうが強いと思うのですが，1 次試験の 5 科目も 1 科目ずつ気長に取っていけるのが良い点だと思います．

岡部●積み上げ方式ということと，個人的な意見ですが，試験のレベルがちょうどよくて，頑張れば必ず受かるというのが良いと思います．アクチュアリー試験は非常に公平な試験制度だと思っています．

服部●受験のために会社はサポートしてくれているのですか．

岡部●弊社の場合，受験料や教科書代は会社負担となります．試験直前になると，たとえば 1 週間は業務中でも会議室で勉強していてよいという期間が設けられています．他社はどうなのでしょうか．

藤田●会社によってさまざまだと思いますが，弊社の場合，模試を用意してくれていて，模試の成績がよければよいほど試験直前の就業時間内に勉強していい時間が増えるという制度があります．2 次試験では論文を書くのですが，それは先輩が添削してアドバイスもしてくれます．

古家●弊社も同様で，受験の前には就業時間中に勉強時間を設けたり，社員で勉強会を組織したりしています．

服部●受験勉強をしながら先輩とつながることができるのですね．

藤田●そうですね．アクチュアリーの合格者数は自社の広告になりますので，会社を挙げて合格者数を上げようといろいろなバックアップがされています．

服部●アクチュアリーの仕事で男性との差みたいなものを感じることはありますか．

古家●特にありませんね．

藤田●私もまったくないですね．弊社の場合，女性アクチュアリーが比較的多いので，男女差は全然感じません．

岡部●私も男女差みたいなものは感じていません．弊社の場合，藤田さんとは逆に女性アクチュアリーは少ないのですが，大学時代から周りに男性が多かったので，そこで気になることもありません．業務の分担や評価も非常にフラットで，男女差はまったく感じません．

服部●それとは逆に，女性ならではのメリットを感じることはありますか．

古家●女性が少数派なので，名前を覚えてもらいやすいということはあります．また，浅野理事長もおっしゃっていたように，組織で仕事をしていますので，純粋に計算だけをしていればいいわけではありません．アクチュアリーとして伝えるべきことをどうやって周りの人にうまく伝えていくかも重要な仕事です．女性はコミュニケーション能力が高い人が多いように思いますが，そういう点でも能力を発揮しやすいと思います．

藤田●同じ職場の男性アクチュアリーから見たら，恵まれていると思われているのかもしれませんが，本人としては特にメリットを感じていません．同じような立場だと思っています．

岡部●私も古家さんと一緒で男性が多い職場なので，名前を覚えてもらいやすいという点だと思います．

服部●勤務地や将来設計など，女性から見たアクチュアリー職の働きやすさはいかがでしょうか．

古家●アクチュアリーは本社での業務がほとんどなので，転勤の可能性は他の職種より少ないと思います．転勤の少ないことが社会人として一概に良いのかはわかりませんが，結婚や育児などを考えると将来設計はしやすいと思います．また，家庭の事情でやむなく退社しても，再就職できる可能性は高いと思います．

藤田●勤務地でいうと，都心に会社を持っている企業が多いと思うので，都心部で働きたい方にはよいと思っています．ただ，そのために地方では仕事がないのですが，日本でも在宅勤務が流行ってきているので将来的にはどうなるのか分かりません．

服部●本社は東京が多いのですか．

藤田●ほとんどそうだと思います．ただ，アクチュアリー会にも関西委員会があり，弊社も関西にアクチュアリーのいる部署がありますので，職場としては大阪と東京のどちらかが多いのではないかと思います．

岡部●自分自身が東京出身で，ずっと東京で育ってきたこともあり，東京勤務が多いというのは魅力の一つです．一方，弊社の場合は海外勤務をするアクチュアリーが徐々に増えてきていますので，もし，海外に行きたいという希望のある方であれば，そういう道も開けるのかもしれません．

さいごに

服部●さいごに読者の皆さん，とくに女子中高生へのメッセージがありましたら，お願いします．

古家●すでに共働き世帯の数が専業主婦世帯の数を追い越し，仕事を持つ女性が多数派になっているそうです．アベノミクスもあり，企業側でも採用数や管理職の人数などで女性の割合を意識してきています．就職や将来についての条件はだんだん整ってきていますので，女子中高生の皆さんは将来のことをあまり心配せずに，好きな分野に入っていってもらいたいと思っています．

藤田●私がアクチュアリーという職を知ったのは就職活動のときですが，今，いろいろなところで理系の女性が活躍している場を目にする機会に恵まれているのではないかと思います．企業や政府も理系の女子を応援しており，いろいろな情報を得られる状況にあると思いますので，ぜひじっくり調べて，このような資格があることも知っていただいて，自分に合ったフィールドを見つけて頑張っていただければと思います．

岡部●振り返ってみると，中高生のころに自分がどういう職業に就くのかということはあまり考えていませんでしたが，そういうことを考えるのは重要だと反省を含めて思っています．大学進学のころは，自分は理系が得意だし，なんとなく理系の職業に就きたいと考えていました．きっと同じように具体的に将来をイメージできていない学生さんも多いのではないでしょうか．大学では勉強についていくのが大変で，数学が好きなのに自分よりできる人はいっぱいいて，不安な気持ちになることもあったのですが，社会人になって何年かたった今では，心配しないで好きなことをやっていけばいいと思っています．

自分はずっと理系の仕事がしたいと漠然と思っていて運良くアクチュアリーという職業を知ったのですが，改めて考えてみると，たとえば保険というものは公共性が高く，理系の強みを活かしつつ社会と結びついた会社に就職できるのは良いことだと思います．また，まだ人数が少なくて希少性が高く，会社の中で活躍できるかもしれない，ひょっとしたら海外にも行ける可能性もあり，自分のキャリアの幅も広がるだろうと．そして資格なので，ライフイベントが訪れても，自分のキャリアを続けていくうえで助けになるのではないか．社会に出るにあたって不安な女性も多いと思いますが，選択肢の一つとしてアクチュアリーを知っていただきつつ，自分で考えてキャリアを選択して，社会で活躍する女性が増えてくれたらうれしいです．

服部●続いて浅野さんから，日本アクチュアリー会の今後の取り組みについてお話しいただけますか．

浅野●本日の座談会を通じて，ご理解いただけたと思うのですが，アクチュアリーという仕事は，資格という客観的な指標があり，少し極端にいえば，転勤の可能性も少ないという点で，女性が働きやすい職業ではないかと思います．

ただ，資格取得までに時間を要するため，ライフイベントと重なってしまって志半ばで諦めてしまう女性も今までは多かったのではないかと思います．

本日の皆さんのお話を聞いてみても，アクチュアリーの存在を知ったのは就職活動のときや大学生の段階だったということです．当会としては，アクチュアリーを目指す方にはもっと早い段階でアクチュアリーという職業の存在を知っていただくことが大切で，われわれの課題でもあると感じています．女子中高生が将来の自分を明確にイメージして進路選択ができるように，内閣府が実施している「リコチャレ」の応援団体に当会も 2014 年に登録しています．アクチュアリーの活躍などを紹介することで，理系分野への進路選択促進に貢献したいと思っています．その web ページでは本日の参加者である古家さんが中高生向けにメッセージを発していますので，ぜひご覧ください[8]．

また 2015 年度は，高校生の進路担当や数学担当の方に，リニューアルした当会の広報誌をお送りしていますので，高校生の進路選択支援のお役に立てていただければと思います．さらに，希望される先生方に対しては，アクチュアリーセミナーへの参加をご案内する予定です．また，理系分野への進路選択促進に役立つ女子中高生向けイベントにも出向き，積極的に PR をしていきたいと考えています．

アクチュアリーという職業が女性にとっても働きやすい職業であること，キャリア形成や働く環境が向上していること，リケジョには追い風が吹いていることをご理解いただき，理系の進路を安心して選んでいただければと思います．またその先，ぜひアクチュアリーという職業で活躍していただければと思っています．一人でも多くの女性が日本アクチュアリー会の会員になってくださることを心より祈っています．

服部●本日はお忙しいところありがとうございました．

[2015 年 8 月 20 日談]

[初出：『数学セミナー』(日本評論社)2016 年 2 月号]

---

[8] http://www.gender.go.jp/c-challenge/

第2章 アクチュアリー数学のための確率論

この章では，以下に述べる生保数理，年金数理，損保数理において必要となる確率論について準備すると同時に，アクチュアリー試験でよく出題される項目について公式と例題をあげることによって整理していこう．紙面の関係で詳しくは述べられないので，[1], [3] などの文献を参照していただきたい．

アクチュアリー数学で登場する確率変数は以下のものが多い：

① x 歳の人の余命
② 支払われる保険金の現価
③ 支払われる年金額の現価の総和
④ 事故が起こったときのクレーム額
⑤ 事故と事故の間の時間間隔
⑥ 1年間の保険契約数
⑦ 1年間のクレーム額の総和

確率変数はとる値によって，整数値をとる**離散型確率変数**と実数値をとる**連続型確率変数**に分類される．

注意　離散型，連続型の混じった混合型確率分布も待ち行列の待ち時間の確率分布や，免責を考えたときの支払い保険金の確率分布などで現れることがある．例題でチェックされたい．

まず，離散型確率変数から見ていこう．

2.1 離散型確率変数

離散型確率変数は本来，有限個もしくは可算無限個の値をとる確率変数であるが，アクチュアリー試験では整数値を取るものと考えてよい．

確率変数 X が 0 以上の整数値をとる場合を考えよう．例としては，1 年間に発生する事故の数であるとか，1 年間に獲得できる保険契約数といったものが挙げられる．

まず，この確率変数 X の期待値 $E[X]$ は，X の実現値とその確率を掛けたものをすべての場合について和をとることによって求められる．すなわち，

$$E[X] = \sum_{k=0}^{\infty} k\, P(X = k)$$

によって，期待値は定義される．期待値 $E[X]$ の E は expectation(期待値) の頭文字からとられている．

次に分散 (variance) について考える．X の分散 $V[X]$ は

$$V[X] = E[(X - E[X])^2] = E[X^2] - E[X]^2$$

で定義されるが，分散はどういう意味を持つのであろうか？　定義において，$X - E[X]$ は確率変数 X の期待値からの『ずれ』を表しており，分散は**確率分布の期待値からの『ずれ』の大きさを測る量**となっている．

例えば，あるクラスのテストで平均点 (期待値) が 50 点であるとして，このテストの得点分布を考えてみよう．分散が小さい分布は得点分布が平均点の周りに多く分布しており，それほど良い点をとる者もいない代わり，悪い点をとる者もいないことを表している．一方，分散が大きい分布は得点分布が広く広がっており，良い点をとる者もいれば，悪い点をとる者もいることを表している．株価収益率を例に取れば，**分散が大きいときには株価の変動が大きく，ハイリスク-ハイリターンの相場を表しており，分散が小さいときには変動幅が小さく，ローリスク-ローリターンの相場を表している．**ここで，相場とは『株式市場の株価変動の様子』である．

●——モーメント母関数

確率変数 X の確率分布が $P(X=k)$ で与えられるとき，

$$M_X(\theta) = E[e^{\theta X}] = \sum_{k=0}^{\infty} e^{\theta k} P(X=k)$$

で定義される関数を X の**モーメント母関数 (積率母関数)** とよぶ．

また，

$$\varphi_X(t) = E[e^{itX}] = \sum_{k=0}^{\infty} e^{itk} P(X=k)$$

を X の**特性関数**とよぶ．

ここで，

$$e^{itX} = \cos tX + i \sin tX$$

であり，e^{ix} に関しては指数法則，

$$e^{i(x_1+x_2)} = e^{ix_1} \cdot e^{ix_2}$$

が成り立ち，

$$|e^{ix}| = \cos^2 x + \sin^2 x = 1$$

となることに注意しよう．

$|e^{itX}|=1$ なので，特性関数は常に存在するが，モーメント母関数は，分布と t の値によっては存在しないことがある．

特性関数は確率分布のすべての情報をもっており，特性関数が与えられると，確率分布が一意的に定まる．すなわち，

$$\varphi_X(t) = \varphi_Y(t) \iff X \text{ の確率分布} = Y \text{ の確率分布}$$

が成り立つ．

アクチュアリー試験では特性関数が出題されることはめったになく，モーメント母関数が主に出題され，『$M_X(t) = M_Y(t) \Longrightarrow X$ **の確率分布** $= Y$ **の確率分布**』がよく用いられる．

また，モーメント母関数が与えられると，確率変数 X の期待値 $E[X]$ と分

散 $V[X]$ がモーメント母関数を微分することによって得られる：

$$E[X] = M_X'(0), \qquad E[X^2] = M_X''(0),$$
$$V[X] = M_X''(0) - M_X'(0)^2.$$

この知識もよく頭に入れておく必要がある．

●――基本的な離散型確率分布

これから，基本的な離散型分布について述べるが，各分布について次の数学的知識が必要となる：

2 項分布 B$(n;p)$	$\Longrightarrow$	**2 項定理** $(a+b)^n = \sum_{k=0}^{n} \binom{n}{k} a^k b^{n-k}$
Poisson 分布 Po(λ)	$\Longrightarrow$	e^xのテイラー展開 $e^x = \sum_{k=0}^{\infty} \frac{x^k}{k!}$
幾何分布 Ge(p)	$\Longrightarrow$	**等比級数の和の公式** $\sum_{k=0}^{\infty} r^k = \frac{1}{1-r} \quad (\lvert r\rvert < 1)$
負の 2 項分布 NB$(n;p)$	$\Longrightarrow$	**負の 2 項展開** $\sum_{k=0}^{\infty} \binom{\alpha}{k} (-x)^k = (1-x)^\alpha$
超幾何分布	$\Longrightarrow$	$\sum_{m=0}^{k} \binom{n_1}{m} \binom{n_2}{k-m} = \binom{n_1+n_2}{k}$

(1) **2 項分布 B$(n;p)$**

成功する確率が p の試行を，n 回独立に行ったときの成功の回数を X とすると，X は 2 項分布に従い，その確率分布が次で与えられる：

$$P(X=k) = \binom{n}{k} p^k q^{n-k}$$

$$(k = 0, 1, \cdots, n,\ q = 1-p : \text{試行が失敗する確率})$$

ここで，$\binom{n}{k}$ は n 個の中から k 個をとる組み合わせの数で，次で定義される：

$$\binom{n}{k} = \frac{n!}{(n-k)!k!}. \qquad (\text{高校数学では } {}_n\mathrm{C}_k \text{ と表していた})$$

2 項分布のモーメント母関数は 2 項定理

$$(a+b)^n = \sum_{k=0}^{n} \binom{n}{k} a^k\, b^{n-k}$$

を用いることにより次のように求められる．

X が 2 項分布 $\mathrm{B}(n;p)$ に従うとき，

$$M_X(t) = \sum_{k=0}^{n} e^{tk} \binom{n}{k} p^k q^{n-k} = (pe^t + q)^n \qquad (q = 1-p)$$

が成り立つ．

これを t で微分すると，X の期待値，分散は次のようになる：

$$E[X] = np, \qquad V[X] = npq.$$

(2) **Poisson 分布 Po(λ)**

Poisson (ポアソン) 分布は損保数理で，会社が保有する保険契約の数が従う確率分布として用いられる．また，この分布は 1 年間に起こる地震の数や 1 年間に発生する事故の件数などを表すときにもよく用いられる．

確率変数 X が Poisson 分布 $\mathrm{Po}(\lambda)$ に従うとは，X が 0 以上の整数値をとり，確率分布が

$$P(X = k) = e^{-\lambda} \frac{\lambda^k}{k!} \qquad (k = 0, 1, 2, \cdots)$$

で与えられることである．

Poisson 分布のモーメント母関数は，指数関数のテイラー展開

$$e^x = \sum_{k=0}^{\infty} \frac{x^k}{k!}$$

を用いることにより，次のように求められる：

$$M_X(t) = \sum_{k=0}^{\infty} e^{tk} e^{-\lambda} \frac{\lambda^k}{k!} = e^{\lambda(e^t - 1)}.$$

これを微分することにより，X の期待値，分散は次のようになる：

$$E[X]=\lambda, \qquad V[X]=\lambda.$$

(3) 幾何分布 Ge(p)

成功する確率が p の試行を独立に行うとき，初めての成功が得られるまでに要した試行の数を $X+1$ とする．X は初めての成功が得られるまでの失敗の回数を表している．このとき，X の確率分布は

$$P(X=k)=pq^k \qquad (k=0,1,2,\cdots,\ q=1-p)$$

となる．この確率分布を**幾何分布**とよび，Ge(p) で表す．

幾何分布のモーメント母関数は

$$M_X(t)=\sum_{k=0}^{\infty} e^{tk}pq^k=\frac{p}{1-qe^t}$$

となり，$E[X], V[X]$ は次のようになる：

$$E[X]=\frac{q}{p}, \qquad V[X]=\frac{q}{p^2}.$$

(4) 負の 2 項分布 NB($n;p$)

負の 2 項分布は損保数理で，クレーム額の分布として頻繁に用いられる確率分布である．

2 項係数 $\binom{n}{k}$ は n が自然数である場合に定義されているが，実数 α と自然数 k に対して一般の 2 項係数を

$$\binom{\alpha}{k}=\frac{\alpha(\alpha-1)\cdots(\alpha-k+1)}{k!}$$

で定めると，次の負の 2 項展開が成立する．

$$\sum_{k=0}^{\infty}\binom{\alpha}{k}(-x)^k=(1-x)^{\alpha}$$

これの証明はテイラー展開を用いると簡単に証明できるので，読者みずから確かめられたい．

このとき，負の 2 項分布は

$$P(X=k)=\binom{n+k-1}{k}p^n q^k \qquad (k=0,1,2,\cdots) \tag{2.1}$$

で与えられるが，負の 2 項係数を用いると，

$$P(X=k)=\binom{-n}{k}p^n (-q)^k \qquad (k=0,1,2,\cdots) \tag{2.2}$$

と表すことができる．

また，モーメント母関数も**負の 2 項展開**を用いると，下表のように求められる．これも読者みずから確かめられたい．

表 2.1　離散型確率分布

確率分布	$P(X=k)$	モーメント母関数	期待値	分散
2 項分布	$\binom{n}{k}p^k q^{n-k}\ (k=0,1,\cdots,n)$	$(pe^t+q)^n$	np	npq
Poisson 分布	$e^{-\lambda}\dfrac{\lambda^k}{k!}\ (k=0,1,\cdots)$	$e^{\lambda(e^t-1)}$	λ	λ
幾何分布	$pq^k\ (k=0,1,\cdots)$	$\dfrac{p}{1-qe^t}$	$\dfrac{q}{p}$	$\dfrac{q}{p^2}$
負の 2 項分布	$\binom{n+k-1}{k}p^n q^k\ (k=0,1,\cdots)$	$p^n(1-qe^t)^{-n}$	$\dfrac{nq}{p}$	$\dfrac{nq}{p^2}$

●——超幾何分布とは

つぼの中に R 個の赤球と B 個の青球が入っている．このとき，n 個を同時に取り出したとき，赤球の個数を X とすると，

$$P(X=k)=\frac{\binom{R}{k}\binom{B}{n-k}}{\binom{R+B}{n}} \qquad (k=0,1,2,\cdots,n)$$

となる．ただし，$n \leqq R \wedge B (= \min\{R,B\})$ とする．

このとき，X は**超幾何分布**に従うという．X の期待値，分散を計算するとき，前に述べた二項係数に関する公式を用いる．

2.2 連続型確率分布

ある人の余命を表す確率変数のように，実数値をとる確率変数を連続型確率変数とよぶ．連続型確率変数 X に対しては，X が一つの値 x を取る確率は 0 と定義されるので，$P(X=x)$ という形で確率分布を定義することはできない．

連続型確率変数の確率分布は，X が微小区間 $(x, x+dx)$ の値をとる確率 $P(x \leqq X \leqq x+dx)$ が，ある関数 $f(x)$ を用いて，

$$P(x \leqq X \leqq x+dx) = f(x)dx \tag{2.3}$$

で与えられることによって定義する．ここで，$f(x)$ は X が x 近傍の値をとる『確率密度』であって，**確率密度関数** (probability density function) とよばれる．

上式を積分した形で書くと，次の式が得られる：

$$P(a \leqq X \leqq b) = \int_a^b f(x)dx. \tag{2.4}$$

$P(-\infty < X < \infty) = 1$ であるので，確率密度関数 $f(x)$ は次の関係を満たす：

$$\int_{-\infty}^{\infty} f(x)dx = 1.$$

●――基本的な連続型確率分布

基本的な連続型確率分布について述べるが，各分布について次の数学的知識

が必要となる：

正規分布 $\mathbf{N}(\mu,\sigma^2)$ $\Longrightarrow$	ガウス積分公式	$\displaystyle\int_{-\infty}^{\infty} e^{-\alpha x^2}dx = \sqrt{\frac{\pi}{\alpha}}$
指数分布 $\mathbf{Ex}(\lambda)$ $\Longrightarrow$	指数関数の積分	$\displaystyle\int e^{-\lambda x}dx = -\frac{1}{\lambda}e^{-\lambda x} + C$
ガンマ分布，χ^2 分布 $\Longrightarrow$	ガンマ関数	$\displaystyle\Gamma(s) := \int_0^{\infty} x^{s-1}e^{-x}dx \ (s>0)$

ガンマ関数の性質

- $\Gamma(s) = (s-1)\Gamma(s-1)$, $n \in \mathbb{N} \Longrightarrow \Gamma(n) = (n-1)!$
- $\Gamma\left(\dfrac{1}{2}\right) = \sqrt{\pi}$

またベータ関数 $B(p,q)$ についての知識も必須事項である．ベータ関数とは次式で定義されるものである：

$$B(p,q) = \int_0^1 x^{p-1}(1-x)^{q-1}dx.$$

$B(p,q)$ はガンマ関数を用いると，次のように表すことができる：

$$B(p,q) = \frac{\Gamma(p)\cdot\Gamma(q)}{\Gamma(p+q)}.$$

例 2.1　例えば，次の積分はこの知識を用いると簡単に計算できる：

$$\int_0^1 \frac{1}{\sqrt{x(1-x)}}dx = B\left(\frac{1}{2},\frac{1}{2}\right) = \frac{\Gamma\left(\frac{1}{2}\right)^2}{\Gamma(1)} = \pi.$$

例題 2.1 連続型確率変数 X が次で与えられている．c の値を定め，X の期待値を求めよ．

(1) $f(x)=\begin{cases} cx^7e^{-2x} & (x>0) \\ 0 & (x \leqq 0) \end{cases}$

(2) $f(x)=\begin{cases} cx^2(1-x)^{\frac{1}{2}} & (0<x<1) \\ 0 & (\text{その他}) \end{cases}$

(3) $f(x)=ce^{-x^2+4x}$

解 (1) まず c の値を求める：

$$\begin{aligned}\int_{-\infty}^{\infty} f(x)dx &= c\int_0^{\infty} x^7e^{-2x}dx \\ &= c\int_0^{\infty}\left(\frac{u}{2}\right)^7 e^{-u}\frac{1}{2}du \quad (\,2x=u \text{ とおいて置換積分}) \\ &= \frac{c}{2^8}\int_0^{\infty} u^7e^{-u}du = \frac{c}{2^8}\Gamma(8) = \frac{7!}{2^8}c\end{aligned}$$

となるので，$c=\dfrac{2^8}{7!}$．よって，期待値 $E[X]$ は次のようになる：

$$\begin{aligned}E[X] &= c\int_0^{\infty} x^8e^{-2x}dx = \frac{c}{2^9}\int_0^{\infty} u^8e^{-u}du \\ &= \frac{c}{2^9}\Gamma(9) = \frac{8!}{2^9}\frac{2^8}{7!} = 4.\end{aligned}$$

(2) ベータ関数の性質を用いると，

$$\begin{aligned}\int_{-\infty}^{\infty} f(x)dx &= c\int_0^1 x^2(1-x)^{\frac{1}{2}}dx = cB\left(3,\frac{3}{2}\right) \\ &= c\frac{\Gamma(3)\cdot\Gamma\left(\frac{3}{2}\right)}{\Gamma\left(\frac{9}{2}\right)} = c\,\frac{2!\cdot\frac{1}{2}\cdot\Gamma\left(\frac{1}{2}\right)}{\frac{7}{2}\cdot\frac{5}{2}\cdot\frac{3}{2}\cdot\frac{1}{2}\cdot\Gamma\left(\frac{1}{2}\right)} \\ &= c\cdot\frac{16}{105}\end{aligned}$$

となるので，$c=\dfrac{105}{16}$. よって，期待値 $E[X]$ は次のようになる：

$$E[X]=c\int_0^1 x^3(1-x)^{\frac{1}{2}}dx=cB\left(4,\frac{3}{2}\right)$$
$$=c\,\frac{\varGamma(4)\cdot\varGamma\left(\frac{3}{2}\right)}{\varGamma\left(\frac{11}{2}\right)}=\frac{2}{3}.$$

(3) ガウス積分公式を用いると，

$$\int_{-\infty}^{\infty}f(x)dx=c\int_{-\infty}^{\infty}e^{-(x-2)^2}\cdot e^4dx$$
$$=ce^4\int_{-\infty}^{\infty}e^{-u^2}du\quad(u=x-2\text{ とおいて置換積分})$$
$$=ce^4\sqrt{\pi}$$

となるので，$c=\dfrac{1}{e^4\sqrt{\pi}}$. よって，期待値 $E[X]$ は次のようになる：

$$E[X]=ce^4\int_{-\infty}^{\infty}xe^{-(x-2)^2}dx=ce^4\int_{-\infty}^{\infty}(u+2)e^{-u^2}du$$
$$(u=x-2\text{ とおいて置換積分})$$
$$=2ce^4\sqrt{\pi}$$
$$(\text{上の積分の第 1 項は奇関数の積分なので 0 となる})$$
$$=2.$$

□

これから基本的な連続型確率分布について考えよう：

(1) 正規分布 $\mathbf{N}(\mu,\sigma^2)$

確率密度関数が

$$f(x)=\frac{1}{\sqrt{2\pi}\sigma}\exp\left\{-\frac{1}{2\sigma^2}(x-\mu)^2\right\}$$

で与えられる確率分布を**正規分布** $\mathrm{N}(\mu, \sigma^2)$ とよぶ．

この確率分布のモーメント母関数を計算するには，ガウス積分公式

$$\int_{-\infty}^{\infty} e^{-\alpha x^2} dx = \sqrt{\frac{\pi}{\alpha}}$$

を用いる必要があり，これを用いると次のように求められる：

$$M_X(t) = \frac{1}{\sqrt{2\pi}\sigma} \int_{-\infty}^{\infty} e^{tx - \frac{1}{2\sigma^2}(x-\mu)^2} dx = \exp\left\{\mu t + \frac{1}{2}\sigma^2 t^2\right\}. \quad (2.5)$$

$M_X(t)$ を微分することにより，$E[X], V[X]$ は次のようになる：

$$E[X] = \mu, \qquad V[X] = \sigma^2.$$

X が正規分布 $\mathrm{N}(\mu, \sigma^2)$ に従っているとき，確率変数 $Y = aX + b$ はどのような確率分布に従うのであろうか？　Y のモーメント母関数を求めると，

$$\begin{aligned} M_Y(t) &= E[e^{t(aX+b)}] \\ &= e^{bt} M_X(at) \\ &= e^{(a\mu+b)t + \frac{1}{2}a^2\sigma^2 t^2} \\ &= \mathrm{N}(a\mu + b, a^2\sigma^2) \text{ のモーメント母関数} \end{aligned} \quad (2.6)$$

となり，Y は正規分布 $\mathrm{N}(a\mu + b, a^2\sigma^2)$ に従うことがわかる．この事実は以下に述べる数理統計でも使われるのでよく記憶しておかれたい！

(2) 指数分布 $\mathbf{Ex}(\lambda)$

指数分布は，事故と事故の間の時間間隔の確率分布や，損害保険のクレーム額の確率分布として用いられる．指数分布の確率密度関数は次で与えられる：

$$f(x) = \begin{cases} \lambda e^{-\lambda x} & (x > 0), \\ 0 & (x \leqq 0). \end{cases} \quad (2.7)$$

指数分布のモーメント母関数は $t < \lambda$ のとき，

$$M_X(t) = \int_0^{\infty} \lambda e^{-(\lambda - t)x} dx = \frac{\lambda}{\lambda - t} \quad (2.8)$$

で与えられ，$E[X], V[X]$ は次のようになる：

$$E[X] = \frac{1}{\lambda}, \qquad V[X] = \frac{1}{\lambda^2}.$$

表 **2.2** 連続型確率分布

確率分布	確率密度関数	モーメント母関数	期待値	分散
正規分布	$\frac{1}{\sqrt{2\pi}\sigma}\exp\left\{-\frac{1}{2\sigma^2}(x-\mu)^2\right\}$	$e^{\mu t+\frac{1}{2}\sigma^2 t^2}$	μ	σ^2
指数分布	$\lambda e^{-\lambda x}(x>0)$	$\frac{\lambda}{\lambda - t}$	$\frac{1}{\lambda}$	$\frac{1}{\lambda^2}$
一様分布	$\frac{1}{b-a}\ (a<x<b)$	$\frac{e^{tb}-e^{ta}}{t(b-a)}$	$\frac{a+b}{2}$	$\frac{(b-a)^2}{12}$
自由度 n の χ^2 分布	$\frac{1}{2^{\frac{n}{2}}\Gamma\left(\frac{n}{2}\right)}x^{\frac{n}{2}-1}e^{-\frac{1}{2}x}\ (x>0)$	$\frac{1}{(1-2t)^{\frac{n}{2}}}$	n	$2n$

(3) 一様分布 $\mathbf{U}(a,b)$

一様分布は，さまざまな分野で頻繁に用いられる確率分布である．その確率密度関数は，次で与えられる：

$$f(x) = \begin{cases} \frac{1}{b-a} & (a<x<b), \\ 0 & (\text{その他}). \end{cases}$$

一様分布のモーメント母関数は

$$M_X(t) = \frac{1}{(b-a)t}(e^{tb} - e^{ta})$$

となるが，これは $t=0$ では定義されておらず，$M_X(t)$ を微分することによって $E[X], V[X]$ を求めることはできない．そのため，$E[X]$ は本来の定義から求める：

$$E[X] = \int_a^b x \cdot \frac{1}{b-a}dx = \frac{a+b}{2}.$$

また，$V[X]$ は次のようになる：

$$V[X] = \frac{1}{12}(b-a)^2.$$

◆ 以下において，確率変数が特定の確率分布，例えば $\mathrm{N}(\mu, \sigma^2)$, $\mathrm{Po}(\lambda), \cdots$ に従うとき，$X \sim \mathrm{N}(\mu, \sigma^2)$, $X \sim \mathrm{Po}(\lambda), \cdots$ と表す．

2.3　2 次元確率変数の確率分布

この節では，連続型 2 次元確率変数 (X, Y) の確率分布について考える．

確率変数 X の確率分布が確率密度関数で記述できたように 2 次元確率変数 (X, Y) の確率分布は**同時確率密度関数**とよばれる 2 変数関数 $f(x, y)$ によって，次のように与えられる：

$$P(a_1 \leqq X \leqq b_1, a_2 \leqq Y \leqq b_2) = \int_{a_1}^{b_1} dx \int_{a_2}^{b_2} dy\, f(x, y).$$

より一般には $D \subset \mathbb{R}^2$ に対して，以下が成り立つ：

$$P((X, Y) \in D) = \iint_D f(x, y) dx dy.$$

注意　上式の D は数学的にはボレル可測集合でなくてはならないが，(x, y) の不等式で与えられる $D = \{(x, y); 0 \leqq x \leqq y \leqq 1\}$ のような集合であれば成り立つ．

$P(-\infty < X < \infty, -\infty < Y < \infty) = 1$ であるので，次の関係式が成り立つ：

$$\int_{-\infty}^{\infty} dx \int_{-\infty}^{\infty} dy\, f(x, y) = 1.$$

このとき，X の確率密度関数 $f_X(x)$ は

$$f_X(x) = \int_{-\infty}^{\infty} f(x, y) dy$$

で与えられ，Y の確率密度関数 $f_Y(y)$ は

$$f_Y(y) = \int_{-\infty}^{\infty} f(x,y)dx$$

で与えられる．これらをそれぞれ X, Y の**周辺確率密度関数**とよぶ．

また XY の期待値は次の式で与えられる：

$$E[XY] = \int_{-\infty}^{\infty} dx \int_{-\infty}^{\infty} dy\, xy\, f(x,y).$$

例題 2.2　(X,Y) の同時確率密度関数が次で与えられるとき, 次の (1), (2), (3) に答えよ．

$$f(x,y) = \begin{cases} cx^2 e^{-xy} & (0 \leqq x \leqq y) \\ 0 & (\text{その他}) \end{cases}$$

(1)　c の値を求めよ．

(2)　X の周辺確率密度関数を求めよ．

(3)　X の期待値を求めよ．

解　(1)

$$\int_{-\infty}^{\infty} dx \int_{-\infty}^{\infty} dy\, f(x,y)$$
$$= c\int_0^{\infty} dx\, x^2 \int_x^{\infty} dy\, e^{-xy} = c\int_0^{\infty} dx\, x^2 \cdot \frac{1}{x}[-e^{-xy}]_x^{\infty}$$
$$= c\int_0^{\infty} dx\, xe^{-x^2} = c\int_0^{\infty} du\, \frac{1}{2}e^{-u}$$

($x^2 = u$ とおき，置換積分する．$2xdx = du$ に注意)

$$= \frac{c}{2}$$

より，$c = 2$ となる．

(2)　$x \geqq 0$ のとき，

$$\begin{aligned} f_X(x) &= \int_x^{\infty} dy f(x,y) = cx^2 \int_x^{\infty} dy\, e^{-xy} \\ &= cxe^{-x^2} = 2xe^{-x^2} \end{aligned}$$

となり，$x < 0$ のときには明らかに $f_X(x) = 0$ となるので，次が成立：

$$f_X(x) = \begin{cases} 2xe^{-x^2} & (x \geqq 0), \\ 0 & (x < 0). \end{cases}$$

(3) ガウス積分公式より

$$\int_0^{\infty} e^{-\alpha x^2} dx = \frac{\sqrt{\pi}}{2\sqrt{\alpha}}$$

となるが，この両辺を α で微分することにより，

$$\int_0^{\infty} x^2 e^{-\alpha x^2} dx = \frac{\sqrt{\pi}}{4\alpha\sqrt{\alpha}}$$

となる．

これを用いると，

$$E[X] = 2\int_0^{\infty} x^2 e^{-x^2} dx = \frac{\sqrt{\pi}}{2}$$

となる． □

●――確率変数の独立性

高校の教科書では，事象 A と事象 B が独立となることは

$$P(A \cap B) = P(A) \cdot P(B)$$

が成り立つこととして定義されている．

二つの離散型確率変数 X, Y の独立性は事象 $\{X = k_1\}$ と事象 $\{Y = k_2\}$ がすべての k_1, k_2 に対して独立となることとして定義される．すなわち，次の関係式がすべての k_1, k_2 に対して成り立つこととして定義される：

$$P(X = k_1, Y = k_2) = P(X = k_1) \cdot P(Y = k_2).$$

また，$\{X_i\}_{i=1}^n$ が独立であるとは，次式が成り立つこととして定義される：

$$P(X_1 = k_1, \cdots, X_n = k_n) = P(X_1 = k_1) \cdots P(X_n = k_n).$$

例 2.2　X_1, X_2 が独立でそれぞれ Poisson 分布 $\mathrm{Po}(\lambda_1)$, $\mathrm{Po}(\lambda_2)$ に従うとき，$Z = X_1 + X_2$ の確率分布について考えよう．

まず，Z の取りうる値の範囲は 0 以上の整数であるので，$k \in \mathbb{N}$ を取って，$\{X_1 + X_2 = k\}$ となる事象を考えよう．この事象は図 2.1 のように，互いに共通部分を持たない $k+1$ 個の部分に分解される．

$X_1 + X_2 = k$

$X_1 = k$,	$X_2 = 0$
$X_1 = k - 1$,	$X_2 = 1$
$X_1 = k - 2$,	$X_2 = 2$
$\vdots$	
$X_1 = 1$,	$X_2 = k - 1$
$X_1 = 0$,	$X_2 = k$

図 2.1　$X_1 + X_2 = k$ の分解

これより，次が成り立つ：

$$\begin{aligned}
P(X_1 + X_2 = k) &= \sum_{m=0}^{k} P(X_1 = m,\ X_2 = k - m) \\
&= \sum_{m=0}^{k} P(X_1 = m) \cdot P(X_2 = k - m) \qquad \text{(独立性より)} \\
&= \sum_{m=0}^{k} e^{-\lambda_1} \frac{\lambda_1^m}{m!} \cdot e^{-\lambda_2} \frac{\lambda_2^{k-m}}{(k-m)!} \\
&= e^{-\lambda_1 - \lambda_2} \frac{1}{k!} \sum_{m=0}^{k} \binom{k}{m} \lambda_1^m \lambda_2^{k-m} \\
&= e^{-(\lambda_1 + \lambda_2)} \frac{(\lambda_1 + \lambda_2)^k}{k!}.
\end{aligned}$$

□

連続型確率変数の独立性の定義を数学的に与えるには，測度論の知識を必要とするので，ここでは以下が成り立つこととして $\{X_i\}_{i=1}^n$ の独立性を定める：

$$\begin{aligned}&P(a_1 \leqq X_1 \leqq b_1, \cdots, a_n \leqq X_n \leqq b_n)\\&\quad = P(a_1 \leqq X_1 \leqq b_1) \cdot \cdots \cdot P(a_n \leqq X_n \leqq b_n).\end{aligned}$$

(X, Y) が連続型の 2 次元確率変数で，同時確率密度関数が $f(x, y)$ で与えられており，X, Y の周辺確率密度関数が $f_X(x), f_Y(y)$ で与えられているとする．このとき，次の関係が成立する：

$$X, Y \text{ が独立} \iff f(x, y) = f_X(x) \cdot f_Y(y).$$

独立性に関する次の命題はアクチュアリー試験では頻繁に用いられる．

命題 2.1　$X_1, \cdots, X_n$ が独立であるとき，次の (1)〜(3) が成り立つ．
(1)　$E[X_1 \cdots X_n] = E[X_1] \cdot \cdots \cdot E[X_n]$
(2)　$V[X_1 + \cdots + X_n] = V[X_1] + \cdots + V[X_n]$
(3)　$M_{X_1 + \cdots + X_n}(t) = M_{X_1}(t) \cdot \cdots \cdot M_{X_n}(t)$

(1), (3) の証明は，確率変数が離散型であるときには簡単であるが，連続型の場合は準備が必要となる．証明は文献 [2] を参照されたい．

(2) は (1) から簡単に証明できる：

$$\begin{aligned}V[X_1 + \cdots + X_n] &= E[(X_1 + \cdots + X_n)^2] - (E[X_1] + \cdots + E[X_n])^2\\&= \sum_{k=1}^{n} (E[X_k^2] - E[X_k]^2)\\&\quad + 2 \sum_{1 \leqq k < m \leqq n} (E[X_k X_m] - E[X_k]E[X_m])\\&= \sum_{k=1}^{n} V[X_k]. \qquad (\text{上の第 2 項は独立性より } 0)\end{aligned}$$

●——分布の再生性

25 ページで述べたモーメント母関数の性質と，命題 2.1 の (3) を用いると，数理統計において重要な役割をはたす分布の再生性を導くことができる．

命題 2.2　$X_1, \cdots, X_n$ は独立であると仮定し，$S_n = X_1 + \cdots + X_n$ とおく．

(1) $X_1 \sim \mathrm{N}(\mu_1, \sigma_1^2), \cdots, X_n \sim \mathrm{N}(\mu_n, \sigma_n^2)$
$\Longrightarrow S_n \sim \mathrm{N}(\mu_1 + \cdots + \mu_n, \sigma_1^2 + \cdots + \sigma_n^2)$

(2) $X_1 \sim \mathrm{Po}(\lambda_1), \cdots, X_n \sim \mathrm{Po}(\lambda_n) \Longrightarrow S_n \sim \mathrm{Po}(\lambda_1 + \cdots + \lambda_n)$

(3) $X_1 \sim \chi^2_{k_1}, \cdots, X_n \sim \chi^2_{k_n} \Longrightarrow S_n \sim \chi^2_{k_1+\cdots+k_n}$

(4) $X_1 \sim \mathrm{NB}(m_1; p), \cdots, X_n \sim \mathrm{NB}(m_n; p)$
$\Longrightarrow S_n \sim \mathrm{NB}(m_1 + \cdots + m_n; p)$

命題 2.2 より，正規分布，Poisson 分布，χ^2 分布に従う独立な確率変数の和もまた，元と同じ確率分布に従い，分布のパラメータがそれぞれの和となっている．このような性質を**分布の再生性**という．

命題 2.2 の証明は S_n のモーメント母関数を求めることによって得られる．

(1) の証明　$X_i \sim \mathrm{N}(\mu_i, \sigma_i^2)$ より $M_{X_i}(t) = e^{\mu_i t + \frac{1}{2}\sigma_i^2 t^2}$ となるので，命題 2.1 の (3) より

$$
\begin{aligned}
M_{S_n}(t) &= M_{X_1}(t) \cdot \cdots \cdot M_{X_n}(t) \\
&= e^{(\mu_1+\cdots+\mu_n)t + \frac{1}{2}(\sigma_1^2+\cdots+\sigma_n^2)t^2} \\
&= \mathrm{N}(\mu_1 + \cdots + \mu_n, \sigma_1^2 + \cdots + \sigma_n^2) \text{ のモーメント母関数}
\end{aligned}
$$

となり，$S_n \sim \mathrm{N}(\mu_1 + \cdots + \mu_n, \sigma_1^2 + \cdots + \sigma_n^2)$ となる．

(2) ～ (4) も同様にして，S_n のモーメント母関数を計算することによって証明が得られる．□

注意　モーメント母関数をみれば，再生性を持つかどうかの判断がつく．

◆ $X_1, \cdots, X_n$ が独立で，すべて指数分布 $\mathrm{Ex}(\lambda)$ に従うとき，$S_n = X_1 + \cdots + X_n$ は，確率密度関数が次で与えられる**ガンマ分布**に従う．

$$
f_{S_n}(u) = \begin{cases} \dfrac{\lambda^n}{\Gamma(n)} u^{n-1} e^{-\lambda u} & (u > 0), \\ 0 & (\text{その他}) \end{cases} \tag{2.9}
$$

◉——和の分布 (convolution の計算)

X_1, X_2 が独立で，それぞれの確率密度関数が $f_1(x_1), f_2(x_2)$ で与えられているとする．

$Z = X_1 + X_2$ の分布を求めることを考える．そこで，$(X_1, X_2) \to (Z, W)$ という 2 次元確率変数 (X_1, X_2) から (Z, W) という変換を考える．ここで，Z, W は次で与えられるとする：

$$\begin{cases} Z = X_1 + X_2, \\ W = X_2. \end{cases}$$

上の変換は 2 次元確率変数から 2 次元確率変数への変換であるが，同様の $\mathbb{R}^2 \to \mathbb{R}^2$ への変換を考え，それの逆を求める：

$$\begin{cases} z = x_1 + x_2, \\ w = x_2, \end{cases} \quad \Longrightarrow \quad \begin{cases} x_1 = z - w, \\ x_2 = w. \end{cases}$$

このとき，(Z, W) の同時 (結合) 確率密度関数を $g(z, w)$ とすると，$g(z, w)$ は次のように定まる：

$$g(z, w) = f_1(z - w) f_2(w) \cdot \left| \frac{\partial(x_1, x_2)}{\partial(z, w)} \right|.$$

ヤコビ行列式は

$$\frac{\partial(x_1, x_2)}{\partial(z, w)} = \begin{vmatrix} 1 & -1 \\ 0 & 1 \end{vmatrix} = 1$$

である．$g(z, w)$ を w について積分することにより，Z の確率密度関数 $f_Z(z)$ は次のように求められる：

$$f_Z(z) = \int_{-\infty}^{\infty} f_1(z - w) f_2(w) dw. \tag{2.10}$$

このとき，上式の右辺を f_1, f_2 の **convolution (たたみ込み)** とよび，$f_Z(z) = f_1 * f_2(z)$ と表す．

◉──商の分布

X_1, X_2 が独立で，それぞれの確率密度関数が $f_1(x_1), f_2(x_2)$ で与えられているとき，$Z = \dfrac{X_1}{X_2}$ の分布を求めることを考える．

和の分布を求めたときと同様にして，次で定められる変換を考える：

$$\begin{cases} Z = \dfrac{X_1}{X_2}, \\ W = X_2. \end{cases}$$

同様に $\mathbb{R}^2$ から $\mathbb{R}^2$ への変換を考え，(x_1, x_2) について求めると，

$$\begin{cases} x_1 = zw, \\ x_2 = w, \end{cases} \qquad \frac{\partial(x_1, x_2)}{\partial(z, w)} = \begin{vmatrix} w & z \\ 0 & 1 \end{vmatrix} = w$$

であるので，(Z, W) の同時確率密度関数 $f(z, w)$ は

$$f(z, w) = f_1(zw) f_2(w) |w|$$

となる．

これを w について積分することにより，$Z = \dfrac{X_1}{X_2}$ の確率密度関数 $f_Z(z)$ は次のように求められる：

$$f_Z(z) = \int_{-\infty}^{\infty} f_1(zw) f_2(w) |w| dw. \tag{2.11}$$

例題 2.3　(1)　X_1, X_2 が独立で，

$$X_1 \sim \mathrm{Ex}(\lambda_1), \qquad X_2 \sim \mathrm{Ex}(\lambda_2) \quad (\lambda_1 \neq \lambda_2)$$

であるとき，$Z = X_1 + X_2$ の確率密度関数を求めよ．

(2)　X_1, X_2 が独立で，$X_1, X_2 \sim \mathrm{N}(0, 1)$ のとき，$Z = \dfrac{X_1}{X_2}$ の確率密度関数を求めよ．

解　(1)　convolution の計算 (2.10) を用いる．$z > 0$ のとき，

$$f_{X_1}(z-w)f_{X_2}(w) = \begin{cases} \lambda_1 e^{-\lambda_1(z-w)}\lambda_2 e^{-\lambda_2 w} & (z-w>0,\ w>0), \\ 0 & (\text{その他}) \end{cases}$$

となるので，

$$\begin{aligned} f_Z(z) &= \lambda_1\lambda_2 e^{-\lambda_1 z}\int_0^z dw\, e^{-(\lambda_2-\lambda_1)w} \\ &= \lambda_1\lambda_2 e^{-\lambda_1 z}\left[-\frac{1}{\lambda_2-\lambda_1}e^{-(\lambda_2-\lambda_1)w}\right]_0^z \\ &= \frac{\lambda_1\lambda_2 e^{-\lambda_1 z}}{\lambda_2-\lambda_1}(1-e^{-(\lambda_2-\lambda_1)z}) \\ &= \frac{\lambda_1\lambda_2}{\lambda_2-\lambda_1}\left(e^{-\lambda_1 z}-e^{-\lambda_2 z}\right) \end{aligned}$$

となる．

また $z \leqq 0$ のときには $f_Z(z)=0$ なので，$f_Z(z)$ は次のようになる：

$$f_Z(z) = \begin{cases} \dfrac{\lambda_1\lambda_2}{\lambda_2-\lambda_1}\left(e^{-\lambda_1 z}-e^{-\lambda_2 z}\right) & (z>0), \\ 0 & (z \leqq 0). \end{cases}$$

(2) (2.11) より，

$$\begin{aligned} f_Z(z) &= \frac{1}{2\pi}\int_{-\infty}^{\infty} e^{-\frac{1}{2}(z^2+1)w^2}|w|dw \\ &= \frac{1}{\pi}\int_0^{\infty} we^{-\frac{1}{2}(z^2+1)w^2}dw \qquad (\text{偶関数の性質}) \\ &= \frac{1}{\pi(z^2+1)}\int_0^{\infty} e^{-u}du \end{aligned}$$

$\left(u=\frac{1}{2}(z^2+1)w^2\right.$ とおくと $du=(z^2+1)wdw$ となることに注意)

$$= \frac{1}{\pi(z^2+1)}$$

となる．この分布を**コーシー分布**とよぶ． □

●――独立確率変数列の最大値と最小値

$X_1, \cdots, X_n$ が独立で同分布であるとする．このとき，

$$Z_1 = \max\{X_1, \cdots, X_n\}, \qquad Z_2 = \min\{X_1, \cdots, X_n\}$$

で定められる Z_1, Z_2 について考えよう．

まず，Z_1 について次のことに注意する．

$$Z_1 = \max\{X_1, \cdots, X_n\} \leqq u \Longleftrightarrow X_1 \leqq u, \cdots, X_n \leqq u$$

これより，

$$\begin{aligned} &P(Z_1 \leqq u) \\ &\quad = P(X_1 \leqq u, \cdots, X_n \leqq u) = P(X_1 \leqq u) \cdot \cdots \cdot P(X_n \leqq u) \\ &\quad = P(X_1 \leqq u)^n \end{aligned}$$

となり，

$$\begin{aligned} f_{Z_1}(u) &= \frac{d}{du} P(Z_1 \leqq u) = nP(X_1 \leqq u)^{n-1} \frac{d}{du} P(X_1 \leqq u) \\ &= nP(X_1 \leqq u)^{n-1} f_{X_1}(u) \end{aligned}$$

となる．

また，Z_2 については

$$Z_2 = \max\{X_1, \cdots, X_n\} > u \Longleftrightarrow X_1 > u, \cdots, X_n > u$$

が成り立つので，

$$\begin{aligned} f_{Z_2}(u) &= \frac{d}{du} (1 - P(X_1 > u)^n) \\ &= -nP(X_1 > u)^{n-1} \frac{d}{du} P(X_1 > u) \\ &= nP(X_1 > u)^{n-1} f_{X_1}(u) \end{aligned}$$

となる．ここで

$$\frac{d}{du} P(X_1 > u) = \frac{d}{du} (1 - P(X_1 \leqq u)) = -f_{X_1}(u)$$

に注意する．

例題 2.4 (1) $X_1, \cdots, X_n$：独立で一様分布 U(0,1) に従うとき，

$$Z_1 = \max\{X_1, \cdots, X_n\}$$

の確率密度関数を求めよ．

(2) $X_1, \cdots, X_n$：独立で指数分布 $\mathrm{Ex}(\lambda)$ に従うとき，

$$Z_2 = \min\{X_1, \cdots, X_n\}$$

の確率密度関数を求めよ．

解 (1) (i) $0 < u < 1$ のとき，

$$\begin{aligned} P(Z_1 \leqq u) &= P(X_1 \leqq u, \cdots, X_n \leqq u) = P(X_1 \leqq u)^n \\ &= u^n \end{aligned}$$

であるから，$f_{Z_1}(u) = nu^{n-1}$ である．

(ii) $u \geqq 1$ のとき，$P(Z_1 \leqq u) = 1$ となるので，$f_{Z_1}(u) = 0$ となる．

(iii) $u \leqq 0$ のとき，$P(Z_1 \leqq u) = 0$ となるので，$f_{Z_1}(u) = 0$ となる．

(2) (i) $u > 0$ のとき，

$$\begin{aligned} P(Z_2 \leqq u) &= 1 - P(Z_2 > u) = 1 - P(X_1 > u, \cdots, X_n > u) \\ &= 1 - P(X_1 > u)^n = 1 - \left\{ \int_u^\infty \lambda e^{-\lambda x} dx \right\}^n \\ &= 1 - e^{-n\lambda u} \end{aligned}$$

となるので，$f_{Z_2}(u) = n\lambda e^{-n\lambda u}$ となる．

(ii) $u \leqq 0$ のときには，$P(Z_2 \leqq u) = 0$ であるので，$f_{Z_2}(u) = 0$ となる．
したがって，$Z_2 \sim \mathrm{Ex}(n\lambda)$ となる． □

2.4 条件付確率

事象 B が起こるという条件の下で，事象 A が起こる条件付確率 $P(A|B)$ を

$$P(A|B) = \frac{P(A \cap B)}{P(B)}$$

で定義する．

アクチュアリー試験等によく出題される例として，工場で生産された製品の不良品発生率の問題がある．

ある製品が A 工場と B 工場で生産されており，A 工場で生産された製品が不良品である確率が p_1，B 工場で生産された製品が不良品である確率が p_2 であるとする．また，A, B 工場での生産量の比が $A : B = m_A : m_B$ であるとする．このとき，一つの製品を取ったとき，それが不良品である確率を求めよう．

一つの製品を取ったとき，それが A 工場で生産されたという事象を A，B 工場で生産された事象を B とし，それが不良品であるという事象を N とする．

このとき，

$$
\begin{aligned}
P(N|A) &= p_1, & P(N|B) &= p_2, \\
P(A) &= \frac{m_A}{m_A + m_B}, & P(B) &= \frac{m_B}{m_A + m_B}
\end{aligned}
$$

であることがわかっている．

$N = (N \cap A) \cup (N \cap B)$ で $(N \cap A) \cap (N \cap B) = \varnothing$ であるので，

$$
\begin{aligned}
P(N) &= P(N \cap A) + P(N \cap B) \\
&= P(N|A)P(A) + P(N|B)P(B) \\
&= p_1 \cdot \frac{m_A}{m_A + m_B} + p_2 \cdot \frac{m_B}{m_A + m_B}
\end{aligned}
$$

となる．

●——ランダムな数 N に関する条件付確率

次のような問題を考えよう．年度の始めに獲得できる自動車保険の契約数を N とし，N は平均 λ の Poisson 分布 $\mathrm{Po}(\lambda)$ に従うとする．また，各契約が次年度に更新される確率は互いに独立で，p であるとする．このとき，次年度に更新される契約の数 X はどのような確率分布に従うのであろうか？

N の値によって事象を分解し，条件付確率を用いると

$$
P(X = k) = \sum_{n=k}^{\infty} P(X = k, N = n)
$$

$$= \sum_{n=k}^{\infty} P(X=k|N=n)P(N=n)$$

となる．

$P(X=k|N=n)$ は，N の数が n に指定された条件の下で，n 個のうち k 個が更新されるのであるから，

$$P(X=k|N=n) = \binom{n}{k} p^k (1-p)^{n-k}$$

となる．

したがって，

$$\begin{aligned} P(X=k) &= \sum_{n=k}^{\infty} \binom{n}{k} p^k (1-p)^{n-k} e^{-\lambda} \frac{\lambda^n}{n!} \\ &= \frac{e^{-\lambda} p^k \lambda^k}{k!} \sum_{n=k}^{\infty} \frac{(\lambda(1-p))^{n-k}}{(n-k)!} \\ &= \frac{e^{-\lambda} p^k \lambda^k}{k!} \sum_{m=0}^{\infty} \frac{(\lambda(1-p))^m}{m!} \\ &\qquad (m = n-k \text{ とおいて和を書き換えた}) \\ &= e^{-\lambda p} \frac{(\lambda p)^k}{k!} \end{aligned}$$

となり，$X \sim \mathrm{Po}(\lambda p)$ となる．

この問題は多くの Versions が考えられるので，よく注意すること．

2.5 数理統計とは

数理統計は保険数理にとって欠くことのできない存在である．損害保険において，事故の発生頻度やクレーム額の分布を実際のデータから推測することは，保険料を正しく算定するためにはどうしても必要なことである．

数理統計とはデータから事故の発生頻度といった未知のパラメータを推定することである．保険とは関係ないが，選挙におけるある特定候補の得票率を，投票場での出口調査から推定するという問題を考えてみよう．データは調査対

象者がその候補に投票したかどうかである．そこで，i 番目の調査対象者の投票行動を次の確率変数 X_i で表す：

$$X_i = \begin{cases} 1 & (i\text{ 番目の対象者がその候補に投票した}), \\ 0 & (i\text{ 番目の対象者が他の候補に投票した}). \end{cases} \tag{2.12}$$

調査数を n とすると，データ $X_1, \cdots, X_n$ が得られる．これらは独立で同じ分布に従っていると考えられる．このとき，推定すべき未知のパラメータとは，$p = P(X_i = 1)$ である．これはその候補の得票率と考えられる．この p をデータ $X_1, \cdots, X_n$ から推定することが数理統計の役割である．

$X_1 + \cdots + X_n$ はその候補に投票した合計人数であるので，自然な考えとして，

$$\bar{X} = \frac{X_1 + \cdots + X_n}{n}$$

によって p の値が推定できると考えられる．この $\bar{X}$ はデータ $X_1, \cdots, X_n$ の**標本平均**とよばれる．

この例においては，未知のパラメータ p を推定するにあたって，データを加工して標本平均という量を作り，それでもって p の推定値とした．標本平均のようなデータから加工して得られる量を**統計量**と言う．

独立で同じ確率分布に従う確率変数の列を i.i.d. (independently identically distributed) と表し，これが統計データを与えているとする．この X_i の確率分布の中に未知のパラメータ θ が含まれているのである．未知のパラメータとしてよく扱われるのは**母平均**と**母分散**である．$\mu = E[X_i]$ が母平均であって，$\sigma^2 = V[X_i]$ が母分散である．

n 個のデータ $\{X_i\}_{i=1}^n$ が与えられたとき，θ を推定する統計量は $X_1, \cdots, X_n$ の関数 $\hat{\theta}(X_1, \cdots, X_n)$ として与えられる．

未知パラメータ θ の値を統計量 $\hat{\theta}(X_1, \cdots, X_n)$ で推定するということは，$\hat{\theta}(X_1, \cdots, X_n)$ は θ に "近い値" でなくてはならない．また，"近い" という意味合いを数学的に表現しなくてはならない．これにはいくつかの基準が与えられている．

定義 2.1 (1) $E[\hat{\theta}(X_1, \cdots, X_n)] = \theta$ となるとき，$\hat{\theta}(X_1, \cdots, X_n)$ は θ の**不偏推定量**であると言う．

(2) 任意の $\varepsilon > 0$ に対して

$$\lim_{n \to \infty} P(\ |\hat{\theta}(X_1, \cdots, X_n) - \theta| > \varepsilon) = 0$$

となるとき，$\hat{\theta}(X_1, \cdots, X_n)$ は θ の**一致推定量**であると言う．

不偏推定量は平均値が θ と一致するという基準で，一致推定量は $\hat{\theta}(X_1, \cdots, X_n)$ が θ と一致しない確率が，データ数を大きくしていくとどんどん小さくなっていくことを表している．

母平均 μ の推定には標本平均 $\bar{X}$ が用いられ，これは不偏推定量でもあり一致推定量でもある．

母分散 σ^2 の推定には，次で定められる**標本分散** S^2 が用いられる：

$$S^2 = \frac{1}{n} \sum_{i=1}^{n} (X_i - \bar{X})^2.$$

この標本分散の期待値を計算してみよう．

$$E[S^2] = \frac{1}{n} \sum_{i=1}^{n} E[X_i^2] - E[\bar{X}^2]$$

となるが，

$$\begin{aligned} E[\bar{X}^2] &= \frac{1}{n^2} E\left[\sum_{i=1}^{n} X_i^2 + \sum_{1 \leqq i \neq j \leqq n} X_i X_j \right] \\ &= \frac{1}{n^2} \sum_{i=1}^{n} E[X_i^2] + \frac{1}{n^2} \sum_{1 \leqq i \neq j \leqq n} E[X_i] E[X_j] \\ &\qquad (X_i, X_j : \text{独立であることに注意}) \\ &= \frac{1}{n^2} \cdot n \cdot (\sigma^2 + \mu^2) + \frac{(n^2 - n)}{n^2} \cdot \mu^2 \\ &\qquad (1 \leqq i \neq j \leqq n \text{ を満たす } (i,j) \text{ の個数} = n^2 - n) \\ &= \frac{1}{n} \sigma^2 + \mu^2 \end{aligned}$$

となるので，

$$E[S^2] = \frac{n-1}{n}\sigma^2$$

となり，S^2 は不偏推定量とはならない．

S^{*2} を次で定めると，これは不偏推定量となり**不偏分散**とよばれる：

$$S^{*2} = \frac{1}{n-1}\sum_{i=1}^{n}(X_i - \bar{X})^2.$$

●——数理統計に必要な確率分布の知識

以下に述べる区間推定や仮説検定において用いられる χ^2 分布，t 分布，F 分布について述べる．さらに，これらの確率分布と正規分布との関連についての知識もまとめておく．

(1) 正規分布

$\{X_i\}_{i=1}^{n}$：i.i.d. で正規分布 $\mathrm{N}(\mu, \sigma^2)$ に従っているとする．このとき，正規分布の再生性により，$S_n \sim \mathrm{N}(n\mu, n\sigma^2)$ となる．$X \sim \mathrm{N}(\mu, \sigma^2)$ のとき，

$$Y = aX + b \sim \mathrm{N}(a\mu + b, a^2\sigma^2)$$

となることを用いると，$\bar{X} \sim \mathrm{N}\left(\mu, \frac{\sigma^2}{n}\right)$ となり，

$$\frac{\bar{X} - \mu}{\frac{\sigma}{\sqrt{n}}} \sim \mathrm{N}(0,1) \tag{2.13}$$

となる．

また，σ^2 を推定する統計量は不偏分散 S^{*2} であるが，S^{*2} は $\bar{X}$ と独立で，

$$\frac{nS^{*2}}{\sigma^2} \sim \chi^2_{n-1} \tag{2.14}$$

となる．

標準正規分布 N(0,1) の確率密度関数は図 2.2 (次ページ) に示されているが，これの上側 ε 点 $u(\varepsilon)$，下側 ε 点 $-u(\varepsilon)$ が図のように定められる．

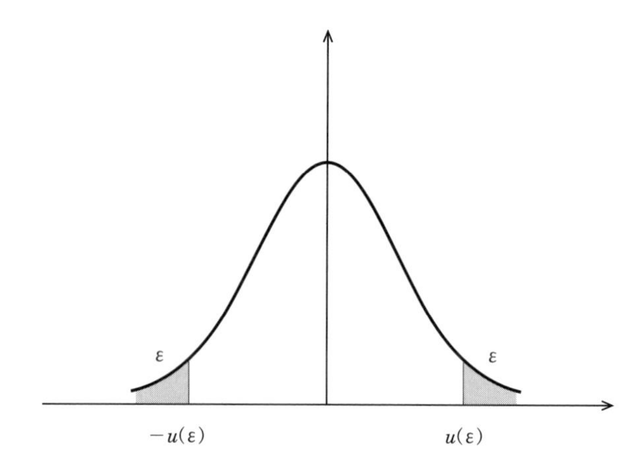

図 2.2　標準正規分布 N(0,1) の上側 ε 点，下側 ε 点

(2) **自由度 n の χ^2 分布** χ_n^2

$\{X_i\}_{i=1}^n$：i.i.d. で正規分布 N(0,1) に従っているとする．このとき，

$$Z_n = X_1^2 + \cdots + X_n^2$$

によって定義される Z_n の確率密度関数 $f_n(x)$ は次式で与えられる．

$$f_n(x) = \begin{cases} \dfrac{x^{\frac{n}{2}-1}e^{-\frac{1}{2}x}}{2^{\frac{n}{2}}\Gamma\left(\dfrac{n}{2}\right)} & (x > 0), \\ 0 & (\text{その他}). \end{cases} \tag{2.15}$$

この確率分布を**自由度 n の χ^2 分布**とよぶ．この確率密度関数の概形は図 2.3 のようになり，上側 ε 点 $\chi_n^2(\varepsilon)$，下側 ε 点 $\chi_n^2(1-\varepsilon)$ が図のように定められる．

(3) **t 分布** t_n

X と Y が独立で，$X \sim$N(0,1), $Y \sim \chi_n^2$ であるとき，

$$Z = \frac{X}{\sqrt{\dfrac{Y}{n}}}$$

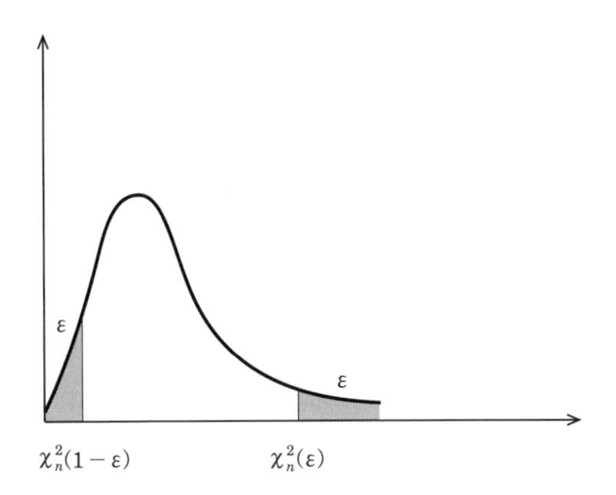

図 **2.3**　χ_n^2 分布の上側 ε 点，下側 ε 点

で定められる確率変数 Z の確率密度関数は次のようになる：

$$f(x) = \frac{\Gamma\left(\dfrac{n+1}{2}\right)}{\sqrt{n\pi}\,\Gamma\left(\dfrac{n}{2}\right)}\left(1+\frac{x^2}{n}\right)^{-\frac{n+1}{2}}. \tag{2.16}$$

この確率分布を**自由度** n **の** t **分布**とよぶ．t 分布の確率密度関数の形は正規分布と同様であり，t 分布についても上側 ε 点 $t_n(\varepsilon)$，下側 ε 点 $-t_n(\varepsilon)$ が定められる．

(4) F **分布** F_n^m

X と Y が独立で，$X \sim \chi_m^2, Y \sim \chi_n^2$ であるとき，

$$Z = \frac{\dfrac{X}{m}}{\dfrac{Y}{n}}$$

で定められる確率変数 Z の確率密度関数は次のようになる：

$$f(x) = \begin{cases} \left(\dfrac{m}{n}\right)^{\frac{m}{2}} \dfrac{1}{B\left(\dfrac{m}{2}, \dfrac{n}{2}\right)} x^{\frac{m}{2}-1} \left(1 + \dfrac{m}{n}x\right)^{-\frac{m+n}{2}} & (x > 0), \\ 0 & (\text{その他}). \end{cases} \tag{2.17}$$

この確率分布を自由度 (m, n) の F 分布とよぶ．F 分布の確率密度関数の形は χ^2 分布と同様であり，F 分布についても同じタイプの上側 ε 点 $F_n^m(\varepsilon)$，下側 ε 点 $F_n^m(1-\varepsilon)$ が定められる．

2.6 区間推定

未知のパラメータ θ を統計量 $\hat{\theta}(X_1, \cdots, X_n)$ で推定する方法は**点推定**とよばれる．これに対して，推定値を 1 点ではなく区間を指定し，θ の値がその区間に含まれる確率が十分大きくなるようにする方法を**区間推定**とよぶ．データから区間の上限 $\hat{\theta}_U(X_1, \cdots, X_n)$ と下限 $\hat{\theta}_L(X_1, \cdots, X_n)$ を決め，

$$P(\hat{\theta}_L(X_1, \cdots, X_n) < \theta < \hat{\theta}_U(X_1, \cdots, X_n)) = 1 - \varepsilon$$

とできるとき，$(\hat{\theta}_L(X_1, \cdots, X_n), \hat{\theta}_U(X_1, \cdots, X_n))$ を信頼係数 $1-\varepsilon$ の**信頼区間**という．

(1) 正規母集団において，σ^2 が既知のときの母平均 μ の信頼区間

$\{X_i\}_{i=1}^n$：i.i.d. で $\mathrm{N}(\mu, \sigma^2)$ に従い，σ^2 が既知であるとき，μ の信頼区間を求めよう．

$$\frac{\bar{X} - \mu}{\dfrac{\sigma}{\sqrt{n}}} \sim \mathrm{N}(0, 1)$$

であることを用いると，図 2.4 より

$$P\left(-u\left(\frac{\varepsilon}{2}\right) < \frac{\bar{X} - \mu}{\dfrac{\sigma}{\sqrt{n}}} < u\left(\frac{\varepsilon}{2}\right)\right) = 1 - \varepsilon$$

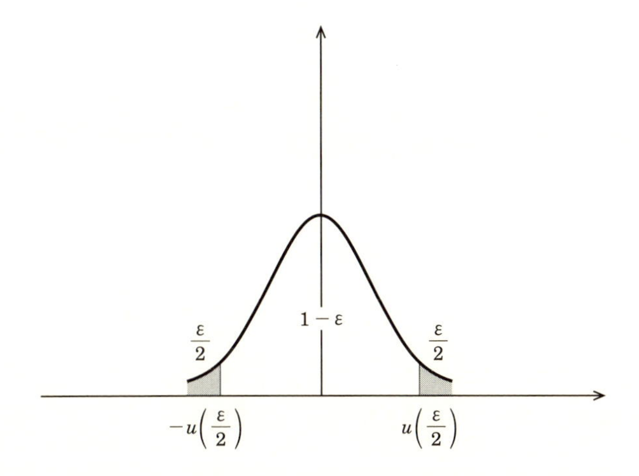

図 2.4 区間推定

となることがわかる．

不等式

$$-u\left(\frac{\varepsilon}{2}\right) < \frac{\bar{X}-\mu}{\frac{\sigma}{\sqrt{n}}} < u\left(\frac{\varepsilon}{2}\right)$$

を μ について解くと，

$$\bar{X} - u\left(\frac{\varepsilon}{2}\right)\frac{\sigma}{\sqrt{n}} < \mu < \bar{X} + u\left(\frac{\varepsilon}{2}\right)\frac{\sigma}{\sqrt{n}}$$

となる．

したがって，

$$P\left(\bar{X} - u\left(\frac{\varepsilon}{2}\right)\frac{\sigma}{\sqrt{n}} < \mu < \bar{X} + u\left(\frac{\varepsilon}{2}\right)\frac{\sigma}{\sqrt{n}}\right) = 1-\varepsilon$$

となるので，$\left(\bar{X} - u\left(\frac{\varepsilon}{2}\right)\frac{\sigma}{\sqrt{n}}, \bar{X} + u\left(\frac{\varepsilon}{2}\right)\frac{\sigma}{\sqrt{n}}\right)$ が信頼係数 $1-\varepsilon$ の μ の信頼区間である．

(2) 正規母集団において，σ^2 が未知のときの母平均 μ の信頼区間

$$\frac{\sqrt{n-1}(\bar{X}-\mu)}{S} \sim t_{n-1}$$

であることを用いると，次式が得られる：

$$P\left(-t_{n-1}\left(\frac{1}{2}\varepsilon\right) < \frac{\sqrt{n-1}(\bar{X}-\mu)}{S} < t_{n-1}\left(\frac{1}{2}\varepsilon\right)\right) = 1-\varepsilon.$$

これより，

$$P\left(\bar{X} - t_{n-1}\left(\frac{1}{2}\varepsilon\right)\frac{S}{\sqrt{n-1}} < \mu < \bar{X} + t_{n-1}\left(\frac{1}{2}\varepsilon\right)\frac{S}{\sqrt{n-1}}\right) = 1-\varepsilon$$

となり，求める信頼区間は

$$\left(\bar{X} - t_{n-1}\left(\frac{1}{2}\varepsilon\right)\frac{S}{\sqrt{n-1}},\ \bar{X} + t_{n-1}\left(\frac{1}{2}\varepsilon\right)\frac{S}{\sqrt{n-1}}\right)$$

となる．

(3) 正規母集団において，μ, σ^2 が共に未知であるときの σ^2 の信頼区間

$\dfrac{nS^2}{\sigma^2} \sim \chi^2_{n-1}$ であることから

$$P\left(\chi^2_{n-1}\left(1-\frac{1}{2}\varepsilon\right) < \frac{nS^2}{\sigma^2} < \chi^2_{n-1}\left(\frac{1}{2}\varepsilon\right)\right) = 1-\varepsilon$$

となる．これより，

$$P\left(\frac{nS^2}{\chi^2_{n-1}\left(\frac{1}{2}\varepsilon\right)} < \sigma^2 < \frac{nS^2}{\chi^2_{n-1}\left(1-\frac{1}{2}\varepsilon\right)}\right) = 1-\varepsilon$$

が成り立ち，

$$\left(\frac{nS^2}{\chi^2_{n-1}\left(\frac{1}{2}\varepsilon\right)}, \frac{nS^2}{\chi^2_{n-1}\left(1-\frac{1}{2}\varepsilon\right)}\right)$$

が求める信頼区間となる．

(4) Poisson 母集団における母平均 λ の信頼区間

この信頼区間を求めるにあたって，次の Poisson 分布と χ^2 分布との関係を用いる：

> $X \sim \mathrm{Po}(\lambda),\ Y_1 \sim \chi^2_{2k}, Y_2 \sim \chi^2_{2(k+1)}$ のとき次が成立：
>
> $$P(X \geqq k) = P(Y_1 \leqq 2\lambda), \qquad P(X \leqq k) = P(Y_2 > 2\lambda).$$

$S_n = X_1 + \cdots + X_n$ とすると，$S_n \sim \mathrm{Po}(n\lambda)$ となる．

まず，$\mathrm{Po}(n\lambda)$ における上側 $\dfrac{1}{2}\varepsilon$ 点を，$P(S_n \geqq \alpha_2) < \dfrac{1}{2}\varepsilon$ を満たす最小の α_2 として定め，$\mathrm{Po}(n\lambda)$ における下側 $\dfrac{1}{2}\varepsilon$ 点を，$P(S_n \leqq \alpha_1) < \dfrac{1}{2}\varepsilon$ を満たす最大の α_1 として定める (図 2.5 参照).

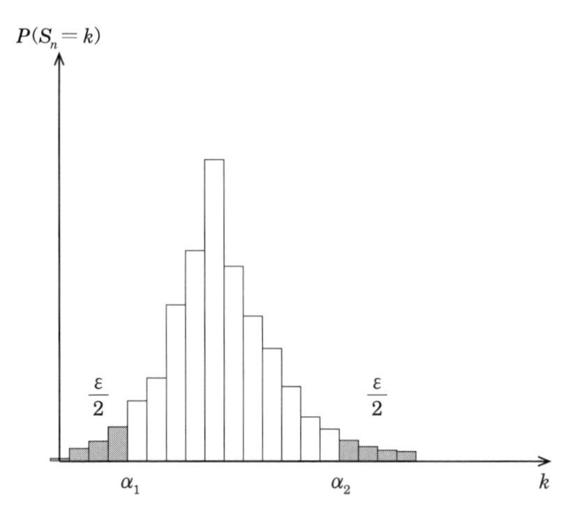

図 **2.5** Poisson 分布の α_1, α_2

S_n の実現値を s とし，$\alpha_1 < s < \alpha_2$ となる条件を求めてみよう．$\alpha_1 < s$ であることを用いると，α_1 の定め方より，

$$P(S_n \leqq s) > \frac{1}{2}\varepsilon$$

が成り立つ．$Y_2 \sim \chi^2_{2(s+1)}$ となる Y_2 を取ると，$P(S_n \leqq s) = P(Y_2 > 2n\lambda)$ となる．これより，

$$P(Y_2 > 2n\lambda) > \frac{1}{2}\varepsilon$$

が成り立つので，$\chi^2_{2(s+1)}$ 分布の上側 $\frac{1}{2}\varepsilon$ 点と $2n\lambda$ を比較すると，

$$2n\lambda < \chi^2_{2(s+1)}\left(\frac{1}{2}\varepsilon\right)$$

が成り立つ．これより，次式が得られる．

$$\lambda < \frac{1}{2n}\chi^2_{2(s+1)}\left(\frac{1}{2}\varepsilon\right) \tag{2.18}$$

同様にして，$s < \alpha_2$ より，$Y_1 \sim \chi^2_{2s}$ となる Y_1 をとると，

$$P(S_n \geqq s) = P(Y_1 \leqq 2n\lambda) > \frac{1}{2}\varepsilon$$

となり，

$$2n\lambda > \chi^2_{2s}\left(1 - \frac{1}{2}\varepsilon\right)$$

が得られる．

したがって，

$$\lambda > \frac{1}{2n}\chi^2_{2s}\left(1 - \frac{1}{2}\varepsilon\right) \tag{2.19}$$

となるので，求める信頼区間は次のようになる：

$$\left(\frac{1}{2n}\chi^2_{2s}\left(1 - \frac{1}{2}\varepsilon\right), \quad \frac{1}{2n}\chi^2_{2(s+1)}\left(\frac{1}{2}\varepsilon\right)\right).$$

(5) 指数分布に従う母集団の母平均の区間推定

$\{X_i\}_{i=1}^n$ が i.i.d. で平均 λ の指数分布に従うとする $\left(X_i \sim \mathrm{Ex}\left(\frac{1}{\lambda}\right)\right)$．このとき，$\lambda$ の信頼区間を考えよう．

まず，$S_n = X_1 + \cdots + X_n$ とおくと，$Z = \dfrac{2S_n}{\lambda} \sim \chi^2_{2n}$ であることに注意する．このことの証明は Z のモーメント母関数を計算して，それが χ^2_{2n} のモーメント母関数と一致することを示せばよい．

前と同様にして，

$$P\left(\chi^2_{2n}\left(1-\frac{1}{2}\varepsilon\right) < \frac{2S_n}{\lambda} < \chi^2_{2n}\left(\frac{1}{2}\varepsilon\right)\right) = 1-\varepsilon$$

となり，P の中の不等式を λ について解くと，次のようになる：

$$\frac{2S_n}{\chi^2_{2n}\left(\frac{1}{2}\varepsilon\right)} < \lambda < \frac{2S_n}{\chi^2_{2n}\left(1-\frac{1}{2}\varepsilon\right)}.$$

これより，λ の信頼係数 $1-\varepsilon$ の信頼区間は次のようになる：

$$\left(\frac{2S_n}{\chi^2_{2n}\left(\frac{1}{2}\varepsilon\right)}, \frac{2S_n}{\chi^2_{2n}\left(1-\frac{1}{2}\varepsilon\right)}\right).$$

(6) ベルヌーイ試行の成功確率の区間推定

$\{X_i\}_{i=1}^n$ は i.i.d. で次の確率分布を満たすとする：

$$P(X_i = 1) = p, \qquad P(X_i = 0) = q. \qquad (q = 1-p)$$

$X_i = 1$ のとき i 回目の試行が成功であると考え，$X_i = 0$ のとき i 回目の試行が失敗であると考えると，p は試行の成功確率となる．

(i) データ数 n が十分大きく中心極限定理が成り立つとき

$\{X_i\}_{i=1}^n$ が i.i.d. で，n が十分に大きいとき，

$$\frac{X_1 + \cdots + X_n - nE[X_i]}{\sqrt{nV[X_i]}} \sim \mathrm{N}(0,1)$$

とみなせる．これを**中心極限定理**という．これを用いると，$E[X_i] = p, V[X_i] = pq$ であるので，n が十分に大きいときには，

$$\frac{\bar{X}-p}{\sqrt{\dfrac{pq}{n}}} \sim \mathrm{N}(0,1)$$

とみなすことができる．(中心極限定理については詳しくは文献 [3] を参照)

これより，次が成立する：

$$P\left(-u\left(\frac{\varepsilon}{2}\right) < \frac{\bar{X}-p}{\sqrt{\dfrac{pq}{n}}} < u\left(\frac{\varepsilon}{2}\right)\right) = 1-\varepsilon.$$

$P(\cdot)$ の括弧内の不等式を p について解くと，次のようになる．

$$\bar{X} - u\left(\frac{\varepsilon}{2}\right)\sqrt{\frac{pq}{n}} < p < \bar{X} + u\left(\frac{\varepsilon}{2}\right)\sqrt{\frac{pq}{n}}$$

しかし，根号内に p が存在するので，根号内の p を $\bar{X}$ で置き換えると求める信頼区間は次のようになる：

$$\left(\bar{X} - u\left(\frac{\varepsilon}{2}\right)\sqrt{\frac{\bar{X}(1-\bar{X})}{n}}, \bar{X} + u\left(\frac{\varepsilon}{2}\right)\sqrt{\frac{\bar{X}(1-\bar{X})}{n}}\right).$$

(ii) データ数が少ないとき

Poisson 分布と χ^2 分布の関係を用いて，Poisson 分布の区間推定を行ったときと同様の方法をとる．この場合は 2 項分布と F 分布の関係を用いて信頼区間を求める．詳しくは文献 [3] を参照のこと．

2.7 仮説検定

サイコロを投げたとき，1 が出る確率は $\dfrac{1}{6}$ であると考えられているが，これは本当であろうか？　このことをチェックせよと言われたら，読者の皆さんはどうするであろうか？　実際にサイコロを 100 回ほど投げてみて，1 の出た回数を数えるという実験を行うのではなかろうか．もし，1 の出た回数が 17 回であったとすると，あなたはどう判断するだろうか？　100 を 6 で割ると，

$16.666\cdots$ となり，17 回であればこの値に近いので 1 の出る確率が $\dfrac{1}{6}$ であると判断すると思われる．

しかし，1 の出た回数が 13 回だったら，あなたはどう判断するだろうか？ もし，1 の出る確率が $\dfrac{1}{6}$ であると判断したとき，その判断に誤りはないのだろうか？ 逆に，1 の出る確率が $\dfrac{1}{6}$ でないと判断したとき，その判断に誤りはないのだろうか？ これから，この問題を確率論的に考えていこう．

サイコロを投げたとき 1 が出る確率を p で表そう．$p = \dfrac{1}{6}$ となる仮説を**帰無仮説**とよび H_0 で表す．また，$p \neq \dfrac{1}{6}$ であるという仮説を**対立仮説**とよび H_1 で表す：

$$\begin{cases} H_0 \ : \ p = \dfrac{1}{6}, \\ H_1 \ : \ p \neq \dfrac{1}{6}. \end{cases}$$

判断基準を決めて，実験を行って，その結果から H_0 が成り立つか，H_1 が成り立つかを判断するとき，二つの種類の誤りが発生する可能性がある．

第 1 種の誤り： H_0 が正しいにもかかわらず，H_0 が正しくないと判断してしまう誤り．

第 2 種の誤り： H_1 が正しいにもかかわらず，H_1 が正しくないと判断してしまう誤り．

第 1 種の誤りの確率を**有意水準**とよぶ．このとき，有意水準を小さな値 $\varepsilon = 0.03$ or 0.05 に定め，第 2 種の誤りの確率をできるだけ小さくするような判断基準が定められれば一番良いのであるが，必ずしもこのような判断基準が定められるとは限らない．

仮説検定の問題は実験結果によって H_0 が正しいかどうかを判断する基準をいかに妥当な形で定めるかということである．この判断基準を**棄却域**とよぶ．

問題を数学的に定式化するために，サイコロを k 回目に投げたとき，出た目

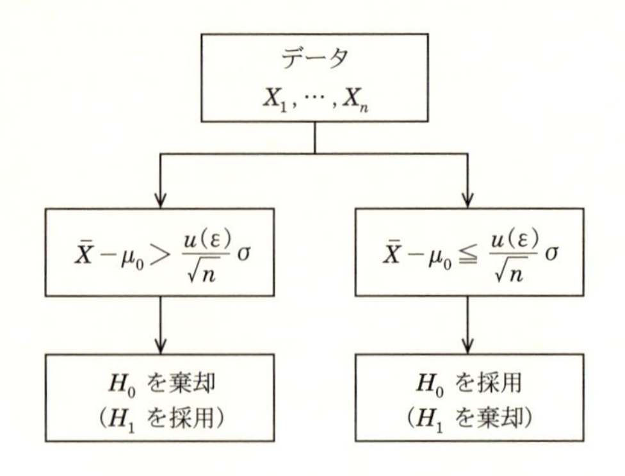

図 2.6　母分散が既知のときの正規母集団の母平均の仮説検定

の数を確率変数 X_k で表す．サイコロを投げた回数を n とすると，その結果は $X_1, \cdots, X_n$ で表され，i.i.d. とみなされる．1 の出る確率を $p = P(X_k = 1)$ とする．帰無仮説 H_0 と対立仮説 H_1 は上で定めた通りである．

n が十分大きく中心極限定理が成り立つとすると，H_0 が正しいとき，

$$Z_n = \frac{S_n - \frac{1}{6}n}{\sqrt{\frac{1}{6}\frac{5}{6}n}} \sim \mathrm{N}(0,1)$$

が成り立つとみなされる．

図 2.4 のように Z_n の確率密度関数のグラフの両端から面積 $\frac{1}{2}\varepsilon$ ずつカットした領域 $\left(-u\left(\frac{1}{2}\varepsilon\right), u\left(\frac{1}{2}\varepsilon\right)\right)$ を考えると, Z_n がこの領域に含まれる確率は $1-\varepsilon$ となり, 大きな確率をもつ. もし, n 回サイコロを投げるという実験の結果から Z_n を計算した結果が $\left(-u\left(\frac{1}{2}\varepsilon\right), u\left(\frac{1}{2}\varepsilon\right)\right)$ に含まれるときには H_0 が成り立っていると判断して良いだろう．逆に

$$Z_n \in \left(-\infty, -u\left(\frac{1}{2}\varepsilon\right)\right] \cup \left[u\left(\frac{1}{2}\varepsilon\right), \infty\right)$$

のときには H_0 が成り立っていないと考える．

したがって，

$$\left|S_n - \frac{n}{6}\right| > u\left(\frac{1}{2}\varepsilon\right)\frac{\sqrt{5n}}{6} \quad \Longrightarrow H_0 \text{ を棄却}$$

となる．

具体的に $n = 100, \varepsilon = 0.03$ とすると $u(0.015) = 2.1701$ なので棄却域は上の不等式より $S_n < 8.5796$ または $S_n > 24.754$ となり，$S_n \leqq 8$ または $S_n \geqq 25$ となる．

◉——母分散が既知であるときの正規母集団の母平均に関する仮説検定

$\{X_i\}_{i=1}^n$ が i.i.d. で正規分布 $\mathrm{N}(\mu, \sigma^2)$ に従っているとする．母分散 σ^2 が既知，母平均 μ が未知で，μ に関して帰無仮説 H_0 と対立仮説 H_1 が次のように与えられているとする．

$$\begin{cases} H_0 : \mu = \mu_0, \\ H_1 : \mu = \mu_1 > \mu_0. \end{cases}$$

μ を推定する統計量は $\bar{X}$ であるので，ある値 c を定めて，$\bar{X} - \mu_0 > c$ のとき対立仮説 H_1 が正しいと判断して良いだろう．問題は c の値をどう定めるかということである．

有意水準を ε とする．H_0 が正しいときには，正規分布の性質により，次が言える：

$$\frac{\bar{X} - \mu_0}{\frac{\sigma}{\sqrt{n}}} \sim \mathrm{N}(0, 1).$$

これを用いると，

$$P(\bar{X} - \mu_0 > c) = P\left(\frac{\bar{X} - \mu_0}{\frac{\sigma}{\sqrt{n}}} > \frac{c}{\frac{\sigma}{\sqrt{n}}}\right) = \varepsilon \tag{2.20}$$

より $u(\varepsilon) = \dfrac{c}{\sigma}\sqrt{n}$ となるので，棄却域は $\bar{X} - \mu_0 > \dfrac{u(\varepsilon)\sigma}{\sqrt{n}}$ となる．

例題 2.5 $\{X_i\}_{i=1}^n$ が i.i.d. で $\mathrm{N}(\mu, \sigma^2)$ に従う．σ^2 が既知で，

$$\begin{cases} H_0 : \mu = \mu_0, \\ H_1 : \mu = \mu_1 > \mu_0, \end{cases}$$

とし，有意水準 ε の棄却域を定める．

このとき，第 2 種の誤りの確率を ε' より小さくするための条件を求めよ．

解 H_1 が正しいときには

$$\frac{\bar{X} - \mu_1}{\dfrac{\sigma}{\sqrt{n}}} \sim \mathrm{N}(0, 1)$$

となる．$\bar{X} - \mu_0 \leqq \dfrac{u(\varepsilon)\sigma}{\sqrt{n}}$ となるとき，H_1 が棄却されるので，第 2 種の誤りの確率は次のようになる：

$$\begin{aligned} &\text{第 2 種の誤りの確率} \\ &= P\left(\bar{X} - \mu_0 \leqq \frac{u(\varepsilon)\sigma}{\sqrt{n}}\right) \quad \left(\frac{\bar{X} - \mu_1}{\dfrac{\sigma}{\sqrt{n}}} \sim \mathrm{N}(0, 1) \text{ の下で}\right) \\ &= P\left(\frac{\bar{X} - \mu_1}{\dfrac{\sigma}{\sqrt{n}}} \leqq u(\varepsilon) - \frac{(\mu_1 - \mu_0)\sqrt{n}}{\sigma}\right) < \varepsilon' \end{aligned}$$

となるので，第 2 種の誤りの確率を ε' より小さくするためには，

$$u(\varepsilon) - \frac{(\mu_1 - \mu_0)\sqrt{n}}{\sigma} < -u(\varepsilon')$$

が成立しなければならない．

したがって，第 2 種の誤りの確率を ε' より小さくするためには，データ数 n は

$$n > \left(\frac{(u(\varepsilon) + u(\varepsilon'))\sigma}{\mu_1 - \mu_0} \right)^2$$

を満たさなければならない. □

●——分散 σ^2 が未知であるときの正規母集団の母平均に関する仮説検定

$X_1, \cdots, X_n$ を i.i.d. で正規分布 $\mathrm{N}(\mu, \sigma^2)$ に従うとする. このとき, μ も σ^2 も未知のパラメータであるとする. 帰無仮説 H_0, 対立仮説 H_1 を次で定めるとき, 有意水準 ε の棄却域を求めよう.

$$\begin{cases} H_0 : \mu = \mu_0 \\ H_1 : \mu \neq \mu_1 \end{cases}$$

σ^2 が未知であるときには, 区間推定で述べたように, H_0 の下で,

$$T = \frac{\sqrt{n-1}(\bar{X} - \mu_0)}{S} \sim t_{n-1}$$

となることに注意する.

対立仮説が $\mu \neq \mu_0$ であるので, 棄却域は $|T| > t_{n-1}\left(\frac{1}{2}\varepsilon\right)$ とすればよいので,

$$\left| \frac{\sqrt{n-1}(\bar{X} - \mu_0)}{S} \right| > t_{n-1}\left(\frac{1}{2}\varepsilon\right)$$

となる.

アクチュアリー試験には,

- Poisson 分布に従う母集団の母平均の検定
- 二つの正規母集団の等分散性の検定
- 指数分布に従う母集団の母平均に関する検定
- Poisson 分布の分布の適合度の検定

等が出題される. 詳しくは [3] を参照.

演習問題 A

A-1

確率変数 X が正規分布 N(0,1) に従っているとき，次の確率変数の確率密度関数を求めよ．

(1) $Z_1 = \log|X|$

(2) $Z_2 = X^2$

(3) $Z_3 = \sqrt{|X|}$

A-2

$\log X$ が正規分布 $\mathrm{N}(0,1)$ に従うとき，次の問いに答えよ．

(1) X の確率密度関数を求めよ．

(2) $E[X]$ を求めよ．

A-3

(X,Y) の同時 (結合) 確率密度関数が

$$f(x,y) = \begin{cases} cx & (0 < x \leqq y < 1), \\ cy & (0 < y < x < 1), \\ 0 & (\text{その他}) \end{cases}$$

で与えられているとき，次の問いに答えよ．

(1) c の値を求めよ．

(2) $P(X+Y \leqq 1)$ を求めよ．

A-4

(1) サイコロを n 回投げるとき，1 と偶数の出た回数をそれぞれ，X_1, X_2 とする．このとき，$P(X_1 = k_1, X_2 = k_2)$, $E[e^{\theta_1 X_1 + \theta_2 X_2}]$ を求め，X_1, X_2 の共分散を求めよ．

(2) サイコロを N 回投げるとき，1 と偶数の出た回数をそれぞれ，X_1, X_2 とする．このとき，$P(X_1 = k_1, X_2 = k_2)$ を求め，X_1, X_2 の共分散を求めよ．ただし，N は Po(λ) に従う確率変数で，各試行結果とも独立である．

A-5

電話料金は最初の m_0 分が a 円で，その後，1 分単位で d 円が加算されていく．電話の通話時間が平均 c 分の指数分布に従うとき，電話料金の期待値を求めよ．

A-6

$\{X_i\}_{i=1}^{\infty}$: i.i.d., $P(X_i = +1) = 0.7, P(X_i = -1) = 0.3$ とする．$S_n = X_1 + \cdots + X_n$ とするとき，

$$P(S_n \geqq 100) \geqq 0.9$$

とするには，n をどれくらい大きくする必要があるか？　ただし，$u(0.1) = 1.282$ とする．

A-7

n 人の生徒からなるクラスがある．英語の試験の得点は各人独立に一様分布 $\mathrm{U}(0, 100)$ に従うとする．平均点が 40 点と 60 点の間になる確率を 90 %以上にするためには，n をどれくらい大きくする必要があるか？　ただし $u(0.05) = 1.645$ とする．

A-8

正規母集団 $\mathrm{N}(\mu, 1)$ について，

$$\begin{cases} H_0 : \mu = 0, \\ H_1 : \mu = 1 \end{cases}$$

に対して，第 1 種の誤りの確率 $= 0.01$ となるように棄却域を定めたとき，第 2 種の誤りの確率を 0.01 より小さくするために必要な標本の大きさの最小値を求めよ．

第3章 生命保険数理入門

この章で扱う保険リスクは，人の生命に関わるリスクである．生命保険会社が取り扱う商品は大きく分類すると次のようになる．

(1) 定期保険 (死亡保険)
(2) 生存保険
(3) 養老保険
(4) 生命年金

定期保険とは，加入者が死亡したときに死亡保険金が支払われる保険であり，生存保険は加入者がある期日まで生存していたら，その期日に生存保険金が支払われる保険である．養老保険は定期保険と生存保険を合わせた保険である．生命年金は加入者の生存を条件に年金が支払われるものである．生存を条件にせず，確定的に支払われる年金を**確定年金**とよぶ．

例えば，定期保険に加入している人が死亡したときには，保険会社より死亡保険金が支払われ，家族は加入者の死による経済的な損失をいくらかは補うことができる．つまり，保険により経済的損失をある程度回避できると言うことができる．しかし，保険会社にとっては，加入者の生死は保険金支払いが生ずるか否かのリスクと考えられる．

したがって，多くの保険契約を抱えている保険会社はその契約数だけの死亡リスクを抱えていることになる．

生命保険数理の第一の問題はこの生命保険の保険料をいくらにするかという問題である．保険料を高くすると誰も保険に加入しなくなり，逆に保険料を安くすると死亡リスクに対して保険金を支払えなくなり，会社の経営が成立しなくなる．どこかに，**保険料収入と保険金支払いによる支出が均衡を保つ値**があるはずである．この均衡を保つ値をどのようにして定めるのが妥当なのか？この問題をこれから考えていこう．

保険会社は加入者から集めた金額を株や債券などに投資し，その金額を増やして将来の保険金支払いに備えようとしている．このとき，保険会社が加入者に約束する運用利率を**予定利率**とよぶ．保険料の決定にはこの予定利率が大きく影響を及ぼし，

- 予定利率が高ければ保険料は安くなり，
- 逆に予定利率が低ければ，保険料は高くなる．

まず，この予定利率の働きについて説明しよう．

3.1　価値の変換ルール

保険会社においては，予定利率 i による資金運用がなされているとして，保険料が定められると考えよう．また，保険会社に流入する保険料および保険会社から流出する保険金はさまざまな時点で発生する．

まず，次の点に注意しておこう：

- **時点が異なれば，同じ金額であっても異なる価値を持つ．**
- **複数の時点で収入，支出があるとき，どこかの時点の価値に変換して評価する必要が生ずる．**

例えば，平成 1 年のクリスマスにおける 1 円と平成 2 年のクリスマスにおける 1 円では価値の差はどれくらいあるのだろうか？　平成 1 年のクリスマスにおける 1 円を 1 年間，予定利率 i で運用すると 1 年後には $(1+i)$ 円とな

るので，平成 2 年クリスマスにおける価値として i 円だけの差が生ずる．それでは，平成 n 年クリスマスにおける価値の差はどれくらいであろうか？

この問題を考えるために，予定利率 i によって，時点 0 での 1 円が 1 年後，2 年後，$\cdots,n$ 年後にどのような価値を持つのかを考えていこう．

◉——複利計算法

複利計算法とは，利息を元金に組み入れて計算していく利息の計算法で『利息が利息を生む』という方法である．時点 0 で A 円の元金があるとすると，1 年後の利息は iA 円である．これを元金に組み込むと 1 年後の元金と利息を合わせた**元利合計**は $(1+i)A$ 円となる．n 年後の元利合計は図 3.1 のように $(1+i)^nA$ 円という価値を持つ．すなわち時点 0 における A 円が時点 n では $(1+i)^nA$ 円となったのである．

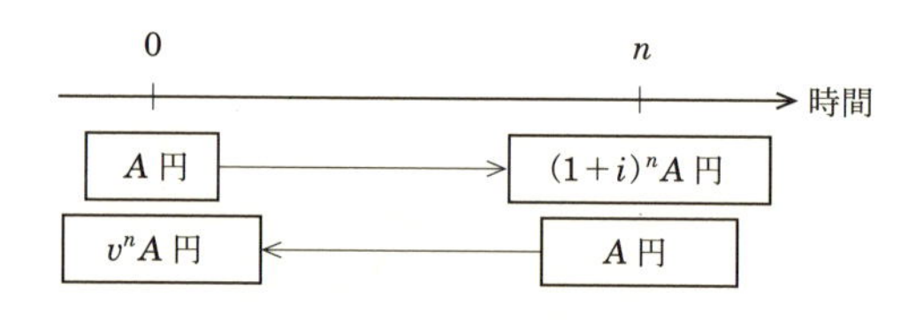

図 3.1　価値の変換ルール

逆に時点 n における A 円は時点 0 ではどのような価値を持つのであろうか？　時点 0 での価値を x 円とすると，これは時点 n では $x(1+i)^n$ 円の価値となったので，

$$A=x(1+i)^n$$

が成り立つ．したがって，

$$x=\frac{A}{(1+i)^n}$$

となる．ここで，

$$v=\frac{1}{1+i}$$

によって，v という数を導入しよう．

このvを用いると，**時点 n の A という価値は時点 0 では v^nA という価値を持つ**ことがわかる．すなわち，時点 n の A は時点 0 で価値が v^nA に変換されたのである．この v を現在価値に変換する利率という意味を込めて，**現価率**とよぶ．

●——確定年金の現価とは

この章のはじめに加入者の生存を条件とせず，確定的に年金が支払われるものを確定年金とよんだことを思い出そう．このときの価値はどのように考えればよいだろうか？

ここで，n 年間にわたって年額 1 が年 1 回支払われる確定年金を考えよう．これには次の 2 種類がある．

- ◆ **期始払い年金** (年度の始めに支給される年金)
- ◆ **期末払い年金** (年度の末に支給される年金)

まず，期始払い年金について考える．年金の支給は年 1 回なので，年金が支給される時点を $0, 1, \cdots, n-1$ とする．n 回支給されるので，最後に支給される時点は $n-1$ になることに注意されたい．

これら n 個の時点で支給される金額はすべて 1 であるが，これらの価値はすべて異なっている．前に述べたルールにしたがってこれらの価値をすべて時点 0 での価値に変換して和をとったものを**確定年金の現価**とよび，$\ddot{a}_{\overline{n|}}$ で表すと，

$$\ddot{a}_{\overline{n|}} = 1 + v + v^2 + \cdots + v^{n-1} = \frac{1-v^n}{1-v} \tag{3.1}$$

となる．

一方，これらの価値をすべて時点 n での価値に変換して和をとったものを**確定年金の終価**とよび，$\ddot{s}_{\overline{n|}}$ で表すと

$$\begin{aligned} \ddot{s}_{\overline{n|}} &= (1+i)^n + (1+i)^{n-1} + \cdots + (1+i) \\ &= \frac{(1+i)\{(1+i)^n - 1\}}{i} \end{aligned} \tag{3.2}$$

となる．

時点 n での価値が $\ddot{s}_{\overline{n|}}$ で，時点 0 での価値が $\ddot{a}_{\overline{n|}}$ であるので，価値の変換のルールにより

$$\ddot{a}_{\overline{n|}} = v^n \ddot{s}_{\overline{n|}}, \qquad \ddot{s}_{\overline{n|}} = (1+i)^n \ddot{a}_{\overline{n|}}$$

という関係式が成り立つ．

●——割引率とは

1 円を利率 i で銀行に預けるとしよう．1 年後には利息 i が得られるが，この利息を現時点でもらうとすると，いくらもらえるかを考えよう．1 年後の利息 i の現在価値を**割引率**とよび，d で表す．1 年後の価値 i を現在価値に変換するのであるから

$$d = v \cdot i = \frac{i}{1+i}$$

が成立する．($d + v = 1$ となることに注意しよう．)

これは,『1 を銀行に預けると，銀行はその中から d を預金者に支払い，残った $(1-d)$ を 1 年間預かって運用し，1 年後に 1 に増加させて預金者に返却する』と考えられる．

3.2　生命確率

保険料の算出には，加入者の生命に関する確率がどうなるのかという情報がどうしても必要になる．この生命確率の算出に用いられるのが，**生命表**である．これは，ある時点で $l_0 = 100000$ 人が出生したとして，1 年後，2 年後，$\cdots$ にどれくらいの人が生存しているのかを，人口統計を用いて算出したものである．生命表は厚生労働省のホームページで見ることができる．

この生命表においては，x 年後の生存者数が l_x で表されており，l_x の値が $x = 0, 1, 2, \cdots, \omega$ に対して表にまとめられている．ω は $l_\omega = 0$ となる年齢で，集団の寿命である．301 ページの表を見てみよう．$l_1 = 99890$ 人ということは，$l_0 = 100000$ 人のうち，110 人が 1 年以内に死亡したことを意味している．

したがって，0 歳の人が 1 年以内に死亡する確率は

$$\frac{110}{100000} = 0.0011$$

であると考えられる．また，0 歳の人が 1 年後に生存している確率は

$$\frac{l_1}{l_0} = 0.99890$$

となる．

◆ **以下において，人の生死は生命表の通りに実現されると考える．**

例えば，30 歳で保険に加入した人が l_{30} 人いたとすると，1 年後，2 年後，$\cdots$ に生存している人は l_{31} 人，l_{32} 人，$\cdots$ となるとして保険料の算出を行うのである．生命表を人の生死のモデルとして，保険料の算出を行うと言ってもよい．

生命表には，x 歳と $x+1$ 歳の間で死亡する人数 d_x も表にあげられている．d_x は

$$d_x = l_x - l_{x+1}$$

として算出される．

◉──生命表による生命確率の定義

それでは，生命表による生命確率がどのように定義されるのかを考えていこう．

保険料の算出に必要となる生命確率は次の三つである．

- ◆ x 歳の人が t 年後に生存している確率 ${}_tp_x$
- ◆ x 歳の人が t 年以内に死亡する確率 ${}_tq_x$
- ◆ x 歳の人が t 年後と $t+1$ 年後の間に死亡する確率 ${}_{t|}q_x$

特に $t=1$ のとき，${}_1p_x = p_x, {}_1q_x = q_x$ と表す．

x 歳の人が l_x 人いたとすると，t 年後に生存している人の数は生命表によれば，l_{x+t} 人であるので，${}_tp_x$ は

$$ {}_tp_x = \frac{l_{x+t}}{l_x} \tag{3.3} $$

と定められる．

『x 歳の人が t 年以内に死亡する』という事象は,『x 歳の人が t 年後に生存している』という事象の余事象であるので，

$$ {}_tq_x = 1 - {}_tp_x = 1 - \frac{l_{x+t}}{l_x} \tag{3.4} $$

となる．

${}_{t|}q_x$ は**据置死亡率**とよばれ，**死ぬことが t 年据え置かれている死亡率**である．これを定義するためには，x 歳の人が l_x 人いるとして，t 年後と $t+1$ 年後の間に死亡する人の数がわかれば良い．x 歳の人は t 年後には $x+t$ 歳になっているので，求める人数は d_{x+t} である．

したがって，据置死亡率は

$$ {}_{t|}q_x = \frac{d_{x+t}}{l_x} \tag{3.5} $$

と定義される．

これらの生命確率の間には次の関係式が成り立つ．

(1) ${}_{t+s}p_x = {}_tp_x \cdot {}_sp_{x+t}$

(2) ${}_{t|}q_x = {}_tp_x - {}_{t+1}p_x$

(3) ${}_{t|}q_x = {}_tp_x \cdot q_{x+t}$

(4) ${}_{t+s|}q_x = {}_tp_x \cdot {}_{s|}q_{x+t}$

これらの証明は非常に簡単なので省略することにする．これらの性質を用いて保険料や責任準備金の重要な性質を導くので，(1)~(4) の使い方については熟知しておく必要がある．

(1)~(4) について次の点に注意しよう!

(1) について

x 歳の人が $t+s$ 年後に生存するためには t 年後に生存していなければならず，その確率が ${}_tp_x$ であり，t 年後には，$x+t$ 歳になっており，そこから s 年生きなければならないので，その確率が ${}_sp_{x+t}$ である．

(2) について

『x 歳の人が t 年後から $t+1$ 年後の間に死亡する』という事象は,『x 歳の人が t 年後に生存している』という事象から『x 歳の人が $t+1$ 年後に生存している』という事象を “引いた” 事象であることに注意する．

(3) について

x 歳の人が t 年後から $t+1$ 年後の間に死亡するためには，まず t 年後に生存していなければならず，この確率が ${}_tp_x$ である．t 年後には x 歳の人は $x+t$ 歳になっており，その人が 1 年以内に死亡する確率が q_{x+t} なのである．

(4) について

$t+s$ 年後と $t+s+1$ 年後の間に発生する死亡を，t 年後の $x+t$ 歳になっている状況から観察すると，その確率が ${}_{s|}q_{x+t}$ であることに注意する．

> **問題 3.1**　次の四角内に適当な数をいれよ．
>
> (1)　${}_{40|}q_{30} = {}_{\boxed{1}}p_{30} \cdot {}_5p_{\boxed{2}} \cdot ({}_7p_{\boxed{3}} - {}_8p_{\boxed{3}})$
>
> (2)　${}_3p_{30} + q_{30} + {}_{1|}q_{30} + {}_{2|}q_{30} = \boxed{4}$

解　(1)　$\boxed{1} = 28$, $\boxed{2} = 58$, $\boxed{3} = 63$,　(2)　$\boxed{4} = 1$.

◉──死力による生命確率の定義

生命表における l_x は $x = 0, 1, 2, \cdots, \omega$ という整数に対してのみ定義されていたが，これを実数の範囲まで拡張されたと考えよう．すなわち，l_x は実数 $x \geqq 0$ に対して定義されている単調減少な連続関数であるとする．さらに l_x は x に関してすべての点で微分可能であると仮定する．

このとき，l_x の微分 $\dfrac{dl_x}{dx}$ は年齢の増加に伴う集団の人口減少率と考えられる．この値が大きい x の近傍では人口減少が激しく，x で表される年代の死亡率が高いことを意味している．逆に，$\frac{dl_x}{dx}$ の値が小さい x の近傍では，死亡率も低く人口は一定していると考えられる．

死力 μ_x を次で定義する：

$$\mu_x = -\frac{1}{l_x}\frac{dl_x}{dx}. \tag{3.6}$$

死力が高い世代での死亡率は高くなるが，このことをこれから数学的に導いていこう．

◉——死力 μ_x が与えられると ${}_tp_x$ が定まる

死力の定義式より，

$$\frac{d\log l_x}{dx} = -\mu_x$$

となるが，x を固定して u を変数と考えると次が成り立つ：

$$\frac{d\log l_{x+u}}{du} = -\mu_{x+u}.$$

これを，u について 0 から t まで積分すると，

$$\int_0^t \frac{d\log l_{x+u}}{du}du = -\int_0^t \mu_{x+u}du$$

となるが，左辺を微積分の基本定理を用いて変形すると，

$$\log l_{x+t} - \log l_x = -\int_0^t \mu_{x+u}du$$

となる．

左辺は $\log {}_tp_x$ となるので，${}_tp_x$ は死力を用いて次のように表される：

$${}_tp_x = \exp\left\{-\int_0^t \mu_{x+u}du\right\}. \tag{3.7}$$

この式より，

$$\frac{d}{dt}{}_tp_x = -\exp\left\{-\int_0^t \mu_{x+u}du\right\}\mu_{x+t} = -{}_tp_x\mu_{x+t} \tag{3.8}$$

が言える．この式は後で，重要な役割を果たす．

${}_tp_x$ が (3.7) で与えられると，${}_tq_x, {}_{t|}q_x$ は

$${}_tq_x = 1 - {}_tp_x, \qquad {}_{t|}q_x = {}_tp_x - {}_{t+1}p_x$$

によって計算することができる．

◉──(x) の余命 τ_x の確率密度関数

以後，(x) で x 歳の人を表し，(x) の余命を τ_x で表す．τ_x の確率密度関数を $f_x(t)$ で表すと，確率密度関数の定義から

$$f_x(t) = \frac{d}{dt}P(\tau_x \leqq t)$$

となる．

$$P(\tau_x \leqq t) = {}_tq_x = 1 - {}_tp_x$$

であるので，$t > 0$ のとき，$f_x(t)$ は (3.8) より次で与えられる：

$$f_x(t) = {}_tp_x\mu_{x+t} \qquad (t > 0). \tag{3.9}$$

確率密度関数の意味を振り返ってみると，それは (x) が時間 t 後と $t + dt$ 後の間で死亡する確率が $f_x(t)dt$ になるということである．

したがって，次のことが成り立つ．

◆ **(x) が時間 t 後と $t + dt$ 後の間で死亡する確率** $= {}_tp_x\mu_{x+t}dt$.

この関係は即時払いの定期保険の一時払い保険料の算出や連合生命確率の算出に頻繁に用いられるのでよく覚えておくように !!!

上の関係から，据置死亡率 ${}_{t|}q_x$ は次のように表現できる：

$${}_{t|}q_x = P(t < \tau_x < t + 1)$$

$$= \int_t^{t+1} {}_u p_x \mu_{x+u} du. \tag{3.10}$$

●──(x) の平均余命 $\mathring{e}_x$

τ_x の期待値を $\mathring{e}_x$ で表し，(x) の**平均余命**とよぶ．τ_x の確率密度関数は (3.9) で与えられているので，$\mathring{e}_x$ は次のように計算される：

$$\begin{aligned}
\mathring{e}_x &= \int_0^\infty t f_x(t) dt \quad (\text{期待値の定義}) \\
&= \int_0^\infty t \cdot {}_t p_x \mu_{x+t} dt \quad ((3.8) \text{ より}) \\
&= -\int_0^t t \cdot \frac{d}{dt} {}_t p_x dt \quad ((3.8) \text{ より}) \\
&= -[t \cdot {}_t p_x]_0^\infty + \int_0^\infty {}_t p_x dt \quad (\text{部分積分による}) \\
&= \int_0^\infty {}_t p_x dt.
\end{aligned}$$

問題 3.2　(1)　$\mu_x = c \, (x > 0)$ のとき，${}_t p_x, f_x(u), {}_{t|} q_x$ を求めよ．

(2)　死力が次式で与えられるとする：

$$\mu_x = \frac{k}{\omega - x}.$$

このとき，${}_t p_x, f_x(u), {}_{t|} q_x$ を求めよ．

(3)　死力が次式で与えられるとする：

$$\mu_x = \frac{1}{2(100 - x)} - \frac{1}{120 - x}.$$

このとき，${}_{10} p_{30}, {}_{5|} q_{30}$ を求めよ．

解　(1)　(3.7) より ${}_t p_x = e^{-ct}$，$f_x(u) = ce^{-cu}$，${}_{t|} q_x = e^{-ct}(1 - e^{-c})$.

(2)　(3.7) より ${}_t p_x = \left(\dfrac{\omega - x - t}{\omega - x}\right)^k$，$f_x(u) = \dfrac{k(\omega - x - u)^{k-1}}{(\omega - x)^k}$，${}_{t|} q_x =$

$$\left(\frac{\omega - x - t}{\omega - x}\right)^k - \left(\frac{\omega - x - t - 1}{\omega - x}\right)^k.$$

(3) $${}_{10}p_{30} = \frac{9}{8}\sqrt{\frac{6}{7}},\ {}_{5|}q_{30} = \frac{90}{\sqrt{70}}\left(\frac{\sqrt{65}}{85} - \frac{2}{21}\right).$$

3.3 一時払い保険料と生命年金現価の算出

保険料は，将来の保険金支払いのために責任準備金として積み立てられる**純保険料**と，いろいろな予定事業費を付加保険料として付加した**営業保険料**とに分けられる．この節では純保険料がどのように算出されるかを考えよう．

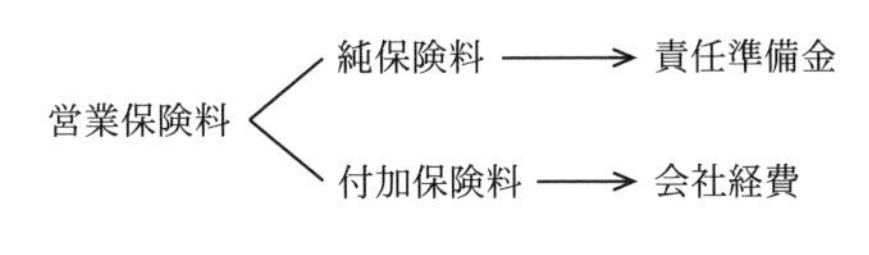

図 **3.2** 営業保険料と純保険料

保険料収入と保険金支出がバランスしているように保険料は決められる．一時払い保険料を考えるとき，保険料収入は加入時点でのみ生ずるが，保険金支出はいろいろな時点で生ずるので，**保険金支出はすべて予定利率から定まる現価率で現在価値に変換してから和をとる**と考える．このようにして得られたものを**支出現価**とよぶ．また，加入時点での保険料収入を**収入現価**という．

このとき，上に述べた保険料収入と保険金支出がバランスしているということを

収入現価 $=$ **支出現価**

という関係式が成立していることとして定める．この関係を**収支相等原理**とよぶ．以下に具体例で保険料を算出していこう．

◉――その 1：定期保険の一時払い保険料 $A^{1}_{x:\,\overline{n}|}$

x 歳加入，n 年契約，死亡保険が 1 の定期保険を考えよう．ここで問題となるのが，死亡が発生したとき，保険金がいつ支給されるのかである．まず最初，保険金が死亡年度の末に支払われる場合を考えよう．**加入者の死亡が生命**

表に従って決定論的に起こるとして，保険金の算出を次のステップを追って説明しよう．

ステップ **1**：x 歳の人が l_x 人この保険に加入すると考える．
ステップ **2**：各年度の保険金支出額を求める．
ステップ **3**：支出現価の総額を求める．

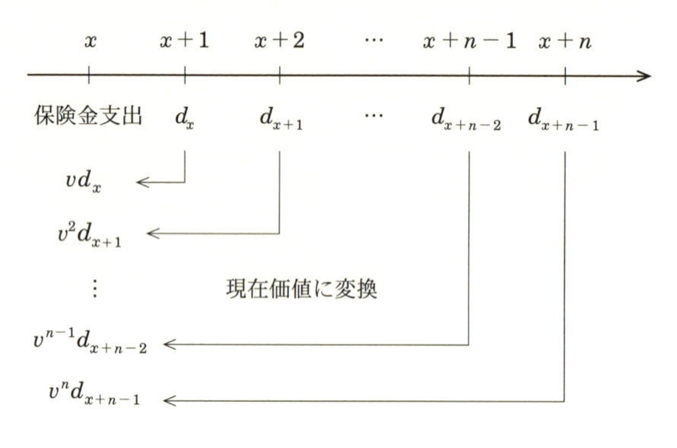

図 3.3　定期保険一時払い保険料

この定期保険の一時払い保険料は $A^1_{x:\overline{n}|}$ で表される．これは国際アクチュアリー記号とよばれ，世界中どこでもこの記号が用いられている．

x 歳と $x+1$ 歳の間で死亡する人の数は d_x で，死亡保険金 1 は死亡年度の末に支払われるので，時点 $x+1$ で支出される保険金は d_x となる．同様にして，$x+2,\cdots,x+n$ で支出される保険金は，$d_{x+1},\cdots,d_{x+n-1}$ となる．これらを，現価率 v で時点 x での価値に変換して和をとると，

$$\text{支出現価} = vd_x + v^2d_{x+1} + \cdots + v^nd_{x+n-1}$$

となる．

一方，保険料収入は x の時点において，加入者が一人当たり $A^1_{x:\overline{n}|}$ を一時払で支払うので，

$$\text{収入現価} = A^1_{x:\overline{n}|} \cdot l_x$$

となる．

収支相等の関係式より，

$$A^{1}_{x:\overline{n}|} \cdot l_x = vd_x + v^2 d_{x+1} + \cdots + v^n d_{x+n-1}$$

となり，$A^{1}_{x:\overline{n}|}$ は次のようになる：

$$A^{1}_{x:\overline{n}|} = vq_x + v^2{}_{1|}q_x + \cdots + v^n{}_{n-1|}q_x. \tag{3.11}$$

●――$A^{1}_{x:\overline{n}|}$ の確率論的な表現

上式より，

第 1 項 = (加入者が 1 年以内に
　死亡するときの保険金現価) · (その確率)

第 2 項 = (加入者が 1 年後と 2 年後の間に
　死亡するときの保険金現価) · (その確率)

…… ……………

第 n 項 = (加入者が $n-1$ 年後と n 年後の間に
　死亡するときの保険金現価) · (その確率)

となることから，$A^{1}_{x:\overline{n}|}$ は支払われる保険金の現価という確率変数の実現値にその確率を掛けたものをすべての場合について和を取っているので，

$A^{1}_{x:\overline{n}|}$ = **支払われる保険金の現価の期待値**

となっていることがわかる．

●――その 2：生存保険の一時払い保険料 $A_{x:\overline{n}|}^{\ \ 1}$

生存保険とは契約満期時に生存していれば，生存保険金が支払われる保険である．x 歳加入，n 年契約，生存保険金 1 となる生存保険の一時払い保険料 $A_{x:\overline{n}|}^{\ \ 1}$ を収支相等の関係式から求めてみよう．

定期保険のときと同様に，x 歳の人が l_x 人この保険に加入するとして，$x+$

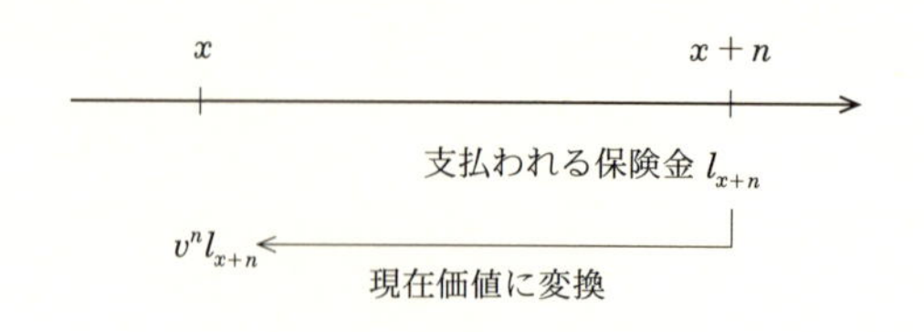

図 3.4　生存保険一時払い保険料

n 時点で支払われる保険金を求めて，それから支出現価を求めればよい．人の生死が生命表の通りに起こるとすると，$x+n$ 時点での生存者数は l_{x+n} 人となり，この時点で支出される保険金額は l_{x+n} となる．これを予定利率から定まる現価率で加入時点の価値に変換すると $v^n l_{x+n}$ が得られる．

したがって，収支相等の式より，

$$A_{x:\overset{1}{\overline{n|}}} \cdot l_x = v^n l_{x+n}$$

が得られる．

これより，生存保険の一時払い保険料は次のように定まる：

$$A_{x:\overset{1}{\overline{n|}}} = v^n {}_n p_x. \tag{3.12}$$

n 年後に生存していれば保険金 1 が支払われ，その現価が v^n でその確率が ${}_n p_x$ であるので，$A_{x:\overset{1}{\overline{n|}}}$ も支払われる保険金の現価の期待値となる．

◉——その 3：養老保険の一時払い保険料 $A_{x:\overline{n|}}$

養老保険とは，**定期保険と生存保険を合わせたもの**である．x 歳加入，n 年契約の養老保険を考えると，n 年以内に死亡のときは死亡保険金 1 が支払われ，n 年後に生存の場合は生存保険金 1 が支払われるという保険である．その一時払い保険料は $A_{x:\overline{n|}}$ と表されるが，これは定期保険の一時払い保険料 $A^{1}_{x:\overline{n|}}$ と生存保険の一時払い保険料 $A_{x:\overset{1}{\overline{n|}}}$ の和となる：

$$A_{x:\overline{n|}} = A^{1}_{x:\overline{n|}} + A_{x:\overset{1}{\overline{n|}}}. \tag{3.13}$$

◉——その 4：期始払い生命年金の現価 $\ddot{a}_{x:\overline{n|}}$

生命年金とは**生存を条件に支払われる年金**である．各年度の始めに支払われるものを期始払い年金といい，年度末に支払われるものを期末払い年金という．この生命年金の一時払い保険料に当たるものを**生命年金現価**という．

x 歳加入，n 年契約，期始払い，年金年額 1 の生命年金の現価 $\ddot{a}_{x:\,\overline{n|}}$ を求めてみよう．まず，ステップ 1 として，x 歳の人が l_x 人この年金に加入したとする．ステップ 2 は，生命表に従って人が死亡していくとして，各時点で生ずる，収入と支出を求めることである．

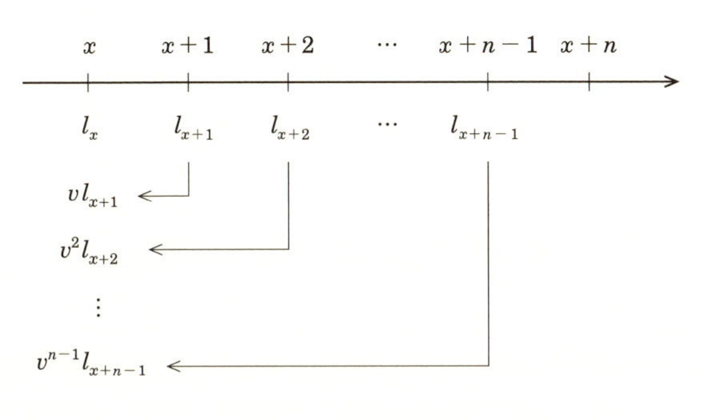

図 3.5 生命年金現価

収入は x の時点で $\ddot{a}_{x:\,\overline{n|}}l_x$ であるので，収入現価も $\ddot{a}_{x:\,\overline{n|}}l_x$ となる．

一方，支出は各時点で生存している人に 1 を支払うのであるから図 3.5 より，支出現価は

$$l_x + vl_{x+1} + \cdots + v^{n-1}l_{x+n-1}$$

となる．

収支相等原理を当てはめると次式が得られる：

$$\ddot{a}_{x:\,\overline{n|}}l_x = l_x + vl_{x+1} + \cdots + v^{n-1}l_{x+n-1}$$

これより，$\ddot{a}_{x:\,\overline{n|}}$ は次のように得られる：

$$\ddot{a}_{x:\,\overline{n|}} = 1 + vp_x + v^2{}_2p_x + \cdots + v^{n-1}{}_{n-1}p_x. \tag{3.14}$$

◉──生命年金現価の確率論的な定義

定期保険や生存保険の一時払い保険料は**支払われる保険金の現価の期待値**と

みなされることを前に述べたが，生命年金についても現価の確率論的な意味合いを考えてみよう．

$\ddot{a}_{x:\overline{n|}}$ の (3.14) 式において，

$$
\begin{aligned}
(3.14)\text{ の第 } k \text{ 番目の項} &= v^{k-1}{}_{k-1}p_x \\
&= (k-1\text{ 年後に支払われる年金年額 }1\text{ の現価}) \\
&\qquad \times ((x)\text{ が } k-1\text{ 年後に生存している確率}) \\
&= k-1\text{ 年後に支払われる年金の現価の期待値}.
\end{aligned}
$$

したがって，

$$\ddot{a}_{x:\overline{n|}} = \textbf{支払われる年金の現価の総和の期待値}$$

となる．

●——$A_{x:\overline{n|}}$ と $\ddot{a}_{x:\overline{n|}}$ との関係

養老保険の一時払い保険料 $A_{x:\overline{n|}}$ と生命年金現価 $\ddot{a}_{x:\overline{n|}}$ との間には，次のような関係がある：

$$A_{x:\overline{n|}} = 1 - d\ddot{a}_{x:\overline{n|}}. \tag{3.15}$$

証明

$$
\begin{aligned}
A_{x:\overline{n|}} &= vq_x + v^2{}_{1|}q_x + \cdots + v^n{}_{n-1|}q_x + v^n{}_np_x \\
&= v(1-p_x) + v^2(p_x - {}_2p_x) + \cdots + v^n({}_{n-1}p_x - {}_np_x) + v^n{}_np_x \\
&= v - (1-v)vp_x - (1-v)v^2{}_2p_x - \cdots - (1-v)v^{n-1}{}_{n-1}p_x \\
&= 1 - d - d(vp_x + v^2{}_2p_x + \cdots + v^{n-1}{}_{n-1}p_x) \\
&= 1 - d\ddot{a}_{x:\overline{n|}}
\end{aligned}
$$
□

この関係式はアクチュアリー試験においては頻出事項であるのでよく注意されたい．次節において，この関係式を用いた問題を取り扱う．

◉——その 5：死亡保険金が即時払いの定期保険の一時払い保険料 $\bar{A}^{1}_{x:\overline{n|}}$

死亡保険金が期末払いのときの定期保険の一時払い保険料は，支払われる保険金の現価の期待値とみなせることを前に述べたが，死亡保険金が即時払いのときも，この定義を用いて一時払い保険料を求めよう．

x 歳加入，n 年契約で，n 年以内に死亡のときは**即時に死亡保険金 1 が支払われる定期保険**を考えよう．この保険の一時払い保険料を $\bar{A}^{1}_{x:\overline{n|}}$ で表す．(x) の余命 τ_x が $\tau_x \leqq n$ のときのみ死亡保険金 1 が支払われるので，支払われる保険金の現在価値 Z は次のように表される：

$$Z = \begin{cases} 1 \cdot v^{\tau_x} & (0 < \tau_x \leqq n), \\ 0 & (\text{その他}). \end{cases} \tag{3.16}$$

この Z の期待値を求めれば良いわけであるが，τ_x の確率密度関数は

$$f_x(t) = {}_tp_x\mu_{x+t}$$

であるので，

$$\bar{A}^{1}_{x:\overline{n|}} = \int_0^n v^t f_x(t)dt = \int_0^n v^t {}_tp_x\mu_{x+t}dt \tag{3.17}$$

となる．

利力 δ を

$$\delta = -\log v$$

で定義すると，$v^t = e^{-\delta t}$ と表すことができ，$\bar{A}^{1}_{x:\overline{n|}}$ の計算には，この表現が用いるられることがよくある．

問題 3.3 死力が

$$\mu_x = \frac{1}{100 - x}$$

で与えられるとき，死亡保険金即時払いの定期保険一時払い保険料 $\bar{A}^{1}_{30:\overline{30|}}$ を求めよ．

解 まず ${}_tp_{30}$ を求めると，

$$
\begin{aligned}
{}_tp_{30} &= \exp\left\{-\int_0^t \frac{1}{70-u}du\right\} = \exp\left\{-[\log(70-u)]_0^t\right\} \\
&= \frac{70-t}{70}
\end{aligned}
$$

となるので，

$$
\bar{A}^{\,1}_{30:\,\overline{30}|} = \int_0^{30} v^t \cdot \frac{70-t}{70} \cdot \frac{1}{70-t}dt = \frac{1}{70\delta}(1-v^{30})
$$

となる． □

◉――その 6：連続払い生命年金現価 $\bar{a}_{x:\,\overline{n}|}$ と年 k 回払いの生命年金現価 $\ddot{a}^{(k)}_{x:\,\overline{n}|}$

年金年額は 1 であるけれど，年金の支払いが年 k 回行われる，期始払い n 年契約の生命年金の現価 $\ddot{a}^{(k)}_{x:\,\overline{n}|}$ を考えよう．年金が支払われる時点は，加入時を 0 とすると，$t=0, \frac{1}{k}, \frac{2}{k}, \cdots, \frac{nk-1}{k}$ となる．1 回毎の年金額は $\frac{1}{k}$ となるので，時点 $\frac{t}{k}$ で支払われる年金額の現価の期待値は

$$
\frac{1}{k}v^{\frac{t}{k}}\,{}_{\frac{t}{k}}p_x,
$$

よって，

$$
\ddot{a}^{(k)}_{x:\,\overline{n}|} = \frac{1}{k}\sum_{t=0}^{nk-1} v^{\frac{t}{k}}\,{}_{\frac{t}{k}}p_x \tag{3.18}
$$

となる．

ここで，$k \to \infty$ としたときの $\ddot{a}^{(k)}_{x:\,\overline{n}|}$ の極限 $\bar{a}_{x:\,\overline{n}|}$ を**連続払い生命年金現価**という．

$$
\bar{a}_{x:\,\overline{n}|} = \lim_{k\to\infty}\frac{1}{k}\sum_{t=0}^{nk-1} v^{\frac{t}{k}}\,{}_{\frac{t}{k}}p_x \tag{3.19}
$$

$$
= \int_0^n v^t\,{}_tp_x dt. \tag{3.20}
$$

◉——$\bar{A}_{x:\,\overline{n}|}$ と $\bar{a}_{x:\,\overline{n}|}$ との関係

死亡保険金が期末払いの養老保険一時払い保険料 $A_{x:\,\overline{n}|}$ と $\ddot{a}_{x:\,\overline{n}|}$ との関係については前に述べたが，$\bar{A}_{x:\,\overline{n}|} = \bar{A}^{1}_{x:\,\overline{n}|} + A_{x:\,\overline{n}|}^{\ \ 1}$ と $\bar{a}_{x:\,\overline{n}|}$ との間にも次の関係式が成り立つ．

$$\bar{A}_{x:\,\overline{n}|} = 1 - \delta\bar{a}_{x:\,\overline{n}|} \tag{3.21}$$

証明

$$\begin{aligned}
\bar{A}_{x:\,\overline{n}|} &= \int_0^n v^t{}_tp_x\mu_{x+t}dt + v^n{}_np_x \\
&= \int_0^n e^{-\delta t}\left(-\frac{d}{dt}{}_tp_x\right)dt + v^n{}_np_x \\
&= [-e^{-\delta t}{}_tp_x]_0^n - \delta\int_0^n e^{-\delta t}{}_tp_xdt + v^n{}_np_x \\
&= 1 - \delta\bar{a}_{x:\,\overline{n}|}.
\end{aligned}$$

□

◉——その 7：終身契約について

これまで述べてきた保険，年金は契約年数が決められているものであったが，契約が生きている限りの**終身契約**というものがある．終身契約の生命年金は生きている限り，生存を条件に年金が支払われるものであり，終身契約の定期保険は必ず死亡保険金がどこかで支払われるものとなる．

(1) 終身契約の生命年金の現価 $\ddot{a}_x$

$$\ddot{a}_x = 1 + vp_x + v^2{}_2p_x + \cdots .$$

(2) 終身保険 (死亡保険金期末払い) の一時払い保険料 A_x

終身契約の定期保険を**終身保険**とよび，その一時払い保険料 A_x は次で与えられる．

$$A_x = vq_x + v^2{}_{1|}q_x + \cdots . \tag{3.22}$$

(3) 終身保険 (死亡保険金即時払い) の一時払い保険料 $\bar{A}_x$

$$\bar{A}_x = \int_0^\infty v^t {}_tp_x \mu_{x+t} dt.$$

(4) 連続払い終身生命年金現価 $\bar{a}_x$

$$\bar{a}_x = \int_0^\infty v^t {}_tp_x dt.$$

(5) 終身保険の終身払い込み年払い保険料 P_x

終身保険の保険料を終身払い込みの年払いとするときの年払い保険料を P_x とすると,

$$P_x \ddot{a}_x = A_x$$

より,

$$P_x = \frac{A_x}{\ddot{a}_x}$$

となる (90 ページ, 3.4 節参照).

◆終身契約の場合も有期契約の場合と同様の次の関係式が成り立つ：

A_x と $\ddot{a}_x$ との関係：$A_x = 1 - d\ddot{a}_x$,

$\bar{A}_x$ と $\bar{a}_x$ との関係：$\bar{A}_x = 1 - \delta\bar{a}_x$.

◉——その 8：据置の定期保険と生命年金

ここでは，据置期間がある場合の保険と年金について考える．例えば，据置期間が f 年となる定期保険を考えると，契約時から f 年間の間に死亡が発生しても死亡保険金が支払われないことになる．すなわち，f 年間の据置期間を経てから保険期間に入るということができる．同様に，据置期間がある生命年金も据置期間 f 年間は年金が支払われず，据置期間が終わった後に年金期間に入る．通常，据置期間中に年金の保険料が支払われ，支払いが終わってから年金が開始する．

(1) 据置定期保険

まず，x 歳加入，f 年据置，n 年契約の定期保険の一時払い保険料 ${}_{f|}A^{1}_{x:\,\overline{n|}}$ を考えよう．死亡保険金は 1 で死亡時期末払いとする．${}_{f|}A^{1}_{x:\,\overline{n|}}$ は支払われる保険金の現価の期待値であることを思い出そう．$f+t$ 年度末に保険金 1 が支払われる確率は ${}_{f+t-1|}q_x$ であり，保険金の現価は v^{f+t} であるから，

$$
{}_{f|}A^{1}_{x:\,\overline{n|}} = \sum_{t=1}^{n} v^{f+t}\,{}_{f+t-1|}q_x \tag{3.23}
$$

となる．

終身保険についても据置終身保険の一時払い保険料 ${}_{f|}A_x$ が次で定められる：

$$
{}_{f|}A_x = \sum_{t=1}^{\infty} v^{f+t}\,{}_{f+t-1|}q_x. \tag{3.24}
$$

(2) 据置生命年金

x 歳加入，f 年据置，n 年契約，期始払い年金年額 1 の生命年金現価 ${}_{f|}\ddot{a}_{x:\,\overline{n|}}$ について考えよう．$f+t$ 年度始めに年金 1 が支払われる確率は ${}_{f+t}p_x$ であり，年金現価は v^{f+t} であるので，

$$
{}_{f|}\ddot{a}_{x:\,\overline{n|}} = \sum_{t=0}^{n-1} v^{f+t}\,{}_{f+t}p_x \tag{3.25}
$$

となる．

終身契約の生命年金についても据置年金の現価 ${}_{f|}\ddot{a}_x$ が次で定められる：

$$
{}_{f|}\ddot{a}_x = \sum_{t=0}^{\infty} v^{f+t}\,{}_{f+t}p_x.
$$

◆生命確率に関する関係式

$$
{}_{f+t-1|}q_x = {}_{f}p_x \cdot {}_{t-1|}q_{x+f}\,, \qquad {}_{f+t}p_x = {}_{f}p_x \cdot {}_{t}p_{x+f}
$$

を用いると，次が成り立つ：

$$
{}_{f|}A^{1}_{x:\,\overline{n|}} = v^{f}\,{}_{f}p_x \cdot A^{1}_{x+f:\,\overline{n|}},
$$

$$_{f|}\ddot{a}_{x:\overline{n|}} = v^f {}_f p_x \cdot \ddot{a}_{x+f:\overline{n|}}.$$

この関係式は終身契約の場合にも成り立つ：

また，終身契約の定期保険を有期定期保険と据置保険に分けると，

$$A_x = A^{1}_{x:\overline{n|}} + {}_{n|}A_x,$$

同様に，終身契約の生命年金についても次の関係式が成り立つ：

$$\ddot{a}_x = \ddot{a}_{x:\overline{n|}} + {}_{n|}\ddot{a}_x.$$

3.4 年払い保険料

この節では，保険料を年払いとしたときの保険料について考える．保険料を支払うときには，一時払いで払うよりも，月払いで払うことの方が一般的であるが，まず年1回年始に保険料を支払う場合の年払い保険料について考えよう．

例として，x 歳加入，n 年契約，保険金1で，死亡保険金が期末払いとなる養老保険を考え，その年払い保険料 $P_{x:\overline{n|}}$ を求めよう．年払い保険料は加入者が生存している限り支払われるので，第 t 年始に支払われる保険料の現在価値の期待値は

$$P_{x:\overline{n|}} \cdot v^{t-1} {}_{t-1}p_x$$

となり，保険会社にとっての収入現価の期待値は

$$P_{x:\overline{n|}} \cdot (1 + vp_x + v^2 {}_2p_x + \cdots + v^{n-1} {}_{n-1}p_x) = P_{x:\overline{n|}} \cdot \ddot{a}_{x:\overline{n|}} \quad (3.26)$$

となる．

これが，保険会社にとっての支出現価の期待値，すなわち一時払い保険料 $A_{x:\overline{n|}}$ に等しいと考えると

$$P_{x:\overline{n|}} \cdot \ddot{a}_{x:\overline{n|}} = A_{x:\overline{n|}}$$

となり，

$$P_{x:\overline{n|}} = \frac{A_{x:\overline{n|}}}{\ddot{a}_{x:\overline{n|}}} \quad (3.27)$$

となる．

x 歳加入で，一時払い保険料が A となるとき，保険料を m 年間の年払いで払うときの年払い保険料を P とするとき，次に注意する．

◆**保険会社にとっては A を契約時に収入することと，加入者の年額 P の生命年金を全額会社に支払ってもらうことが同値である**と考えられるので，

$$A = P\ddot{a}_{x:\,\overline{m}|}$$

が成り立つと考えられる．

> **問題 3.4** 30 歳加入，終身契約の保険で，30 歳から 50 歳までの死亡に対しては 3000 万円が，50 歳から 60 歳までの死亡に対しては 1000 万円が，60 歳以降の死亡に対しては 200 万円が死亡時の期末に支払われる保険の保険料を，30 年間の年払いとするときの年払い保険料 P を求めよ．

解 一時払い保険料 A は

$$A = 3000A^{1}_{30:\,\overline{20}|} + 1000\,{}_{20|}A^{1}_{30:\,\overline{10}|} + 200\,{}_{30|}A_{30}$$

となるので，

$$3000A^{1}_{30:\,\overline{20}|} + 1000\,{}_{20|}A^{1}_{30:\,\overline{10}|} + 200\,{}_{30|}A_{30} = P\ddot{a}_{30:\,\overline{30}|}$$

が成り立ち，

$$P = \frac{3000A^{1}_{30:\,\overline{20}|} + 1000\,{}_{20|}A^{1}_{30:\,\overline{10}|} + 200\,{}_{30|}A_{30}}{\ddot{a}_{30:\,\overline{30}|}}$$

となる． □

前に述べた $A_{x:\,\overline{n}|}$ と $\ddot{a}_{x:\,\overline{n}|}$ の関係を用いると，$A_{x:\,\overline{n}|}, \ddot{a}_{x:\,\overline{n}|}, P_{x:\,\overline{n}|}$ の間には次のような関係が成り立つ．

$$A_{x:\overline{n|}} = 1 - d\ddot{a}_{x:\overline{n|}} = \frac{P_{x:\overline{n|}}}{P_{x:\overline{n|}} + d}$$
$$\ddot{a}_{x:\overline{n|}} = \frac{1 - A_{x:\overline{n|}}}{d} = \frac{1}{P_{x:\overline{n|}} + d}$$
$$P_{x:\overline{n|}} = \frac{1}{\ddot{a}_{x:\overline{n|}}} - d = \frac{dA_{x:\overline{n|}}}{1 - A_{x:\overline{n|}}}$$

これらの関係は容易に証明できるので，読者みずから確かめることをお勧めする．これらの関係式を用いる問題はアクチュアリー試験ではよく出題されるので，これらの関係式は記憶しておく必要がある．簡単な関係式であるので，試験の最中にも求めることができるが，そのようなタイムロスは避けるべきである．生保数理の問題は年度によってはかなりの数が出題されるので，タイムロスをいかに小さくするかで合否が分かれることがあるので注意されたい．

◉——計算基数

保険の一時払い保険料や生命年金の現価を現価率と生命確率で表現してきたが，実際にこれを計算しようとするときには**計算基数**とよばれるものが用いられる．

これらは次のように定義される：

$$D_x = v^x l_x, \qquad N_x = D_x + \cdots + D_\omega,$$
$$C_x = v^{x+1} d_x, \qquad M_x = C_x + \cdots + C_\omega,$$
$$\overline{C}_x = v^{x+\frac{1}{2}} d_x, \qquad \overline{M}_x = \overline{C}_x + \cdots + \overline{C}_\omega.$$

この計算基数を用いると，

$$v^t {}_tp_x = \frac{v^{x+t} l_{x+t}}{v^x l_x} = \frac{D_{x+t}}{D_x}$$

と表すことができるので，生命年金現価 $\ddot{a}_{x:\overline{n|}}$ は

$$\ddot{a}_{x:\overline{n|}} = \frac{D_x + \cdots + D_{x+n-1}}{D_x}$$

$$= \frac{(D_x + \cdots + D_\omega) - (D_{x+n} + \cdots + D_\omega)}{D_x}$$
$$= \frac{N_x - N_{x+n}}{D_x}$$

と表すことができる．

また，

$$v^t {}_{t-1|}q_x = \frac{v^{x+t} d_{x+t-1}}{v^x l_x} = \frac{C_{x+t-1}}{D_x}$$

であるので，

$$A^1_{x:\overline{n|}} = \frac{M_x - M_{x+n}}{D_x}$$

となる．

同様にして，

$$A_{x:\overset{1}{\overline{n|}}} = \frac{D_{x+n}}{D_x}, \qquad A_{x:\overline{n|}} = \frac{M_x - M_{x+n} + D_{x+n}}{D_x},$$
$${}_{f|}\ddot{a}_{x:\overline{n|}} = \frac{N_{x+f} - N_{x+f+n}}{D_x}, \qquad {}_{f|}A^1_{x:\overline{n|}} = \frac{M_{x+f} - M_{x+f+n}}{D_x},$$
$$P_{x:\overline{n|}} = \frac{M_x - M_{x+n} + D_{x+n}}{N_x - N_{x+n}}$$

が得られる．

即時払いの定期保険に関しては，すべての死亡が年度の中間で起こると仮定すると，

$$\bar{A}^1_{x:\overline{n|}} = \frac{\overline{M}_x - \overline{M}_{x+n}}{D_x}$$

が得られる．

3.5　累加定期保険と既払い保険料返還付保険

◉──累加定期保険

累加定期保険とは第 1 年度の死亡保険金が 1，第 2 年度の死亡保険金が 2，

$\cdots$，第 n 年度の死亡保険金が n，と死亡保険金が毎年，1 ずつ増加していく定期保険である．

x 歳加入，n 年契約の累加定期保険で，死亡保険金の支払いが死亡時の期末である累加定期保険の一時払い保険料 $(IA)^{1}_{x:\,\overline{n|}}$ は

$$(IA)^{1}_{x:\,\overline{n|}} = vq_x + 2v^2{}_{1|}q_x + 3v^3{}_{2|}q_x + \cdots + nv^n{}_{n-1|}q_x \tag{3.28}$$

となる．

これを計算基数で表すために，新たな計算基数

$$R_x = M_x + M_{x+1} + \cdots + M_\omega$$

を導入すると，

$$(IA)^{1}_{x:\,\overline{n|}} = \frac{R_x - R_{x+n} - nM_{x+n}}{D_x} \tag{3.29}$$

となる．

◉──既払い保険料返還付保険

x 歳加入，n 年契約の生存保険で，保険料は n 年間の年払いとする．契約時より n 年以内に死亡のときは，既払い保険料を死亡年度末に支払うとする．このときの年払い保険料を P とすると，収支相等の関係式より，

$$P\ddot{a}_{x:\,\overline{n|}} = A_{x:\,\overset{1}{\overline{n|}}} + P(IA)^{1}_{x:\,\overline{n|}}$$

が成り立つ．これより，

$$P = \frac{A_{x:\,\overset{1}{\overline{n|}}}}{\ddot{a}_{x:\,\overline{n|}} - (IA)^{1}_{x:\,\overline{n|}}}$$

となる．

◉──累加生命年金

x 歳加入，n 年契約，期始払いの生命年金で，第 1 年度の年金年額が 1，第 2 年度の年金年額が 2，$\cdots$，第 n 年度の年金年額が n となる累加生命年金を考えよう．

これの年金現価を $(I\ddot{a})_{x:\overline{n|}}$ とすると,

$$(I\ddot{a})_{x:\overline{n|}} = 1 + 2vp_x + 3v^2{}_2p_x + \cdots + nv^{n-1}{}_{n-1}p_x \tag{3.30}$$

となる.

計算基数 S_x を

$$S_x = N_x + N_{x+1} + \cdots + N_\omega$$

で定めると,

$$(I\ddot{a})_{x:\overline{n|}} = \frac{S_x - S_{x+n} - nN_{x+n}}{D_x} \tag{3.31}$$

となる.

累加養老保険の一時払い保険料 $(IA)_{x:\overline{n|}}$ を

$$(IA)_{x:\overline{n|}} = (IA)^1_{x:\overline{n|}} + nA_{x:\overset{1}{\overline{n|}}}$$

で定めると, $(IA)_{x:\overline{n|}}$ と $(I\ddot{a})_{x:\overline{n|}}$ との間に

$$(IA)_{x:\overline{n|}} = \ddot{a}_{x:\overline{n|}} - d(I\ddot{a})_{x:\overline{n|}} \tag{3.32}$$

という関係式が得られる.

3.6 再帰式

再帰式はアクチュアリー試験でよく取り上げられるテーマである. この再帰式の取り扱いには習熟しておくべきである. (詳しくは文献 [4] を参照)

◆ 再帰式とは, x 歳加入, n 年契約の保険 (または年金) を最初の 1 年間の契約と 1 年据置で残りの $n-1$ 年間の契約に分けることであると言って良い.

次に定期保険一時払い保険料, 生命年金現価に関する再帰式をまとめておく.

(1) $A^1_{x:\overline{n|}} = vq_x + vp_x A^1_{x+1:\overline{n-1|}}$

(2) $A_x = vq_x + vp_x A_{x+1}$

(3) $\ddot{a}_{x:\overline{n}|} = 1 + vp_x\ddot{a}_{x+1:\overline{n-1}|}$

(4) $\ddot{a}_x = 1 + vp_x\ddot{a}_{x+1}$

例えば，$A^1_{x:\overline{n}|}$ は $A^1_{x:\overline{1}|} = vq_x$ と ${}_{1|}A^1_{x:\overline{n-1}|}$ との和に分けられ，${}_{1|}A^1_{x:\overline{n-1}|} = vp_xA^1_{x+1:\overline{n-1}|}$ であるので，(1) が得られる．

(2) は終身契約の保険に関する再帰式で，A_x を $A^1_{x:\overline{1}|}$ と ${}_{1|}A_x = vp_xA_{x+1}$ とに分けられることから得られる．

同様に，$\ddot{a}_{x:\overline{n}|}$ は $\ddot{a}_{x:\overline{1}|} = 1$ と ${}_{1|}\ddot{a}_{x:\overline{n-1}|}$ との和に分けられ，${}_{1|}\ddot{a}_{x:\overline{n-1}|} = vp_x\ddot{a}_{x+1:\overline{n-1}|}$ となることから (3) が得られる．

(4) は (3) の関係を終身契約で考えた場合の式となる．

もっと一般に次のような関係式も成立する．

(1) $A^1_{x:\overline{n+m}|} = A^1_{x:\overline{n}|} + v^n{}_np_xA^1_{x+n:\overline{m}|}$

(2) $A_x = A^1_{x:\overline{n}|} + v^n{}_np_xA_{x+n}$

(3) $\ddot{a}_{x:\overline{n+m}|} = \ddot{a}_{x:\overline{n}|} + v^n{}_np_x\ddot{a}_{x+n:\overline{m}|}$

(4) $\ddot{a}_x = \ddot{a}_{x:\overline{n}|} + v^n{}_np_x\ddot{a}_{x+n}$

$A^1_{x:\overline{n+m}|}$ は契約期間を最初の n 年と次の m 年に分けると，

$$A_{x:\overline{n+m}|} = A_{x:\overline{n}|} + {}_{n|}A_{x:\overline{m}|}$$

となるが，${}_{n|}A_{x:\overline{m}|} = v^n{}_np_xA_{x+n:\overline{m}|}$ であることより (1) が成立する．他の関係式も同様の考え方で示すことができる．

◉——累加定期保険，累加生命年金に関する再帰式

累加定期保険の一時払い保険料 $(IA)^1_{x:\overline{n}|}$，累加生命年金現価 $(I\ddot{a})_{x:\overline{n}|}$ に関して，次の再帰式が成立する．

(1) $(IA)^1_{x:\overline{n|}} = A^1_{x:\overline{n|}} + vp_x(IA)^1_{x+1:\overline{n-1|}}$

(2) $(IA)_x = A_x + vp_x(IA)_{x+1}$

(3) $(I\ddot{a})_{x:\overline{n|}} = \ddot{a}_{x:\overline{n|}} + vp_x(I\ddot{a})_{x+1:\overline{n-1|}}$

(4) $(I\ddot{a})_x = \ddot{a}_x + vp_x(I\ddot{a})_{x+1}$

証明 (1) は次のように得られる：

$$\begin{aligned}(IA)^1_{x:\overline{n|}} &= A^1_{x:\overline{n|}} + v^2{}_{1|}q_x + 2v^3{}_{2|}q_x + 3v^4{}_{3|}q_x \\ &\quad + \cdots + (n-1)v^n{}_{n-1|}q_x \\ &= A^1_{x:\overline{n|}} + vp_x(vq_{x+1} + 2v^2{}_{1|}q_{x+1} \\ &\quad + \cdots + (n-1)v^{n-1}{}_{n-2|}q_{x+1}) \\ &= A^1_{x:\overline{n|}} + vp_x(IA)^1_{x+1:\overline{n-1|}}.\end{aligned}$$

(2) は (1) と同様にして得られる.

(3) は次のように得られる：

$$\begin{aligned}(I\ddot{a})_{x:\overline{n|}} &= \ddot{a}_{x:\overline{n|}} + vp_x + 2v^2{}_2p_x + 3v^3{}_3p_x \\ &\quad + \cdots + (n-1)v^{n-1}{}_{n-1}p_x \\ &= \ddot{a}_{x:\overline{n|}} + vp_x(1 + 2vp_{x+1} + 3v^2{}_2p_{x+1} \\ &\quad + \cdots + (n-1)v^{n-2}{}_{n-2}p_{x+1}) \\ &= \ddot{a}_{x:\overline{n|}} + vp_x(I\ddot{a})_{x+1:\overline{n-1|}}.\end{aligned}$$

(4) は (3) の証明と同様にして得られる. □

問題 3.5 $P_{x:\overline{n|}} = c_1$, $P_{x+1:\overline{n-1|}} = c_2$, $A_{x:\overline{n|}} = c_3$ のとき p_x を求めよ.

解　まず，$P_{x:\overline{n}|}=c_1$，$A_{x:\overline{n}|}=c_3$ より d が次のように求まる：

$$c_1=\frac{dc_3}{1-c_3}\Longrightarrow d=\frac{(1-c_3)c_1}{c_3}.$$

また，年払い保険料を生命年金現価で表すことによって

$$\ddot{a}_{x:\overline{n}|}=\frac{1}{c_1+d},\qquad \ddot{a}_{x+1:\overline{n-1}|}=\frac{1}{c_2+d}$$

となる．

また，再帰式

$$\ddot{a}_{x:\overline{n}|}=1+vp_x\ddot{a}_{x+1:\overline{n-1}|}$$

に上の関係式を代入すると，

$$\frac{1}{c_1+d}=1+vp_x\frac{1}{c_2+d}$$

となり，これより，

$$\begin{aligned}p_x&=\frac{\dfrac{1}{c_1+d}-1}{\dfrac{1-d}{c_2+d}}\\&=\frac{(c_3-c_1)(c_2c_3+c_1-c_1c_3)c_3}{c_1(c_1c_3+c_3-c_1)}\end{aligned}$$

となる．□

> **問題 3.6**　$A_x=0.1616$, $\ddot{a}_x=16.0830$, $(IA)_x=4.7447$, $(I\ddot{a})_{x+1}=212.84$ のとき，d, $(I\ddot{a})_x$, q_x の値を求めよ．

解　$A_x=1-d\ddot{a}_x$ より，$0.1616=1-16.083d$ となり，$d=0.05212958, v=0.94787042$ となる．

$(IA)_x=\ddot{a}_x-d(I\ddot{a})_x$ より

$$(I\ddot{a})_x = \frac{16.083 - 4.7447}{0.05212958} = 217.50223.$$

また，$(I\ddot{a})_x = \ddot{a}_x + vp_x(I\ddot{a})_{x+1}$ より，

$$p_x = \frac{217.50223 - 16.083}{0.94787 \cdot 212.84} = 0.998387$$

となり，$q_x = 0.001613$ となる．□

3.7　責任準備金

責任準備金とは将来の保険金や年金支払いのために，保険会社が保有しておくべき金額である．この責任準備金は，その時点で契約が継続されている契約ごと定められており，契約時から何年経過しているかによって異なる．

例えば，x 歳加入，n 年契約，保険金 1 の養老保険 (死亡時期末払い) の保険料を年払いで支払っているとしよう．この契約が契約時から $n-1$ 年経過しているとする．加入者が 1 年以内に死亡するときには，1 年後に死亡保険金 1 を支払わなければならず，また，加入者が 1 年後に生存しているときにも生存保険金 1 を支払わなくてはならない．いずれの場合にも 1 年後に 1 を支払わなければならないので，契約時から $n-1$ 年経過しているこの契約の責任準備金は v であるということが言える．

それでは，この養老保険に関して契約時から t 年経過している契約に関する責任準備金 ${}_tV_{x:\overline{n}|}$ はどのように定められるのであろうか？　この問題をこれから考えていこう．

責任準備金の算出方法には

- 過去法による責任準備金 ${}_tV^P_{x:\overline{n}|}$
- 将来法による責任準備金 ${}_tV^F_{x:\overline{n}|}$

の二通りの計算法がある．しかし，これらは後で一致することが示される．

●――過去法による t 年度末の責任準備金 ${}_tV^P_{x:\overline{n}|}$

x 歳の人が t 年前に l_x 人この養老保険に加入したとする．生命表に従って，

人の生死が決まっていると考えると，現時点で契約が継続している契約数は l_{x+t} であると考えられる．残りの契約は死亡により死亡保険金が支払われて契約は終了している．このとき ${}_tV^P_{x:\,\overline{n|}}$ は次のように定められる：

$${}_tV^P_{x:\,\overline{n|}} = \textbf{1 契約当たりの過去の収入の現時点での価値}$$

$$- \textbf{1 契約当たりの過去の支出の現時点での価値.}$$

現時点での責任準備金総額は $l_{x+t} \cdot {}_tV^P_{x:\,\overline{n|}}$ であるので

$$\begin{aligned} &l_{x+t} \cdot {}_tV^P_{x:\,\overline{n|}} \\ &\quad = P_{x:\,\overline{n|}}\{l_x(1+i)^t + l_{x+1}(1+i)^{t-1} + \cdots + l_{x+t-1}(1+i)\} \\ &\qquad - \{d_x(1+i)^{t-1} + d_{x+1}(1+i)^{t-2} + \cdots + d_{x+t-1}\} \end{aligned}$$

となる．

両辺に v^{x+t} をかけて計算基数で表現すると，

$$\begin{aligned} &D_{x+t} \cdot {}_tV^P_{x:\,\overline{n|}} \\ &\quad = P_{x:\,\overline{n|}}\{D_x + \cdots + D_{x+t-1}\} - \{C_x + \cdots + C_{x+t-1}\} \\ &\quad = P_{x:\,\overline{n|}}(N_x - N_{x+t}) - (M_x - M_{x+t}). \end{aligned}$$

これより，

$${}_tV^P_{x:\,\overline{n|}} = \frac{P_{x:\,\overline{n|}}(N_x - N_{x+t}) - (M_x - M_{x+t})}{D_{x+t}} \tag{3.33}$$

となる．

◉——将来法による t 年度末の責任準備金 ${}_tV^F_{x:\,\overline{n|}}$

将来法の責任準備金 ${}_tV^F_{x:\,\overline{n|}}$ は現時点より将来の収入と支出から次のように定められる：

$${}_tV^F_{x:\,\overline{n|}} = \textbf{1 契約当たりの将来の支出の現時点での価値}$$

$$- \textbf{1 契約当たりの将来の収入の現時点での価値.}$$

現時点における将来法による責任準備金総額を考えると，次の関係式が得られる：

$$
\begin{aligned}
{}_tV^F_{x:\,\overline{n|}} \cdot l_{x+t} = (vd_x + \cdots + v^{n-t}d_{x+t-1} + v^{n-t}l_{x+n}) \\
- P_{x:\,\overline{n|}}(l_{x+t} + vl_{x+t+1} + \cdots + v^{n-t-1}l_{x+n-1}).
\end{aligned}
$$

両辺に v^{x+t} をかけると,

$$
D_{x+t} \cdot {}_tV^F_{x:\,\overline{n|}} = (M_{x+t} - M_{x+n} + D_{x+n}) - P_{x:\,\overline{n|}}(N_{x+t} - N_{x+n})
$$

となり,

$$
{}_tV^F_{x:\,\overline{n|}} = \frac{M_{x+t} - M_{x+n} + D_{x+n}}{D_{x+t}} - P_{x:\,\overline{n|}} \frac{N_{x+t} - N_{x+n}}{D_{x+t}} \tag{3.34}
$$

となる.

さらに, ${}_tV^F_{x:\,\overline{n|}}$ は次のように表すことができる:

$$
{}_tV^F_{x:\,\overline{n|}} = A_{x+t:\,\overline{n-t|}} - P_{x:\,\overline{n|}} \cdot \ddot{a}_{x+t:\,\overline{n-t|}}. \tag{3.35}
$$

右辺の第 1 項は, 残存している $n-t$ 年契約の $x+t$ 時点での保険の価値であり, 保険会社にとっての支出現価に相等する. 第 2 項は逆に会社側にとっての保険料収入の収入現価である.

したがって, 将来法で考えるとき,

責任準備金 = 将来の支出現価 − 将来の収入現価

として求めることができる.

前節で述べた関係式を用いると, 将来法の責任準備金は生命年金現価の言葉で, 次のように表すこともできる:

$$
\begin{aligned}
{}_tV^F_{x:\,\overline{n|}} &= 1 - d\ddot{a}_{x+t:\,\overline{n-t|}} - \left(\frac{1}{\ddot{a}_{x:\,\overline{n|}}} - d\right)\ddot{a}_{x+t:\,\overline{n-t|}} \\
&= 1 - \frac{\ddot{a}_{x+t:\,\overline{n-t|}}}{\ddot{a}_{x:\,\overline{n|}}}.
\end{aligned} \tag{3.36}
$$

また, ${}_tV^F_{x:\,\overline{n|}} - {}_tV^P_{x:\,\overline{n|}}$ を計算すると,

$$
{}_tV^F_{x:\,\overline{n|}} - {}_tV^P_{x:\,\overline{n|}} = \frac{M_x - M_{x+n} + D_{x+n}}{D_{x+t}} - P_{x:\,\overline{n|}} \cdot \frac{N_x - N_{x+n}}{D_{x+t}}
$$

となるが,

$$P_{x:\,\overline{n|}} = \frac{M_x - M_{x+n} + D_{x+n}}{N_x - N_{x+n}}$$

であるので，${}_tV^F_{x:\,\overline{n|}} = {}_tV^P_{x:\,\overline{n|}}$ となり，**過去法で考えても，将来法で考えても責任準備金の値は等しくなる．**以後これを ${}_tV_{x:\,\overline{n|}}$ と書く．

問題 3.7　30 歳加入，40 年契約の定期保険で，30 歳から 60 歳までの死亡保険金が 3000 万円で，60 歳から 70 歳までの死亡保険金が 1000 万円となるものを考える．死亡保険金は期末払いであるとする．保険料は 30 年間の年払いとする．

(1)　年払い保険料 P を計算基数で表せ．

(2)　20 年度末の責任準備金 ${}_{20}V$ を P を用いて表せ．

(3)　35 年度末の責任準備金 ${}_{35}V$ を P を用いて表せ．

解　(1)　収支相等の関係より，

$$P\ddot{a}_{30:\,\overline{30|}} = 3000A^{1}_{30:\,\overline{30|}} + 1000{}_{30|}A^{1}_{30:\,\overline{10|}}$$

が成り立ち，

$$\begin{aligned} P &= \frac{3000(M_{30} - M_{60}) + 1000(M_{60} - M_{70})}{N_{30} - N_{60}} \\ &= \frac{3000M_{30} - 2000M_{60} - 1000M_{70}}{N_{30} - N_{60}} \end{aligned}$$

となる．

(2)　将来法で考えると，

$${}_{20}V = 3000A^{1}_{50:\,\overline{10|}} + 1000{}_{10|}A^{1}_{50:\,\overline{10|}} - P\,\ddot{a}_{50:\,\overline{10|}}$$

となる．

(3)　35 年度末において将来的には保険料が入ってこないので，

$${}_{35}V = 1000A^{1}_{65:\,\overline{5|}}$$

となる．　□

◉——ファックラーの再帰式

ここでは $t-1$ 年度末の責任準備金と t 年度末の責任準備金 ${}_tV$ との関係について考える．

x 歳の人が l_x 人，この契約に加入したとして考えよう．$t-1$ 年度末における責任準備金総額は ${}_tV_{x:\overline{n|}}\cdot l_{x+t-1}$ となり，さらに t 年度の保険料収入が入ってくるので，$x+t-1$ という時点における会社側の資産は

$$(P_{x:\overline{n|}}+{}_{t-1}V_{x:\overline{n|}})l_{x+t-1}$$

となる．これを 1 年間，予定利率 i で運用すると，$x+t$ 時点での価値は

$$(1+i)\cdot(P_{x:\overline{n|}}+{}_{t-1}V_{x:\overline{n|}})l_{x+t-1}$$

となる．

これから，t 年度中に発生した死亡に対して，保険金総額 $1\cdot d_{x+t-1}$ を支払い，残った額が t 年度末の責任準備金総額であると考えると，

$$(1+i)(P_{x:\overline{n|}}+{}_{t-1}V_{x:\overline{n|}})l_{x+t-1}-d_{x+t-1}$$
$$={}_tV_{x:\overline{n|}}\cdot l_{x+t}$$

となる．

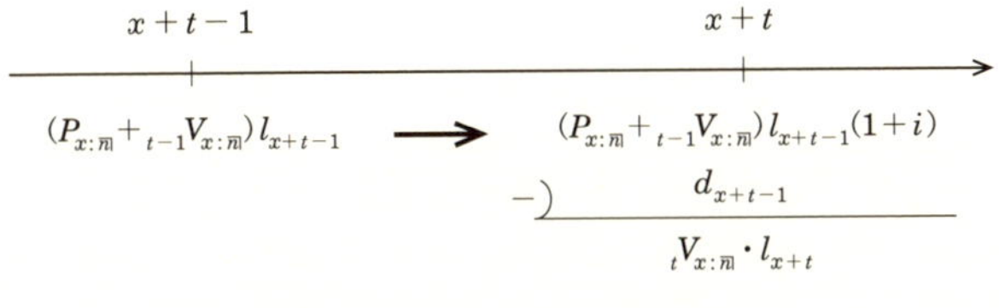

$x+t-1$ 　　　　　　　　　　 $x+t$

$(P_{x:\overline{n|}}+{}_{t-1}V_{x:\overline{n|}})l_{x+t-1}$ ⟶ $(P_{x:\overline{n|}}+{}_{t-1}V_{x:\overline{n|}})l_{x+t-1}(1+i)$

−) d_{x+t-1}

${}_tV_{x:\overline{n|}}\cdot l_{x+t}$

図 **3.6**　ファックラーの再帰式

両辺を l_{x+t-1} で割り，v をかけると

$$P_{x:\overline{n|}}+{}_{t-1}V_{x:\overline{n|}}-vq_{x+t-1}=vp_{x+t-1}\cdot{}_tV_{x:\overline{n|}} \tag{3.37}$$

が成り立つ．これを**ファックラーの再帰式**という．

この式の両辺に $v^{x+t-1}l_{x+t-1}$ をかけて，計算基数で再帰式を表してみると，

$$D_{x+t-1}(P_{x:\overline{n|}}+{}_{t-1}V_{x:\overline{n|}})-C_{x+t-1}=D_{x+t}\,{}_tV_{x:\overline{n|}} \tag{3.38}$$

となる．

この式を $t=1$ から $t=t$ まで足し合わせると，${}_tV_{x:\overline{n}|}$ の過去法の式が得られる．また，$t=t+1$ から $t=n$ まで足し合わせると ${}_tV_{x:\overline{n}|}$ の将来法の式が得られる．読者の皆さんはこのことを試していただきたい．

◉——貯蓄保険料と危険保険料

ファックラーの再帰式において，$p_{x+t-1}=1-q_{x+t-1}$ を用いて q_{x+t-1} で表現すると，

$$P_{x:\overline{n}|}=(v\,{}_tV_{x:\overline{n}|}-{}_{t-1}V_{x:\overline{n}|})+v(1-{}_tV_{x:\overline{n}|})q_{x+t-1} \tag{3.39}$$

が成立する．

右辺第 1 項，第 2 項をそれぞれ t 年度の**貯蓄保険料**，**危険保険料**とよび，それぞれ P_t^s, P_t^r で表す：

$$P_t^s=v\,{}_tV_{x:\overline{n}|}-{}_{t-1}V_{x:\overline{n}|},\qquad P_t^r=v(1-{}_tV_{x:\overline{n}|})q_{x+t-1}.$$

貯蓄保険料は $t-1$ 年度末の責任準備金 ${}_{t-1}V_{x:\overline{n}|}$ を t 年度末に ${}_tV_{x:\overline{n}|}$ とするために t 年度始めに積み立てる金額である．第 1 年度の P_1^s から第 t 年度の P_t^s までを利率 i で積み立てて行くと，t 年度末に ${}_tV_{x:\overline{n}|}$ となる：

$$\begin{aligned}
&(1+i)^tP_1^s+(1+i)^{t-1}P_2^s+\cdots+(1+i)P_t^s\\
&=\sum_{u=1}^{t}(v\,{}_uV_{x:\overline{n}|}-{}_{u-1}V_{x:\overline{n}|})(1+i)^{t-u+1}\\
&=(1+i)^t\sum_{u=1}^{t}(v^u\,{}_uV_{x:\overline{n}|}-v^{u-1}\,{}_{u-1}V_{x:\overline{n}|})\\
&=(1+i)^tv^t\,{}_tV_{x:\overline{n}|}\\
&={}_tV_{x:\overline{n}|}.
\end{aligned}$$

一方，危険保険料は t 年度中に死亡が発生したときに t 年度末に保険金 $(1-{}_tV_{x:\overline{n}|})$ を支払うために，t 年度始めに積み立てるものである．保険金が $1-{}_tV_{x:\overline{n}|}$ となるのは生存していれば，準備しなければならない責任準備金 ${}_tV_{x:\overline{n}|}$ が死亡したときには必要なくなるからである．

3.8 連合生命に関する保険と年金

二人以上の被保険者に関する生命確率を連合生命の生命確率という．例えば，x 歳と y 歳の二人の人の余命をそれぞれ，τ_x, τ_y とする．

◆ **仮定：τ_x と τ_y は独立である．**

すなわち，

$$P(a_1 \leqq \tau_x \leqq b_1, a_2 \leqq \tau_y \leqq b_2) = P(a_1 \leqq \tau_x \leqq b_1) \cdot P(a_2 \leqq \tau_y \leqq b_2)$$

が成り立つと仮定する．

このとき，二人の共存に関する確率と最終生存者に関する確率を考える．

(1) **共存確率**

(x) と (y) が t 年後に共に生存しているという確率を ${}_tp_{xy}$ で表す．これは二人の共存が t 年後に成立している確率と言ってもよい．τ_x, τ_y が独立であることから，

$$\begin{aligned} {}_tp_{xy} &= P(\tau_x \geqq t, \tau_y \geqq t) \\ &= P(\tau_x \geqq t) \cdot P(\tau_y \geqq t) \\ &= {}_tp_x \cdot {}_tp_y \end{aligned} \tag{3.40}$$

となる．

二人の共存が t 年以内に壊れる確率 ${}_tq_{xy}$ は

$$\begin{aligned} {}_tq_{xy} &= 1 - {}_tp_{xy} \\ &= 1 - (1 - {}_tq_x)(1 - {}_tq_y) \\ &= {}_tq_x + {}_tq_y - {}_tq_x \cdot {}_tq_y \end{aligned} \tag{3.41}$$

となる．

また，据置の死亡確率 ${}_{t|}q_{xy}$ は

$${}_{t|}q_{xy} = {}_tp_{xy} - {}_{t+1}p_{xy} \tag{3.42}$$

となる．

(2) 最終生存者の生命確率

(x) と (y) のうち，最後まで生き延びた最終生存者についての生命確率を考えよう．

まず，最終生存者が t 年後に生存している確率 ${}_tp_{\overline{xy}}$ は，少なくとも一人が t 年後に生存している確率なので，

$$ {}_tp_{\overline{xy}} = {}_tp_x + {}_tp_y - {}_tp_x \cdot {}_tp_y \tag{3.43} $$

となる．

これはまた，二人とも t 年以内に死亡するという事象の余事象の確率なので，

$$ {}_tp_{\overline{xy}} = 1 - {}_tq_x \cdot {}_tq_y $$

とも書ける．

次に，最終生存者が t 年以内に死亡する確率 ${}_tq_{\overline{xy}}$ は，二人とも t 年以内に死亡するという確率なので

$$ {}_tq_{\overline{xy}} = {}_tq_x \cdot {}_tq_y \tag{3.44} $$

となり，据置の生命確率は

$$ {}_{t|}q_{\overline{xy}} = {}_tp_{\overline{xy}} - {}_{t+1}p_{\overline{xy}} \tag{3.45} $$

となる．

◉——連合生命に関する生命年金

(1) 共存に関する生命年金

(x), (y) の二人とも共存しているという条件の下，n 年間に渡って期始払いで年金年額 1 が支給される生命年金の現価 $\ddot{a}_{xy:\,\overline{n|}}$ は

$$ \ddot{a}_{xy:\,\overline{n|}} = \sum_{t=0}^{n-1} v^t\,{}_tp_{xy} \tag{3.46} $$

で定められる．

(2) 最終生存者に関する生命年金

(x), (y) の最終生存者が生存しているという条件の下，n 年間に渡って期始払いで年金年額 1 が支給される生命年金の現価 $\ddot{a}_{\overline{xy}:\,\overline{n|}}$ は

$$\ddot{a}_{\overline{xy}:\,\overline{n|}} = \sum_{t=0}^{n-1} v^t {}_tp_{\overline{xy}} \tag{3.47}$$

で定められる．

(3) 遺族年金

夫が妻より先に死亡したとき，妻の生存を条件に支給される年金を**遺族年金**という．

x 歳の夫と y 歳の妻がいて，夫が妻より先に死亡したとき，その年度末から n 年度末まで妻の生存を条件に年額 1 が支給される年金の現価 $a_{x|y:\,\overline{n|}}$ について考えよう．時点 t で年金が支給される条件は，夫が死亡していて，妻が生存していることであるので，

$$a_{x|y:\,\overline{n|}} = \sum_{t=1}^{n} v^t {}_tq_x {}_tp_y \tag{3.48}$$

となる．${}_tq_x = 1 - {}_tp_x$ であるので，

$$\begin{aligned} a_{x|y:\,\overline{n|}} &= \sum_{t=1}^{n} v^t {}_tp_y - \sum_{t=1}^{n} v^t {}_tp_x {}_tp_y \\ &= a_{y:\,\overline{n|}} - a_{xy:\,\overline{n|}} \end{aligned} \tag{3.49}$$

となる．$a_{xy:\,\overline{n|}}$ は共存が続く限り n 年に渡って期末払いで年金年額 1 が支払われる年金の現価である．

●──連合生命に関する保険

(x) と (y) の二人の被保険者に関する保険で，(x) が (y) よりも先に n 年以内に死亡したとき，即時に死亡保険金 1 が支払われる保険の一時払い保険料 $\bar{A}^{1}_{xy:\,\overline{n|}}$ について考えよう．

(x) が契約時より，時間 t 後と $t+dt$ 後，すなわち $x+t$ 歳と $x+t+dt$ 歳の間で死亡する確率が ${}_tp_x\mu_{x+t}\,dt$ であったことを思い出そう．このとき y 歳の人が生存していれば，保険金 1 が支払われるので，

$$\bar{A}^{\ 1}_{xy:\,\overline{n|}} = \int_0^n v^t\,{}_tp_x \mu_{x+t}\,{}_tp_y\,dt \tag{3.50}$$

となる．

問題 3.8　死力が

$$\mu_x = \frac{1}{100-x}$$

で与えられるとき，30 歳の親が 20 年以内に 2 歳の子供より先に死亡するとき，保険金 1 が即時に支払われる保険の一時払い保険料 A を求めよ．

解　まず，

$$ {}_tp_{30} = \frac{70-t}{70}, \qquad {}_tp_2 = \frac{98-t}{98}$$

であることに注意する．

したがって，

$$\begin{aligned} A &= \int_0^{20} v^t \cdot \frac{70-t}{70} \cdot \frac{1}{70-t} \cdot \frac{98-t}{98} dt \\ &= \frac{1}{70\delta}(1-v^{20}) - \frac{1}{98\cdot 70\delta}\left(\frac{1}{\delta} - \left(20+\frac{1}{\delta}\right)v^{20}\right) \end{aligned}$$

となる．(ここで $\delta = -\log v$：利力)　□

問題 3.9　30 歳の親と 2 歳の子供を被保険者とする保険で，親が子供より先に死亡したとき，死亡保険金 1 を即時に支払うと共に，死亡年度末より，子供が 22 歳に達するまで子供の生存を条件に年額 0.1 の年金を支払うとする．保険料は 20 年間の年払いとするが，親が死亡した後は保険料の払い込みを免除する．

(1)　年払い保険料 P を求めよ．

(2)　親子とも生存している契約について t 年度末の責任準備金を求めよ．

(3)　子供のみ生存している契約について t 年度末の責任準備金を求めよ．

解 (1) 収支相等の式より

$$P\ddot{a}_{30,2:\,\overline{20|}} = \bar{A}^{1}_{30,2:\,\overline{20|}} + 0.1a_{30|2:\,\overline{20|}}$$

となるので,

$$P = \frac{\bar{A}^{1}_{30,2:\,\overline{20|}} + 0.1a_{30|2:\,\overline{20|}}}{\ddot{a}_{30,2:\,\overline{20|}}}$$

となる.

(2) 親子とも生存している契約についての責任準備金を ${}_tV$ で表すと, 次のようになる.

$${}_tV = A^{\ \ 1}_{30+t,2+t:\,\overline{20-t|}} + 0.1a_{30+t|2+t:\,\overline{20-t|}} - P\ddot{a}_{30+t,2+t:\,\overline{20-t|}}$$

(3) 子供のみ生存している契約の責任準備金を ${}_t\tilde{V}$ とすると,

$${}_t\tilde{V} = 0.1\ddot{a}_{2+t:\,\overline{20-t+1|}}$$

となる. □

3.9 多重脱退問題

この節ではある集団からの脱退理由が複数ある場合についての脱退率について考える. 例えば, 厚生年金などの年金基金に加入している人の集団を考えよう. この集団からの脱退は死亡による脱退と転職による脱退の二つがある. ある年齢の構成員が 100000 人であるとして, 生命表による死亡率が 0.1% であるとしよう. また, 100000 人のうち 5000 人が転職するとする.

それでは, 次の問題を考えてみよう.

> **問題 3.10** この年金基金のその年齢の構成員のうち, 1 年間に死亡する人の数の平均値は何人となるのであろうか? ただし, 転職後に死亡した人は人数に含めないとする.

生命表から算出された死亡率が 0.1% であるので, 1 年間の死亡者数の平均

は $100000 \times 0.001 = 100$ 人である考えられるが，年間 5000 人が転職し，この 5000 人の中に転職してしまってから 1 年以内に死亡する人もいるので，構成員のまま死亡する人の数の平均値は 100 人よりも少なくなる．それでは，その平均値は何人となるのであろうか？

この問題を考えるのが**二重脱退の問題**である．これを数学的に考えるためには，いくつかの仮定を置かなければならない．

そこで，一般的に x 歳の構成員 l_x^α 人からなる集団 α を考えよう．この集団からの脱退理由が A, B 二つの理由があるとする．問題 3.10 においては集団 α は x 歳の構成員からなる年金基金の加入者集団と考え，理由 A が死亡による脱退，理由 B による脱退が転職であると考えてよい．理由 A の脱退率には，生命表から算出された脱退率という，この集団とは独立な脱退率 q_x^{A*} が与えられている．このような脱退率を理由 A の**絶対脱退率**とよぶ．一方，この集団における A 脱退率を q_x^A で表す．

脱退理由 B に関しては，年金基金の例では 1 年間の理由 B による脱退者数 $d_x^B = 5000$ が与えられているので，$l_x^\alpha = 100000$ 人からなる集団 α からの B 脱退率 q_x^B は

$$q_x^B = \frac{d_x^B}{l_x^\alpha} = \frac{5000}{100000} = 0.05$$

と算出される．

理由 B についても，死亡という要因がないときの絶対脱退率 q_x^{B*} というものが考えられる．

絶対脱退率 q_x^{A*}, q_x^{B*} が与えられたとき，q_x^A, q_x^B がどのように与えられるのかについて考えよう．そのために次の二つの仮定をおく．

仮定 1　A, B の脱退は独立に起こる．

仮定 2　各脱退は 1 年を通じて一様に起こる．

仮定 2 より A 脱退，B 脱退が $[0,1]$ の微小時間区間 $(t, t+dt)$ で起こる確率はそれぞれ，$q_x^{A*}dt,\ q_x^{B*}dt$ となる．また，A, B の脱退を独立に考えて，先に起こった理由で脱退すると考えよう．すると，$(t, t+dt)$ で初めて A 脱退が

起こる確率は

$$(1 - tq_x^{B*})q_x^{A*}dt$$

となる．$(t, t+dt)$ で初めて A 脱退が起こるためには，$(0, t)$ において B 脱退が起こってはいけないので，その確率が $(1 - tq_x^{B*})$ となるのである．

したがって，

$$\begin{aligned} q_x^A &= \int_0^1 (1 - tq_x^{B*})q_x^{A*}dt \\ &= q_x^{A*}\left(1 - \frac{1}{2}q_x^{B*}\right) \end{aligned} \tag{3.51}$$

となる．

同様にして，B 脱退についても

$$\begin{aligned} q_x^B &= \int_0^1 (1 - tq_x^{A*})q_x^{B*}dt \\ &= q_x^{B*}\left(1 - \frac{1}{2}q_x^{A*}\right) \end{aligned} \tag{3.52}$$

が成り立つ．

年金基金の問題 3.10 では，

$$q_x^{A*} = 0.001, \qquad q_x^B = 0.05$$

であったので，

$$q_x^{B*} = \frac{q_x^B}{1 - \dfrac{1}{2}q_x^{A*}} = \frac{0.05}{1 - \dfrac{1}{2} \cdot 0.001} = 0.050025$$

となり，

$$q_x^A = 0.001\left(1 - \frac{1}{2} \cdot 0.050025\right) = 0.00099875$$

となる．したがって，死亡者数の平均値は 99.875 人となる． □

脱退理由が A, B, C の三つあるときには，それぞれの絶対脱退率を $q_x^{A*}, q_x^{B*}, q_x^{C*}$ とすると，各脱退率は次のように求められる：

$$q_x^A = q_x^{A*}\left(1 - \frac{1}{2}(q_x^{B*} + q_x^{C*}) + \frac{1}{3}q_x^{B*}q_x^{C*}\right),$$
$$q_x^B = q_x^{B*}\left(1 - \frac{1}{2}(q_x^{C*} + q_x^{A*}) + \frac{1}{3}q_x^{C*}q_x^{A*}\right),$$
$$q_x^C = q_x^{C*}\left(1 - \frac{1}{2}(q_x^{A*} + q_x^{B*}) + \frac{1}{3}q_x^{A*}q_x^{B*}\right).$$

これより，l_x 人の集団からの各脱退者数 d_x^A, d_x^B, d_x^C が与えられているときには，

$$q_x^A = \frac{d_x^A}{l_x}, \qquad q_x^B = \frac{d_x^B}{l_x}, \qquad q_x^C = \frac{d_x^C}{l_x}$$

が成り立つ．

これより，生存確率 p_x は $p_x = 1 - q_x^A - q_x^B - q_x^C$ となるが，上式の q_x^A, q_x^B, q_x^C を絶対脱退率で表す式を代入すると，

$$p_x = (1 - q_x^{A*})(1 - q_x^{B*})(1 - q_x^{C*})$$

が成り立つ．

3.10 就業-就業不能問題

就業者と就業不能者の二つの集団を考える．就業者集団からの脱退は死亡と就業不能の二つであるとし，就業不能者集団からの脱退は死亡のみとする．また，就業不能から就業者への復帰はないものとする．

年度初めにおける，x 歳の就業者数を l_x^{aa}，就業不能者数を l_x^{ii} とする．

また，1 年間の間に就業者から就業不能者になる人数を i_x とし，就業者として死亡する人数を d_x^{aa}，就業不能者として死亡する人数を d_x^{ii} とする．

$l_x^{aa}, l_x^{ii}, d_x^{aa}, i_x, d_x^{ii}$ が x ごと表になっているのが，**就業-就業不能脱退残存表**である．この表よりいくつかの生命確率を考えてみよう．

(1) q_x^{aa} (x 歳の就業者が 1 年以内に就業者として死亡する確率)

これは，

$$q_x^{aa} = \frac{d_x^{aa}}{l_x^{aa}}$$

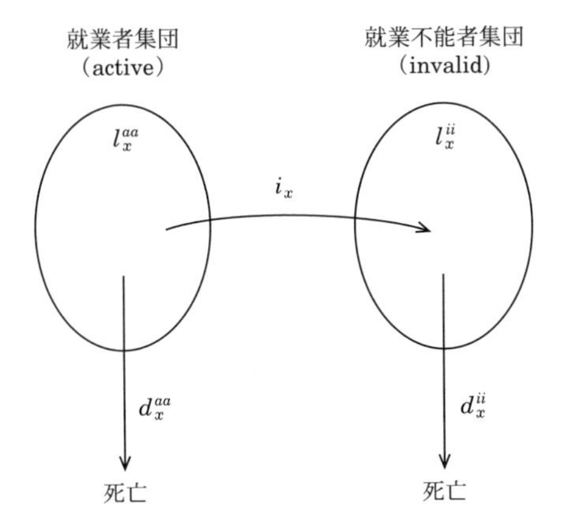

図 **3.7**　就業者集団，就業不能者集団

と定められる．

(2) $q_x^{(i)}$ (x 歳の就業者が **1** 年以内に就業不能になる確率)

l_x^{aa} 人のうち，1 年以内に就業不能になる人数は i_x なので，

$$q_x^{(i)} = \frac{i_x}{l_x^{aa}}$$

と定められる．

(3) ${}_tp_x^{aa}$ (x 歳の就業者が t 年後に就業者として生存している確率)

l_x^{aa} 人のうち，t 年後に就業者として生存している人数は l_{x+t}^{aa} なので，

$${}_tp_x^{aa} = \frac{l_{x+t}^{aa}}{l_x^{aa}}$$

となる．

(4) q_x^i (就業不能者の死亡率)

問題となるのが就業不能者の死亡確率 q_x^i である．d_x^{ii} は l_x^{ii} 人のうちから 1 年以内に死亡する人数 J_1 と l_x^{aa} 人のうちから 1 年以内に就業不能となり，か

つ死亡する人数 J_2 の和となる.

まず, J_1 は q_x^i を用いると,

$$J_1 = l_x^{ii} q_x^i$$

となる.

一方, 就業不能と死亡は 1 年を通じて一様に起こると考えると, $t \in (0,1)$ までに就業不能となる人数は $i_x t$ 人であって, そのうち $(t, t+dt)$ で就業不能者として死亡する人数は $t i_x q_x^i dt$ となる.

t について 0 から 1 まで積分すると

$$J_2 = \int_0^1 t i_x q_x^i dt = \frac{1}{2} i_x q_x^i$$

となる.

したがって,

$$d_x^{ii} = \frac{1}{2} i_x q_x^i + l_x^{ii} q_x^i \tag{3.53}$$

より,

$$q_x^i = \frac{d_x^{ii}}{l_x^{ii} + \frac{1}{2} i_x} \tag{3.54}$$

となる.

各 x について, 就業不能者の死亡率 q_x^i が就業-就業不能脱退残存表から算出されると就業不能者の生命確率がすべて定まることになる.

例えば, 生存確率 ${}_t p_x^i$ は

$${}_t p_x^i = (1 - q_x^i)(1 - q_{x+1}^i) \cdot \cdots \cdot (1 - q_{x+t-1}^i)$$

となり, 据置死亡率 ${}_{t|} q_x^i$ は

$${}_{t|} q_x^i = (1 - q_x^i)(1 - q_{x+1}^i) \cdot \cdots \cdot (1 - q_{x+t-1}^i) q_{x+t}^i$$

と定められる.

(5) ${}_tp_x^{ai}$ (x 歳の就業者が t 年後に就業不能者として生存している確率)

${}_tp_x^{ai}$ を求めるためには，x **歳のときは就業者であるが，t 年後に就業不能者として生存している人数** を求めればよい.

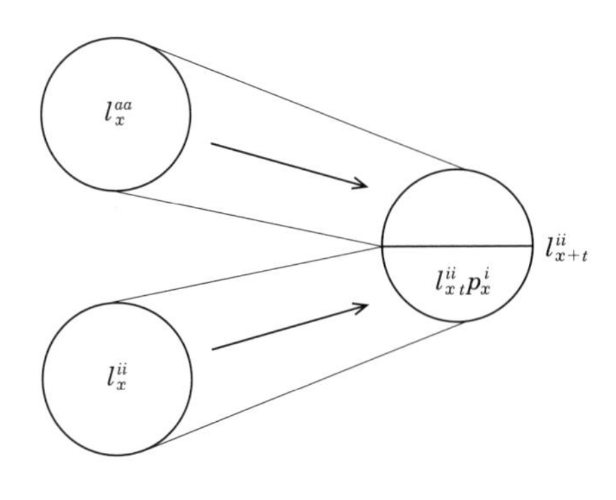

図 **3.8** ${}_tp_x^{ai}$

l_{x+t}^{ii} 人のうち，x 歳のときすでに就業不能者であった人数は

$$l_x^{ii}\,{}_tp_x^i$$

であるので，x 歳のときは就業者であるが，t 年後に就業不能者として生存している人数は

$$l_{x+t}^{ii} - l_x^{ii}\,{}_tp_x^i$$

となり，

$$ {}_tp_x^{ai} = \frac{l_{x+t}^{ii} - l_x^{ii}\,{}_tp_x^i}{l_x^{aa}} \tag{3.55}$$

となる.

(6) ${}_{t|}q_x^{ai}$ (x 歳の就業者が t 年後と $t+1$ 年後の間で就業不能者として死亡する確率)

${}_{t|}q_x^{ai}$ は，(5) と同様の考え方で，d_{x+t}^{ii} 人のうち，x 歳のとき就業者であった人数は

$$d_{x+t}^{ii} - l_x^{ii}\, {}_{t|}q_x^i$$

であるので，

$${}_{t|}q_x^{ai} = \frac{d_{x+t}^{ii} - l_x^{ii}\, {}_{t|}q_x^i}{l_x^{aa}} \tag{3.56}$$

となる．

(7) ${}_tp_x^a$ (x 歳の就業者が t 年後に生存している確率)

${}_tp_x^a$ は，t 年後に就業者として生存している確率と就業不能者として生存している確率を足し合わせたものであるので，

$${}_tp_x^a = {}_tp_x^{aa} + {}_tp_x^{ai} \tag{3.57}$$

となる．

●——就業-就業不能に関する保険と年金

就業者が就業不能になったとき，支給される保険や年金の現価をいくつか挙げる．(詳しくは文献 [4] を参照)

(1) x 歳の就業者が就業者である限り，n 年にわたって期始払いで年金年額 1 が支給される生命年金の現価 $\ddot{a}_{x:\overline{n|}}^{aa}$：

$$\ddot{a}_{x:\overline{n|}}^{aa} = \sum_{t=0}^{n-1} v^t\, {}_tp_x^{aa}. \tag{3.58}$$

(2) x 歳の就業者が就業不能となった年度末から n 年度末まで生存を条件に年額 1 が支給される年金の現価 $a_{x:\overline{n|}}^{ai}$：

$$a_{x:\overline{n|}}^{ai} = \sum_{t=1}^{n} v^t\, {}_tp_x^{ai}. \tag{3.59}$$

(3) x 歳の就業不能者が生存する限り n 年にわたって期始払いで年金年額 1 が支給される生命年金の現価 $\ddot{a}_{x:\overline{n|}}^{i}$：

$$\ddot{a}_{x:\overline{n|}}^{i} = \sum_{t=0}^{n-1} v^t\, {}_tp_x^{i}. \tag{3.60}$$

(4)　x 歳の就業者が n 年以内に就業者として死亡した年度末に死亡保険金 1 が支払われる保険の一時払い保険料 $A_{x:\overline{n}|}^{1\,aa}$：

$$A_{x:\overline{n}|}^{1\,aa} = \sum_{t=1}^{n} v^t \,{}_{t-1|}q_x^{aa}. \tag{3.61}$$

(5)　x 歳の就業者が n 年以内に就業不能者として死亡した年度末に死亡保険金 1 が支払われる保険の一時払い保険料 $A_{x:\overline{n}|}^{1\,ai}$：

$$A_{x:\overline{n}|}^{1\,ai} = \sum_{t=1}^{n} v^t \,{}_{t-1|}q_x^{ai}. \tag{3.62}$$

問題 3.11　x 歳の就業者が就業者として死亡するときには死亡年度末に 1 を支払い，就業不能になったときには，その年度末から n 年度末まで生存を条件に年額 0.1 を支払うとする．保険料は n 年間の年払いとするが，就業不能になった後は保険料の払い込みが免除されるとする．

この保険の年払い保険料 P を求めよ．

解　収支相等の関係より

$$P\ddot{a}_{x:\overline{n}|}^{aa} = A_{x:\overline{n}|}^{1aa} + 0.1a_{x:\overline{n}|}^{ai}$$

が成り立ち，

$$P = \frac{A_{x:\overline{n}|}^{1aa} + 0.1a_{x:\overline{n}|}^{ai}}{\ddot{a}_{x:\overline{n}|}^{aa}}$$

となる．□

3.11　営業保険料

これまで論じてきた保険料は純保険料であって，われわれが実際に保険会社に支払っているのは**営業保険料**とよばれるものである．

営業保険料は純保険料と付加保険料の和となる．純保険料は将来の保険金支払いのため責任準備金として積み立てられるが，付加保険料は会社の運営経費

となる．

付加保険料は次の三つの経費に分かれる：

- 新契約費 (契約時に 1 回徴収，保険金 1 に対して α)
- 集金経費 (集金ごとに徴収，営業保険料 1 に対して β)
- 維持費 (毎年始ごとに徴収，保険料払い込み期間中は保険金 1 に対して γ，保険料払い済み後は保険金 1 に対して γ')

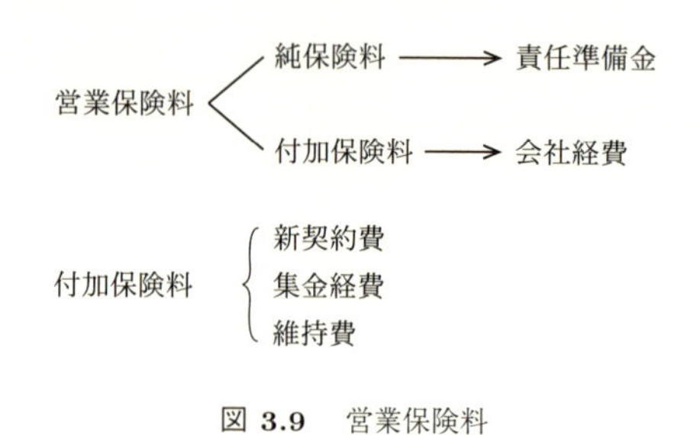

図 3.9　営業保険料

例 3.1　x 歳加入，n 年契約の養老保険 (死亡時期末払い，保険金 1) の営業年払い保険料 $P^*_{x:\,\overline{n|}}$ を求めてみよう．

収支相等の関係より

$$P^*_{x:\,\overline{n|}}\ddot{a}_{x:\,\overline{n|}} = A_{x:\,\overline{n|}} + \alpha + \beta P^*_{x:\,\overline{n|}}\ddot{a}_{x:\,\overline{n|}} + \gamma\ddot{a}_{x:\,\overline{n|}}$$

となる．右辺の第 2 項が新契約費，第 3 項が集金経費，第 4 項が維持費である．

これより

$$P^*_{x:\,\overline{n|}} = \frac{A_{x:\,\overline{n|}} + \alpha + \gamma\ddot{a}_{x:\,\overline{n|}}}{(1-\beta)\ddot{a}_{x:\,\overline{n|}}}$$

となる．

保険料払い込み期間が $m(<n)$ 年であるときには，維持費の項を保険料払い込み期間中のものと，保険料払い済み後のものとに分けなければならない．このときの年払い保険料 P^* は次のように求められる：

$$P^*\ddot{a}_{x:\,\overline{m|}} = A_{x:\,\overline{n|}} + \alpha + \beta P^*\ddot{a}_{x:\,\overline{m|}} + \gamma\ddot{a}_{x:\,\overline{m|}} + \gamma'(\ddot{a}_{x:\,\overline{n|}} - \ddot{a}_{x:\,\overline{m|}})$$

となり，

$$P^* = \frac{A_{x:\overline{n}|} + \alpha + \gamma \ddot{a}_{x:\overline{m}|} + \gamma'(\ddot{a}_{x:\overline{n}|} - \ddot{a}_{x:\overline{m}|})}{(1-\beta)\ddot{a}_{x:\overline{m}|}}.$$

例 3.2　30 歳加入，30 年据置，20 年契約，期始払い，年金年額 1 の生命年金がある．年金開始時点における，維持費を込めた年金の現在価値を年金原資と言い F で表す．維持費は年金年額 1 に対して γ_1 とすると，

$$F = (1+\gamma_1)\ddot{a}_{60:\overline{20}|}$$

となる．

保険料は 30 年間の年払いとし，付加保険料を次のように定める：

- 新契約費：契約時に 1 回徴収，年金原資 1 に対して α.
- 集金経費：集金ごとに徴収，年払い営業保険料 1 に対して β.
- 維持費：保険料払い込み期間中年始ごとに徴収，年金原資 1 に対して γ_2 とする．

このとき営業年払い保険料 P^* を求めよう．

収支相等の式より

$$P^*\ddot{a}_{30:\overline{30}|} = v^{30}{}_{30}p_{30}F + \alpha F + \beta P^*\ddot{a}_{30:\overline{30}|} + \gamma_2 F\ddot{a}_{30:\overline{30}|}$$

が成立する．

これより，

$$P^* = \frac{v^{30}{}_{30}p_{30}F + \alpha F + \gamma_2 F\ddot{a}_{30:\overline{30}|}}{(1-\beta)\ddot{a}_{30:\overline{30}|}}$$

となる．

3.12 チルメル式責任準備金

3.7 節で述べた責任準備金は純保険料式責任準備金とよばれ，各年度の責任準備金の積立額は一定である．チルメル式責任準備金は，初年度の責任準備金積立額を純保険料式の積立額より少なくし，その分 2 年度以降の積立額を大きくしようという方式である．

初年度の責任準備金積立額が小さいということは，付加保険料の部分が大きくなるということで，会社経費にまわせる金額が大きくなるということである．

各年度の平準営業年払い保険料を

$$P_1^* = P_2^* = \cdots = P_n^* = P^*$$

とし，P^* を純保険料 P^{net} と付加保険料 P^L とに分ける：

$$P^* = P^{net} + P^L.$$

各年度の純保険料 (責任準備金積立額)$\{P_t^{net}\}_{t=1}^n$ を一定値 P^{net} ではなく，

$$\sum_{t=1}^{n} v^{t-1} P_t^{net}{}_{t-1}p_x = P^{net} \sum_{t=1} v^{t-1}{}_{t-1}p_x$$

を満たすようにとれば保険数理上，責任準備金の積み立てには何ら問題はない．

そこで，

$$P_t^{net} = \begin{cases} P_1 & (t=1), \\ P_2 & (t=2,\cdots,h), \\ P^{net} & (t=h+1,\cdots,n) \end{cases}$$

としてみよう．$P_1 < P_2$ とすることによって，初年度の純保険料を少なくし，その分 2 年度から h 年度までの純保険料を多くとって調整することを考えよう．

このようにして，積み立てていく責任準備金積み立て方式を**チルメル式責任準備金**という．h を**チルメル期間**とよび，$h < n$ のときを**短期チルメル式**，$h = n$ のときを**全期チルメル式**という．

例として，x 歳加入，n 年契約，保険金 1 で死亡時期末払いの養老保険を考える．平準年払い保険料は $P_{x:\overline{n|}}$ である．

第 1 年度の純保険料が P_1，第 2 年度から第 h 年度までの純保険料が P_2 となるが，第 $h+1$ 年度から第 n 年度までの純保険料が $P_{x:\overline{n|}}$ となり，これは純保険料式責任準備金の場合と同じになる．

第 1 年度から第 h 年度までの，純保険料収入をチルメル式と純保険料式で比較すると，

$$P_{x:\overline{n|}}\ddot{a}_{x:\overline{h|}} = P_1 + P_2(\ddot{a}_{x:\overline{h|}} - 1)$$

が成立する．

また，$P_2 - P_1 = \alpha$ とおき，これを**チルメル割合**とよぶ．これらの関係式から，

$$P_1 = P_{x:\overline{n|}} + \frac{\alpha}{\ddot{a}_{x:\overline{h|}}} - \alpha, \qquad P_2 = P_{x:\overline{n|}} + \frac{\alpha}{\ddot{a}_{x:\overline{h|}}}$$

となる．

これより，$1 \leqq t \leqq h$ のとき t 年度末のチルメル式責任準備金 ${}_tV^{[hz]}_{x:\overline{n|}}$ は

$$\begin{aligned}
{}_tV^{[hz]}_{x:\overline{n|}} &= A_{x+t:\overline{n-t|}} - P_2\ddot{a}_{x+t:\overline{h-t|}} - P_{x:\overline{n|}}(\ddot{a}_{x+t:\overline{n-t|}} - \ddot{a}_{x+t:\overline{h-t|}}) \\
&= {}_tV_{x:\overline{n|}} - (P_2 - P_{x:\overline{n|}})\ddot{a}_{x+t:\overline{h-t|}} \\
&= {}_tV_{x:\overline{n|}} - \frac{\alpha}{\ddot{a}_{x:\overline{n|}}} \cdot \ddot{a}_{x+t:\overline{h-t|}}
\end{aligned}$$

となる．

$t \geqq h+1$ のときのチルメル式責任準備金は純保険料式責任準備金と一致する．

演習問題 B

B-1

死力 μ_x が

$$\mu_x = \frac{3}{90-x} - \frac{1}{240-x}$$

で与えられるとき，${}_{40}p_{30}$ を求めよ．

B-2

新型ウィルスの蔓延により，死力が c だけ増えた．すると 30 歳の人が 1 年後に生存する確率が元の 0.81 倍となった．c の値を求めよ．ただし，$\log 10 = 2.303$, $\log 3 = 1.0986$ とする．

B-3

$P_{30:\overline{20|}} = 0.041019$, $P_{50:\overline{20|}} = 0.04433$, $\ddot{a}_{30:\overline{40|}} = 26.6599$, $A_{30:\overset{1}{\overline{20|}}} = 0.64977$ であるとき，割引率 d の値を求めよ．

B-4

30 歳加入，30 年契約，10 年以内に死亡のときは期末に既払い込み保険料を返還し，10 年度以降の死亡に対しては保険金 K を期末に支払うとする．この保険の保険料は 30 年間の年払いであるとする．年払い保険料を計算基数で表せ．

B-5

x 歳加入，f 年据置，n 年契約，期始払い，年金年額 1 の生命年金の保険料を f 年間の年払いとする．年金開始後に死亡の場合は死亡年度末より第 $n+f$ 年度始めまで年額 $\dfrac{1}{2}$ の確定年金が支払われるとする．この年金の年払い保険料 P を求めよ．

B-6

x 歳加入，n 年契約，保険金 1 の養老保険 (死亡保険金期末払い) の保険料を n 年間の年払いとするとき，$n-1$ 年度末の責任準備金 ${}_{n-1}V_{x:\overline{n|}}$ と年払い保険料 $P_{x:\overline{n|}}$ との間に次の関係が成り立つことを示せ．

$$ {}_{n-1}V_{x:\overline{n|}} + P_{x:\overline{n|}} = v $$

B-7

ある集団における脱退理由 A, B, C の 3 重脱退を考える．A, B の絶対脱退

率が $q_x^{A*}=0.1, q_x^{B*}=0.2$ であり，x 歳と $x+1$ 歳の間の 1 年間の理由 A のよる脱退者数は理由 C による脱退者数の 2 倍であった．また理由 B による x 歳と $x+1$ 歳の間での脱退者数は 8000 人であった．

(1) q_x^{C*} を求めよ．

(2) この集団の年初における x 歳の人数 l_x を求めよ．

B-8

25 歳の就業者に関する保険で，35 年契約，就業者として死亡するときには保険金 2 を期末に支払い，就業不能になったときには次の契約応答日 (年度の始め) から 35 年度末まで年額 1 を生存を条件に支払うとする．保険料は 35 年間の年払いとし，就業者である限り払い込まれるとする．

(1) 年払い保険料 P を求めよ．

(2) 10 年度末の就業者の責任準備金 ${}_{10}V$ と就業不能者の責任準備金 ${}_{10}\tilde{V}$ を求めよ．

B-9

x 歳加入，n 年契約の養老保険 (保険金 1，死亡時期末払い) の一時払い営業保険料は 0.38337，また年払い全期払い込みの営業保険料は 0.02368 である．ただし，

・一時払い：$\alpha=0.025$, $\gamma=0.002$

・年払い：$\alpha=0.025$, $\beta=0.03$, $\gamma=0.003$

とするとき，予定利率を求めよ．

第4章
年金数理入門

年金数理が生保数理や損保数理と違うところは，後者の考え方は基本的に「個人単位」である一方，前者は年金制度という「制度全体」で考えることである．たしかに，生命保険や損害保険は単に個人ではなく被保険者の集団で運営されており，また年金制度は加入者や受給権者という個人で構成されてはいる．しかし，生命保険や損害保険では基本的には個人 (あるいは同じ条件を持つ個人の集団) 単位で収支相等するように保険料が計算されるが，年金制度では制度が継続し，脱退 (支払い) や制度への加入が常に発生することを前提として，制度全体で収支相等するように保険料を決める．

4.1 年金制度の例

(1) 企業年金制度

多くの会社では，従業員が退職した場合に退職時の状況 (勤続年数や退職時の給与など) に応じて退職一時金や退職年金を受け取るような企業年金制度がある．給付を受け取るための条件や，給付額の計算方法は会社が任意に決めることができる．

会社はその支払い準備のために毎月保険料支払っているが，その保険料は個々の従業員のために積み立てているわけでも，個人単位で収支相等するようなものでもない．あくまで，長期的な観点から収支相等するような保険料を制度全体に対して支払い，従業員が退職したときにプールした積立金の中から給付を支払うのである．

積立金の運用収益などによって年金制度に剰余金が生じた場合，その剰余金は従業員や受給権者へ配当されるわけではなく，会社が負担する保険料の減額や，制度全体の給付水準の引上げに使用される．逆に運用損失などによって年金制度に積立不足が生じた場合，将来の給付支払いに支障が生じる可能性があるため，保険料の見直しを行う．

(2) 公的年金制度

わが国には，厚生年金保険や国民年金といった国が運営する公的年金制度がある．サラリーマンや自営業者などの勤労者が保険料を負担し，65 歳から死亡するまで年金を受け取る．

年金受給者の生活水準を維持するために，公的年金の年金額は物価の変動に応じて変化し (年金の**インフレリスク**)，また死亡率が低下した場合は年金の受給期間が長期化する (年金の**長寿リスク**)．これらのリスクを年金以外の収入のない受給者が負担することは困難であるため，公的年金では保険料の負担者 (現役世代) が支払う保険料をそのときの受給者 (引退世代) の給付に充当するような運営が行われている[1]．また，少子高齢化が引き起こす現役世代の減少と引退世代の増加によって過度に保険料が上昇することを避けるため，加入者数の減少や平均余命の伸びに応じて年金額を調整する仕組みもある．

4.2 Trowbridge モデル

これまで述べたように，一言で年金制度といっても，給付の内容はさまざまである．また，仮に同じ給付設計を持つ二つの年金制度でも，その制度を構成する加入者や受給者の構成 (年齢構成，給与分布，受給者の実際の年金額など) が異なれば，保険料や責任準備金の計算結果は異なる．したがって，年金数理の説明に際しては，次のように年金制度を簡単にモデル化した **Trowbridge モデル**を使用することが多い．

[1] 後述の「賦課方式」という財政方式．ただし，実際は将来の給付にも充当できるように，保険料を多めにとって積立金を保有している．

◉——Trowbridge モデルの給付設計

(1) 給付の内容

定年退職により制度から脱退した者に対して，死亡するまで毎年 1 の年金を支払う．

(2) 給付および保険料の支払時期

期間を 1 年毎に区切り，年度の初め (期初) に受給者に対する給付の支払いおよび制度への保険料の支払いが発生する．

なお，最初に「制度全体で収支相等するように保険料を決める」と述べているが，計算の便宜上「制度加入者一人当たりの保険料」を定めている場合が多い．このとき，一人当たりの保険料がすべての加入者に一律に定められている場合，

> 「制度全体の 1 年間の保険料 (C)」
> 　＝「制度加入者一人当たりの保険料 (P)」× 「期初の加入者数 (L)」

となる．

(3) 人員構成

加入者および定年退職により制度から脱退した者 (受給者) の集団は定常状態にあるものとする．年齢および加入者数に関する記号を次のように定義する．

x_e ：制度への加入年齢
x_r ：定年年齢
ω ：最終年齢
$l_x^{(T)}$ ：期初における年齢 x 歳の加入者数 (ただし，$x_e \leqq x < x_r$)
$l_{x_r}^{(T)}$ ：期初における年齢 $x_r - 1$ 歳の加入者のうち，x_r 歳に到達して制度から脱退し，期末に生存している者の人数
l_x ：期初における年齢 x 歳の受給者数 (ただし，$x_r \leqq x \leqq \omega$ かつ $l_{x_r} = l_{x_r}^{(T)}$)

ここで，加入者および受給者は定常状態にあるため，$\{l_{x_e}^{(T)}, l_{x_e+1}^{(T)}, \cdots, l_{x_r-1}^{(T)}\}$ は脱退残存表に，$\{l_{x_r}, l_{x_r+1}, \cdots, l_{\omega-1}, l_\omega\}$ は生命表に従っている．さらに，毎年の期初に l_{x_e} 人が制度に新たに加入する．

Trowbridge モデルでは，期初に在籍している加入者数を基礎として保険料を支払い，期初に生存している受給者に年金額 1 の年金額を支払うため，脱退残存表および生命表に関連した上記以外の記号の定義は不要である．また，期初の加入者数 (L) および一年間の年金支払額 (B) は，

$$L = \sum_{x=x_e}^{x_r-1} l_x^{(T)}, \qquad B = \sum_{x=x_r}^{\omega} l_x$$

となる．

●——給付現価

年金数理においても，あらゆる物の価値は時間の経過に応じて変化することを前提とし，一年当たり利息 i の複利によって変化する．以下，この利息 i を予定利率とよび，v, d を以下で定める：

$$v = \frac{1}{1+i}, \qquad d = 1 - v = \frac{i}{1+i}.$$

また，計算基数として，

$$D_x = \begin{cases} v^x \cdot l_x^{(T)} & (x_e \leqq x < x_r), \\ v^x \cdot l_x & (x_r \leqq x \leqq \omega) \end{cases}$$

とする．

将来発生する給付を現在価値に変換したものを**給付現価**という．

(1) 受給者の給付現価

Trowbridge モデルでは，x_r 歳到達により制度から脱退した者が，生存を条件として毎期初に年金額 1 の年金を受け取るため，すでに年金を受給している期初 x 歳 $(x \geqq x_r)$ の受給者の給付現価は即時支給開始の終身年金現価 $\ddot{a}_x$ であり，

$$\begin{aligned}\ddot{a}_x &= 1 + v\frac{l_{x+1}}{l_x} + v^2\frac{l_{x+2}}{l_x} + \cdots + v^{\omega-1-x}\frac{l_{\omega-1}}{l_x} + v^{\omega-x}\frac{l_\omega}{l_x} \\ &= \frac{v^x l_x + v^{x+1}l_{x+1} + \cdots + v^\omega l_\omega}{v^x l_x} \\ &= \frac{\sum_{y=x}^{\omega} D_y}{D_x} \end{aligned} \tag{4.1}$$

となる．

これより，定常状態における制度全体の受給者の給付現価を S^p とすると，

$$S^p = \sum_{x=x_r}^{\omega} l_x \cdot \ddot{a}_x \tag{4.2}$$

である．

(2) 加入者の給付現価

一方，$x < x_r$ である x 歳の加入者の給付現価は

$$\begin{aligned} & v^{x_r-x}\frac{l_{x_r}}{l_x^{(T)}} + v^{x_r-x+1}\frac{l_{x_r+1}}{l_x^{(T)}} + \cdots + v^{\omega-x}\frac{l_\omega}{l_x^{(T)}} \\ &= \frac{\sum_{y=x_r}^{\omega} D_y}{D_x} \\ &= \frac{D_{x_r}}{D_x} \cdot \ddot{a}_{x_r} \end{aligned} \tag{4.3}$$

となる．

これより，定常状態における制度全体の加入者の給付現価を S^a とすると，

$$S^a = \sum_{x=x_e}^{x_r-1} l_x^{(T)} \cdot \frac{D_{x_r}}{D_x} \cdot \ddot{a}_{x_r} \tag{4.4}$$

となる．

(3) 将来期間および過去期間の給付現価

x 歳の加入者は，すでに $(x - x_e)$ 年制度に加入し，定年退職までにさらに $(x_r - x)$ 年制度に加入する．Trowbridge モデルの年金額 1 を過去の加入期間

と将来の加入期間で按分して，$\dfrac{x_r - x}{x_r - x_e}$ を将来期間の給付，$\dfrac{x - x_e}{x_r - x_e}$ を過去期間の給付と定義する．この定義によって，将来期間の給付現価と過去期間の給付現価を求めると，それぞれ

$$\frac{x_r - x}{x_r - x_e} \cdot \frac{D_{x_r}}{D_x} \cdot \ddot{a}_{x_r}, \qquad \frac{x - x_e}{x_r - x_e} \cdot \frac{D_{x_r}}{D_x} \cdot \ddot{a}_{x_r}$$

となる．これを使用して，制度全体の加入者の将来期間の給付現価および過去期間の給付現価をそれぞれ S^a_{FS} および S^a_{PS} とすると，次のようになる：

$$S^a_{FS} = \sum_{x=x_e}^{x_r-1} l_x^{(T)} \cdot \frac{x_r - x}{x_r - x_e} \cdot \frac{D_{x_r}}{D_x} \cdot \ddot{a}_{x_r}, \tag{4.5}$$

$$S^a_{PS} = \sum_{x=x_e}^{x_r-1} l_x^{(T)} \cdot \frac{x - x_e}{x_r - x_e} \cdot \frac{D_{x_r}}{D_x} \cdot \ddot{a}_{x_r}. \tag{4.6}$$

なお，$S^a_{FS} + S^a_{PS} = S^a$ となることは容易に確かめることができる．

(4) 将来加入者の給付現価

年金制度では，今，存在している加入者や受給者だけでなく，将来，新たに制度に加入する予定の者を保険料の計算等に織り込んで運営が行われることがある．例えば，前出の公的年金制度では 100 年にわたって加入者や受給者の推移を予測し，その予測に沿った年金制度の運営を行っている．この場合，制度に新たに加入する者の人数，加入時の年齢などが問題になってくる．Trowbridge モデルでは加入者の人員構成について定常状態を仮定しているため，毎年期初に年齢 x_e 歳で，$l_{x_e}^{(T)}$ 人が制度に加入する．以下，翌年以降に制度に新たに加入する者を，将来加入者とよぶ．

x_e 歳に到達した者は，その直後の期初に新たに制度に加入する．新規に加入した者の加入時点における給付現価は，

$$l_{x_e}^{(T)} \cdot \frac{D_{x_r}}{D_{x_e}} \cdot \ddot{a}_{x_r}$$

であるため，将来加入者の給付現価 S^f はこれに翌期初から始まる永久年金現価率 a_∞ を乗じたものである：

$$S^f = a_\infty \cdot l_{x_e}^{(T)} \cdot \frac{D_{x_r}}{D_{x_e}} \cdot \ddot{a}_{x_r}$$
$$= \frac{v}{d} \cdot l_{x_e}^{(T)} \cdot \frac{D_{x_r}}{D_{x_e}} \cdot \ddot{a}_{x_r}. \tag{4.7}$$

◉——人数現価

将来発生する給付の現在価値を給付現価とよぶのに対して，将来存在する加入者数の現在価値を人数現価とよぶ．人数の現在価値というと違和感を覚えるかもしれないが，例えば現在 x 歳の加入者が一年後に保険料 P を支払うものとする．このとき，現時点のこの保険料の収入現価は

$$P \cdot v \frac{l_{x+1}^{(T)}}{l_x^{(T)}} = P \cdot \frac{D_{x+1}}{D_x}$$

となる．ここで，P に乗ずる数値 $\dfrac{D_{x+1}}{D_x}$ を**人数現価**という．

つまり，

「保険料収入現価」 ＝「制度加入者一人当たりの保険料 (P)」×「人数現価」

となり，また，

「人数現価」＝「割引率」×「残存確率」

となる．

(1) 加入者の人数現価

期初の年齢 x 歳の加入者が x_r 歳に到達するまで，期初ごとに P という一定額の保険料を支払う場合の，期初における保険料の収入現価は

$$P + Pv\frac{l_{x+1}^{(T)}}{l_x^{(T)}} + \cdots + Pv^{x_r - x - 1}\frac{l_{x_r-1}^{(T)}}{l_x^{(T)}} = P \cdot \frac{\sum_{y=x}^{x_r-1} D_y}{D_x} \tag{4.8}$$

となる．このときに保険料 P に乗ずる数値

$$\frac{\sum_{y=x}^{x_r-1} D_y}{D_x}$$

を x 歳の加入者の人数現価という．

これより，定常状態における制度全体の加入者の人数現価を G^a とすると，

$$G^a = \sum_{x=x_e}^{x_r-1} l_x^{(T)} \cdot \frac{\sum_{y=x}^{x_r-1} D_y}{D_x} \tag{4.9}$$

となる．

(2) 将来加入者の人数現価

給付現価と同様に，将来制度に加入する者の人数現価を考えると，加入時における人数現価は

$$l_{x_e}^{(T)} \cdot \frac{\sum_{y=x_e}^{x_r-1} D_y}{D_{x_e}}$$

であるため，将来加入者の人数現価 G^f は

$$G^f = \frac{v}{d} \cdot l_{x_e}^{(T)} \cdot \frac{\sum_{y=x_e}^{x_r-1} D_y}{D_{x_e}} \tag{4.10}$$

となる．

●——給付現価および人数現価に関する算式

定常状態において，制度全体の一年間の年金支払額は $B\left(= \sum_{x=x_r}^{\omega} l_x\right)$ であ

る．したがって，制度全体でこれから支払う給付現価の総額は

$$B \cdot \ddot{a}_{\infty} \left(= \frac{B}{d}\right)$$

である．一方で，これらの給付は現在の受給権者・加入者および将来加入者に対して支払われるものである．つまり，給付現価について次の式が成立する：

$$S^p + S^a + S^f = \frac{B}{d}. \tag{4.11}$$

また，

$$S^a = \sum_{x=x_e}^{x_r-1} v^{x_r-x} \cdot l_{x_r} \cdot \ddot{a}_{x_r} = \sum_{t=1}^{x_r-x_e} v^t \cdot l_{x_r} \cdot \ddot{a}_{x_r},$$

$$S^f = \frac{v}{d} \cdot v^{x_r-x_e} \cdot l_{x_r} \cdot \ddot{a}_{x_r} = \sum_{t=x_r-x_e+1}^{\infty} v^t \cdot l_{x_r} \cdot \ddot{a}_{x_r}$$

より，加入者と将来加入者の給付現価の合計は，一年間の定年退職者によって発生する受給者の給付現価 $l_{x_r} \cdot \ddot{a}_{x_r}$ に期末払いの永久年金現価率を乗じたもので，

$$S^a + S^f = \frac{v}{d} \cdot l_{x_r} \cdot \ddot{a}_{x_r} \tag{4.12}$$

となる．

一人当たりの保険料を P としたとき，一年間の保険料総額は

$$P \cdot L \left(= P \cdot \sum_{x=x_e}^{x_r-1} l_x^{(T)}\right)$$

であるため，期初時点における将来の保険料収入現価は

$$P \cdot L \cdot \ddot{a}_{\infty} = P \cdot \frac{L}{d}$$

となる．一方で，将来の保険料は現在の加入者と将来加入者が支払う保険料の総額であるため，将来の保険料収入現価は

$$P \cdot (G^a + G^f)$$

と表すこともできる．これらより，以下の等式が成立する：

$$G^a + G^f = \frac{L}{d}. \tag{4.13}$$

4.3 財政方式

◉――財政方式とは

年金制度では，制度の加入者が制度から脱退した際に年金または一時金の給付を行う．4.1 節で述べたとおり，多くの企業年金制度では，従業員の退職に備えて会社が保険料を支払い，積立金の運用を行い，従業員が退職したときや年金の支払時期が到来したときに積立金を取り崩して，給付の原資とする．財政方式とは，給付支払いの準備の方法，あるいは保険料の決め方のことをいう．

(1) 財政方式の意味 ①

保険料の積み立てを行っている場合，この積立金を運用することで運用収入 (利息収入) が得られる．つまり，年金または一時金の給付は保険料と利息収入によってまかなわれることとなる．財政方式の一つ目の考え方は，給付支払いのうち保険料と利息収入の割合をどうするかを決めることでもある．

「給付額」=「保険料」+「利息収入」

保険料の水準を決めるということは，保険料の支払いをいつ行うかという観点で考えることもできる．給付の支払時期に対して保険料の積み立てを早く行うことによって，早期に積立金を形成し，利息収入を大きく見込める．利息収入を大きく見込むということで，保険料を低く設定することとができる．

(2) 財政方式の意味 ②

前述のとおり保険料を決めるということは，利息収入を決めるということでもある．積立金に対する利息収入の割合 (予定利率) を一定とした場合，利息収入は積立金の大きさによって決まる．ここで，利息収入を得るために必要な，積み立てておくべき金額 (定常状態において必要な積立金の額) である「**責任準備金**」という概念が生じる．定常状態でない年金制度についても，給付現価と保険料収入現価との差額として責任準備金が計算される．

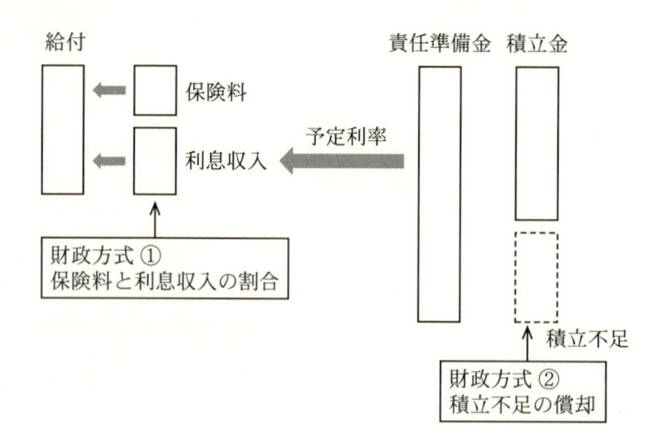

図 4.1 財政方式のイメージ図

> 「責任準備金」=「給付現価」−「保険料収入現価」

多くの年金制度では，積立金の額が責任準備金の額を下回っている．この理由としては

① 制度設立からの経過年数が短く，十分な積立金が確保されていない．
② 積立金が生み出した収益が，予定利率の水準よりも低い．

などがあげられる．

この場合，年金制度を継続するためには積立不足 (「責任準備金」−「積立金」) を解消するための追加の保険料を支払う必要がある．財政方式の二つ目の考え方は，この積立不足をどのように解消 (償却) するかということである．

●――年金制度の定常状態と極限方程式

(1) 年金制度の定常状態

年金制度が次のような状況にあるとき,「**定常状態**」という．

① 加入者および受給者の人員構成が定常状態である．(毎期の新規加入者

や制度からの脱退者，年金の受給権を新たに取得する者の人数が一定である．これより，次の②が得られる．）

② 毎年の給付額 (B) および保険料 (C) が一定である．

③ 積立不足がなく，積立金の額 (F) が一定である．(積立不足が生じないためには，積立金の収益率が予定利率 (i) とならなければいけない．なぜなら，i という収益率で利息収入が得られる前提で保険料を設定しているからである．)

(2) 極限方程式

定常状態において，期初の積立金を F とし，保険料 (C) および給付 (B) が期初に発生するものとすると，期末の積立金は

$$(1+i)\cdot(F+C-B)$$

となる．定常状態を仮定しているため，この期末の積立金が F とならなければいけない．したがって，

$$(1+i)\cdot(F+C-B)=F$$

となり，両辺を $(1+i)$ で割り整理すると

$$d\cdot F+C=B \tag{4.14}$$

が得られる．この関係式を (保険料・給付が期初払いの場合の) **極限方程式**という．極限方程式において，

$$d\cdot F=\frac{i}{1+i}\cdot F=v\cdot(F\cdot i)$$

となり，これは期末の利息収入 $(F\cdot i)$ の期初時点での評価額である．つまり，極限方程式は一年間の収支相等の関係を表している (図 4.2, 次ページ)．

また，極限方程式より，

$$\begin{aligned} &F+\frac{C}{d}=\frac{B}{d}, \\ &F+C\cdot\ddot{a}_{\infty}=B\cdot\ddot{a}_{\infty} \end{aligned} \tag{4.15}$$

となるが，左辺の第二項は保険料の収入現価を，右辺は総給付現価を表す．つ

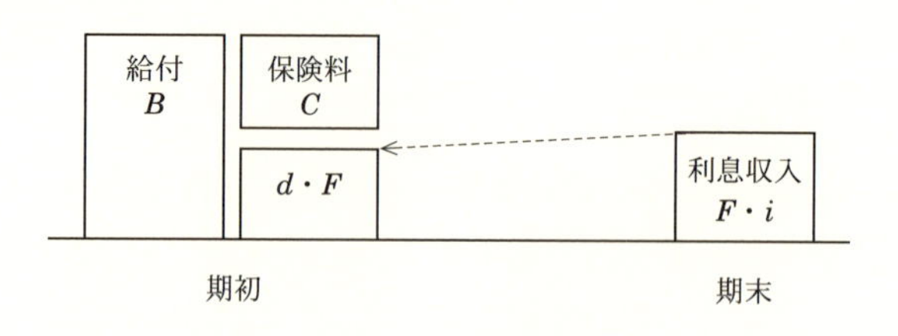

図 4.2 極限方程式

まり，この式は現在の積立金と将来の保険料収入とで，将来の給付をまかなうという長期的な収支相等を表している．さらに，保険料収入現価を左辺に移項することで，定常状態の積立金が，責任準備金 (「給付現価」−「保険料収入現価」) となることがわかる．

4.4 定常状態における財政方式の分類

◉——財政方式分類の考え方

財政方式の意味 ① の考え方に基づき，給付に対する保険料と利息収入との比率によって財政方式を決めるとすると，以下の図のように財政方式は無数にあることとなる．

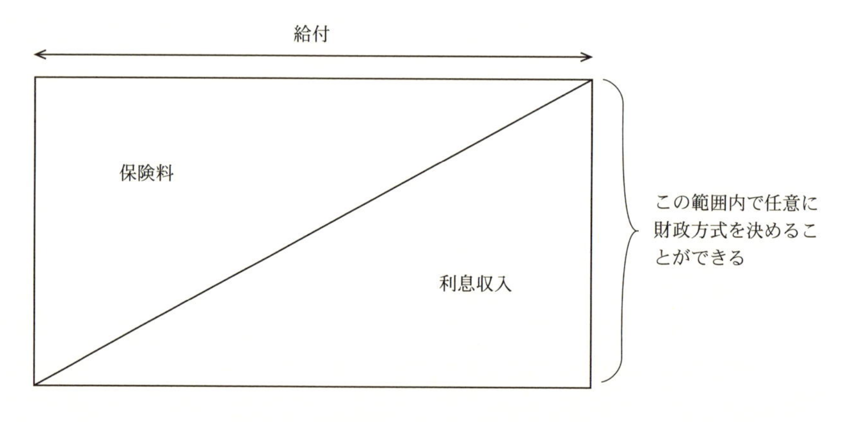

図 4.3 財政方式

そこで，保険料の支払い時期に着目して，加入者が制度に加入したときから定年退職して年金を受け取るまでの間で，いつ給付の準備を行うかという観点で，次の 6 つの財政方式を定義する．

(1) **賦課方式** (Pay-as-you-go Method)
積立金を保有せずに，年金受給者へ給付を支払うときに給付と同額の保険料を支払う財政方式．

(2) **退職時年金現価積立方式** (Terminal Funding Method)
新たに年金の受給資格を得た者について，その給付現価を保険料として積み立てる財政方式．

(3) **単位積立方式** (Unit Credit Method)
制度に加入してから脱退するまでの間に，加入期間一年分に相当する給付 (単位給付) の原資を毎年積み立てる財政方式．

(4) **平準積立方式** (Level Premium Method)
脱退したときに，脱退者の給付現価が積み立てられるように，制度に加入してから脱退するまでの間，平準な保険料を毎年積み立てる財政方式．「平準な保険料」とは，保険料を加入者一人当たり一定額にすること，または保険料が加入者の給与に比例している場合には給与に対する比率を一定にすることである．

(5) **加入時積立方式** (Initial Funding Method)
制度に加入したときに，その新規加入者の給付現価相当額を積み立てる財政方式．

(6) **完全積立方式** (Complete Funding Method)
毎年の保険料支払いを行わず，利息だけで毎期の給付をまかなう財政方式．

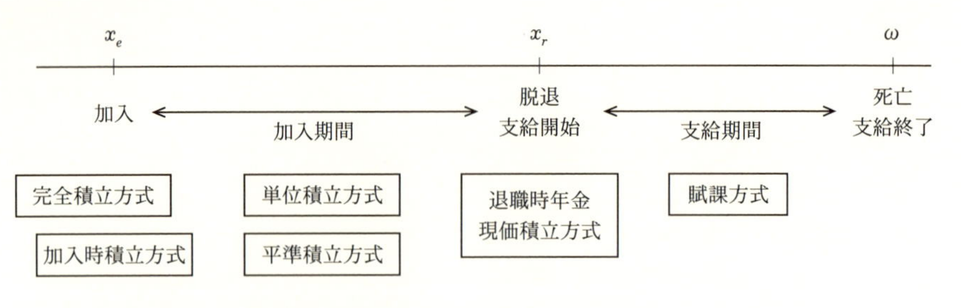

図 4.4 保険料の支払い時期と，財政方式との関係を表したイメージ

次から，Trowbridge モデルを使用して各財政方式の特徴を検証する．

なお，積立金 (F)，年間保険料額 (C) および一人当たり保険料 (P) を財政方式ごとに区分するため，左肩に財政方式を表す以下の添え字を付すものとする．

賦課方式 (P)

退職時年金現価積立方式 (T)

単位積立方式 (U)

平準積立方式 (L)

加入時積立方式 (In)

完全積立方式 (Co)

また，繰り返しになるが保険料および給付の支払いは期初に発生するとし，F は保険料および給付の支払いが行われる前の期初の積立金 (前期末の積立金と同額)，期初に年齢 x_e の加入者が新規に加入した後，保険料および給付の支

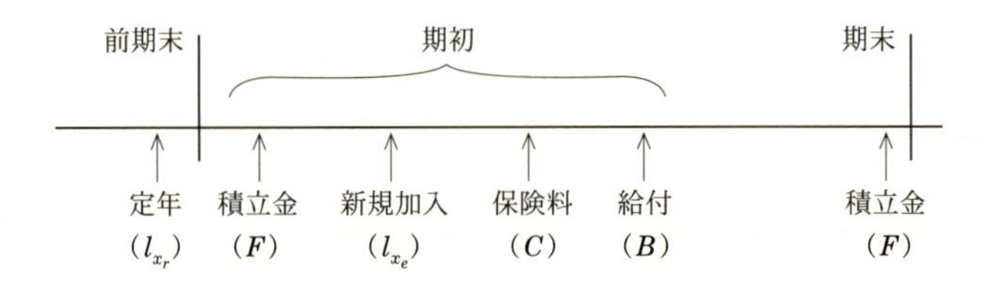

図 4.5 保険料および給付の支払い時期

払いを行うものとする.

●——賦課方式

賦課方式は，給付の支払いが発生したときに，給付と同額の保険料を支払う財政方式である．したがって，一年間の保険料は

$$ {}^{P}C = B = \sum_{x=x_r}^{\omega} l_x \tag{4.16} $$

であり，保険料支払い前の積立金は，極限方程式を利用して，

$$ {}^{P}F = \frac{B - {}^{P}C}{d} = \frac{B - B}{d} = 0 $$

となり，積立金を保有しない．また，この関係より

$$ \frac{{}^{P}C}{d} = \frac{B}{d} = S^p + S^a + S^f $$

となり，将来の保険料収入で将来の給付すべてをまかなうことを意味する．

最初に述べたように，わが国の公的年金は賦課方式に準じた財政方式で運営されており，保険料は加入者が給与に応じて負担している．仮に Trowbridge モデルで加入者が保険料を負担する場合，一人当たりの保険料は

$$ {}^{P}P = \frac{{}^{P}C}{L} = \frac{B}{L} = \frac{\displaystyle\sum_{x=x_r}^{\omega} l_x}{\displaystyle\sum_{x=x_e}^{x_r-1} l_x^{(T)}} \tag{4.17} $$

となる．これは加入者数 (現役世代) と受給者数 (引退世代) の比率を示している．よく言われるように，少子高齢化が進むと保険料の算式中の分母が減少し，分子が増加することとなるので，現役世代の負担が大きくなる．

●——退職時年金現価積立方式

退職時年金現価積立方式は，新たに発生する年金受給者の給付現価を保険料とする財政方式である．一年間に発生する受給者数は定年退職者である l_{x_r}，一人当たりの給付現価は $\ddot{a}_{x_r}$ であるため，保険料は

$$ {}^{T}C = l_{x_r} \cdot \ddot{a}_{x_r} \tag{4.18} $$

となる．この保険料による保険料収入現価は，

$$\begin{aligned}\frac{{}^{T}C}{d} &= \frac{l_{x_r}\cdot\ddot{a}_{x_r}}{d} = \ddot{a}_{\infty}\cdot l_{x_r}\cdot\ddot{a}_{x_r} \\ &= (1+v\cdot\ddot{a}_{\infty})\cdot l_{x_r}\cdot\ddot{a}_{x_r} \\ &= l_{x_r}\cdot\ddot{a}_{x_r} + \frac{v}{d}\cdot l_{x_r}\cdot\ddot{a}_{x_r}\end{aligned}$$

であり，(4.12) 式を利用して

$$\frac{{}^{T}C}{d} = {}^{T}C + (S^{a}+S^{f}) \tag{4.19}$$

と表される．したがって積立金は，

$$\begin{aligned}{}^{T}F &= \frac{B}{d} - \frac{{}^{T}C}{d} = (S^{p}+S^{a}+S^{f}) - ({}^{T}C + S^{a} + S^{f}) \\ &= S^{p} - {}^{T}C = \sum_{x=x_r+1}^{\omega} l_x\cdot\ddot{a}_x \end{aligned}\tag{4.20}$$

となる．この式は，期初に保険料 ${}^{T}C$ を支払った後の積立金は，受給者の給付現価をカバーしていることを意味する．このことより，この財政方式は「退職時」という言葉が冠されているが，当期に脱退 (退職) する者の給付現価ではなく，前期末に脱退し，当期に給付が開始する受給者の給付現価を保険料としている．

なお，(4.12) 式より，保険料と給付現価には次の関係式が得られる：

$$S^{a}+S^{f} = \frac{v}{d}\cdot {}^{T}C. \tag{4.21}$$

◉——単位積立方式

単位積立方式は，単位給付の原資を加入中の各年度に積み立てていく財政方式である．Trowbridge モデルは $(x_r - x_e)$ 年の加入を条件に年金額 1 が給付されるため，単位給付は $\dfrac{1}{x_r - x_e}$ となる．この単位給付の原資 (給付現価) を保険料とするが，年齢ごとに保険料は異なるため，x 歳の加入者一人当たりの保険料を ${}^{U}P_x$ とすると，

$$ {}^{U}P_x = \frac{1}{x_r - x_e} \cdot \frac{D_{x_r}}{D_x} \cdot \ddot{a}_{x_r} \tag{4.22} $$

となる．

$$ {}^{U}P_x = \frac{D_{x_r} \cdot \ddot{a}_{x_r}}{x_r - x_e} \cdot \frac{(1+i)^x}{l_x^{(T)}} $$

であるため，一人当たりの保険料は年齢に対して増加関数である．

年間の保険料総額は，

$$ {}^{U}C = \sum_{x=x_e}^{x_r-1} l_x^{(T)} \cdot {}^{U}P_x = \sum_{x=x_e}^{x_r-1} \frac{l_x^{(T)}}{x_r - x_e} \frac{D_{x_r}}{D_x} \cdot \ddot{a}_{x_r} \tag{4.23} $$

となる．この保険料による保険料収入現価は次のように変形できる：

$$ \begin{aligned} \frac{{}^{U}C}{d} &= \ddot{a}_\infty \cdot \sum_{x=x_e}^{x_r-1} \frac{l_x^{(T)}}{x_r - x_e} \cdot \frac{D_{x_r}}{D_x} \cdot \ddot{a}_{x_r} \\ &= \ddot{a}_\infty \cdot \sum_{x=x_e}^{x_r-1} \frac{l_{x_r} \cdot \ddot{a}_{x_r}}{x_r - x_e} \cdot v^{x_r - x} \\ &= \frac{l_{x_r} \cdot \ddot{a}_{x_r}}{x_r - x_e} \cdot \{(1 + v + v^2 + \cdots) \cdot (v + v^2 + \cdots + v^{x_r - x_e})\}. \end{aligned} $$

ここで，中カッコ内を展開すると，

$$ \begin{aligned} & v + v^2 + v^3 + \cdots + v^{x_r - x_e - 1} + v^{x_r - x_e} \\ & \quad + v^2 + v^3 + \cdots + v^{x_r - x_e - 1} + v^{x_r - x_e} + v^{x_r - x_e + 1} \\ & \quad\quad + v^3 + \cdots + v^{x_r - x_e - 1} + v^{x_r - x_e} + v^{x_r - x_e + 1} + v^{x_r - x_e + 2} \\ & \quad\quad\quad + \cdots \\ & \quad\quad\quad\quad + v^{x_r - x_e} + v^{x_r - x_e + 1} + \cdots + v^{2(x_r - x_e) - 1} \\ & \quad\quad\quad\quad\quad + v^{x_r - x_e + 1} + \cdots + v^{2(x_r - x_e)} \\ & \quad\quad\quad\quad\quad\quad + \cdots\cdots \\ & = v + 2 \cdot v^2 + 3 \cdot v^3 + \cdots + (x_r - x_e) \cdot v^{x_r - x_e} \\ & \quad + (x_r - x_e) \cdot v^{x_r - x_e} \cdot (v + v^2 + \cdots) \end{aligned} $$

$$= \sum_{x=x_e}^{x_r-1} (x_r - x) \cdot v^{x_r - x} + (x_r - x_e) \cdot \frac{v}{d} \cdot v^{x_r - x_e}$$

となる．したがって，保険料収入現価は次のようになる：

$$\begin{aligned} \frac{{}^U C}{d} &= \frac{l_{x_r} \cdot \ddot{a}_{x_r}}{x_r - x_e} \cdot \left\{ \sum_{x=x_e}^{x_r-1} (x_r - x) \cdot v^{x_r - x} + (x_r - x_e) \cdot \frac{v}{d} \cdot v^{x_r - x_e} \right\} \\ &= \sum_{x=x_e}^{x_r-1} l_{x_r} \cdot \ddot{a}_{x_r} \cdot \frac{x_r - x}{x_r - x_e} \cdot v^{x_r - x} + l_{x_r} \cdot \ddot{a}_{x_r} \cdot \frac{v}{d} \cdot v^{x_r - x_e} \\ &= \sum_{x=x_e}^{x_r-1} l_x^{(T)} \cdot \frac{x_r - x}{x_r - x_e} \cdot \frac{D_{x_r}}{D_x} \cdot \ddot{a}_{x_r} + \frac{v}{d} \cdot l_{x_e}^{(T)} \cdot \frac{D_{x_r}}{D_{x_e}} \cdot \ddot{a}_{x_r} \\ &= S_{FS}^a + S^f. \end{aligned} \tag{4.24}$$

よって，単位積立方式の定常状態における積立金は，給付現価を用いて次のように表される：

$$\begin{aligned} {}^U F &= (S^p + S^a + S^f) - (S_{FS}^a + S^f) \\ &= S^p + S_{PS}^a. \end{aligned} \tag{4.25}$$

●——平準積立方式

平準積立方式は，加入期間中の平準な保険料によって脱退後の給付をまかなう財政方式である．したがって，加入期間中の保険料収入現価と，脱退後の給付現価が収支相等するように，平準な保険料 ${}^L P$ を設定する．

加入者が制度に加入したときの収支相等を表す関係式は，

$${}^L P \times \frac{\sum_{y=x_e}^{x_r-1} D_y}{D_{x_e}} = \frac{D_{x_r}}{D_{x_e}} \cdot \ddot{a}_{x_r} \tag{4.26}$$

であるため，${}^L P$ および年間の保険料総額 ${}^L C$ は次のようになる：

$$\begin{aligned} {}^L P &= \frac{D_{x_r} \cdot \ddot{a}_{x_r}}{\sum_{x=x_e}^{x_r-1} D_x}, \\ {}^L C &= L \cdot {}^L P. \end{aligned} \tag{4.27}$$

保険料収入現価は

$$\frac{{}^{L}C}{d} = {}^{L}P \cdot \frac{L}{d} = {}^{L}P \cdot \left(G^{a} + G^{f}\right)$$

となるため，定常状態の積立金は次のように求められる：

$${}^{L}F = \left(S^{p} + S^{a} + S^{f}\right) - {}^{L}P \cdot \left(G^{a} + G^{f}\right).$$

ここで，(4.26) 式の両辺に $\dfrac{v}{d} \cdot l_{x_e}^{(T)}$ を乗じると，(4.7) 式および (4.10) 式から $S^{f} = {}^{L}P \cdot G^{f}$ の関係が得られるため，積立金は

$${}^{L}F = S^{p} + S^{a} - {}^{L}P \cdot G^{a} \tag{4.28}$$

となる．これは，受給者と加入者の給付現価から加入者の保険料収入現価を控除したものである．

さらに，(4.28) 式の加入者に係る部分を次のように変形する：

$$\begin{aligned}
S^{a} - {}^{L}P \cdot G^{a} &= \sum_{x=x_e}^{x_r-1} l_x^{(T)} \cdot \frac{D_{x_r}}{D_x} \cdot \ddot{a}_{x_r} - {}^{L}P \sum_{x=x_e}^{x_r-1} l_x^{(T)} \cdot \sum_{y=x}^{x_r-1} \frac{D_y}{D_x} \\
&= \sum_{x=x_e}^{x_r-1} \frac{l_x^{(T)}}{D_x} \cdot \left(D_{x_r} \cdot \ddot{a}_{x_r} - {}^{L}P \cdot \sum_{y=x}^{x_r-1} D_y\right) \\
&= \sum_{x=x_e}^{x_r-1} \frac{l_x^{(T)}}{D_x} \cdot \left({}^{L}P \cdot \sum_{y=x_e}^{x_r-1} D_y - {}^{L}P \cdot \sum_{y=x}^{x_r-1} D_y\right) \\
&\qquad (\because (4.27)\ \text{式より}) \\
&= \sum_{x=x_e+1}^{x_r-1} {}^{L}P \cdot l_x^{(T)} \cdot \sum_{y=x_e}^{x-1} \frac{D_y}{D_x} \\
&= \sum_{x=x_e+1}^{x_r-1} {}^{L}P \cdot \sum_{y=x_e}^{x-1} l_y^{(T)} \cdot v^{y-x} \\
&= \sum_{x=x_e+1}^{x_r-1} \sum_{y=x_e}^{x-1} l_y^{(T)} \cdot {}^{L}P \cdot (1+i)^{x-y}.
\end{aligned} \tag{4.29}$$

この式のシグマの内部は，現在 x 歳の加入員の集団に対して，y 歳 ($y \leqq x$) の期初に支払った保険料総額 (y 歳から x 歳までに制度から脱退した者の保険料を含む) を，x 歳まで予定利率 i で利息を付けたものである．つまり，(4.29) 式は，現在の加入者について加入時から支払った保険料の元利合計を意

味している．

◉——加入時積立方式

加入時積立方式は，新たに制度に加入した者の給付現価を保険料とする財政方式である．一年間に新規に加入する人数は $l_{x_e}^{(T)}$，一人当たりの給付現価は $\dfrac{D_{x_r}}{D_{x_e}} \cdot \ddot{a}_{x_r}$ であるため，一年間の保険料は，

$$ {}^{In}C = l_{x_e}^{(T)} \cdot \frac{D_{x_r}}{D_{x_e}} \cdot \ddot{a}_{x_r} \tag{4.30} $$

となる．この保険料による保険料収入現価は，

$$ \begin{aligned} \frac{{}^{In}C}{d} &= \ddot{a}_{\infty} \cdot l_{x_e}^{(T)} \cdot \frac{D_{x_r}}{D_{x_e}} \cdot \ddot{a}_{x_r} \\ &= (1 + v \cdot \ddot{a}_{\infty}) \cdot l_{x_e}^{(T)} \cdot \frac{D_{x_r}}{D_{x_e}} \cdot \ddot{a}_{x_r} \\ &= l_{x_e}^{(T)} \cdot \frac{D_{x_r}}{D_{x_e}} \cdot \ddot{a}_{x_r} + \frac{v}{d} \cdot l_{x_e}^{(T)} \cdot \frac{D_{x_r}}{D_{x_e}} \cdot \ddot{a}_{x_r} \end{aligned} $$

であり，(4.7) 式を利用して

$$ \frac{{}^{In}C}{d} = {}^{In}C + S^f \tag{4.31} $$

と表される．したがって積立金は，

$$ \begin{aligned} {}^{In}F &= \left(S^p + S^a + S^f\right) - \left({}^{In}C + S^f\right) \\ &= S^p + S^a - {}^{In}C \\ &= \sum_{x=x_r}^{\omega} l_x \cdot \ddot{a}_x + \sum_{x=x_e+1}^{x_r-1} l_x^{(T)} \cdot \frac{D_{x_r}}{D_x} \cdot \ddot{a}_{x_r} \end{aligned} \tag{4.32} $$

となる．この式は，期初に保険料 ${}^{In}C$ を支払払った後の積立金が，受給者と加入者の給付現価をカバーしていることを意味する．なお，(4.7) 式より，保険料と給付現価には次の関係式が得られる：

$$ S^f = \frac{v}{d} \cdot {}^{In}C. \tag{4.33} $$

◉——完全積立方式

完全積立方式は，保険料の支払いを行わずに，利息収入だけで給付をまかなう財政方式である．したがって，積立金および保険料は

$$ {}^{Co}C = 0, \tag{4.34} $$

$$ {}^{Co}F = S^p + S^a + S^f \tag{4.35} $$

となる．

◉——保険料と給付，積立金の関係

財政方式は，給付の財源としての保険料と利息収入との割合のことをいう．これは (4.15) 式から，将来の給付支払いに対する積立金と保険料収入との関係と言い換えることができる．図 4.6 は，平準積立方式を除く各財政方式の，積立金と保険料収入現価の割合を，給付現価と対比したものである．いずれの財政方式も，積立金と保険料収入現価は，それぞれ給付現価に対応している．

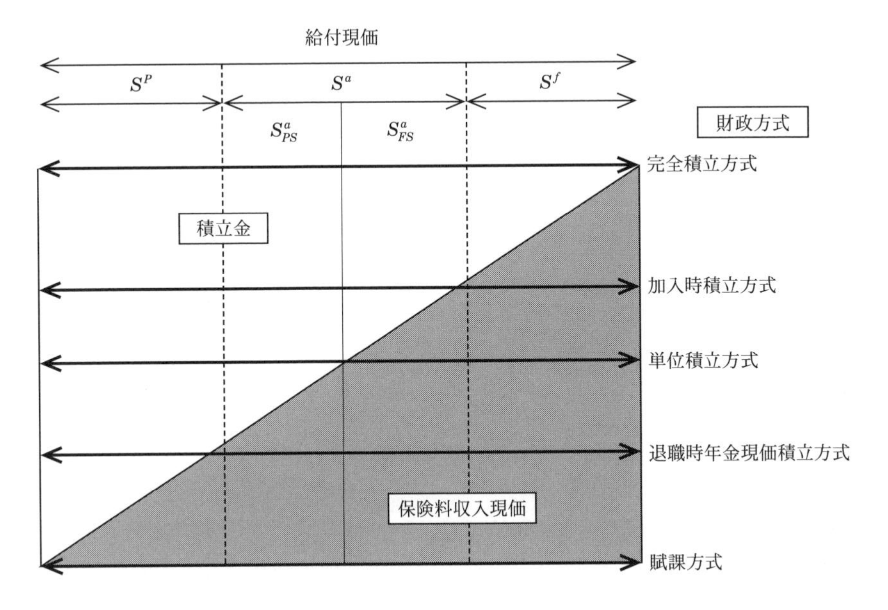

図 4.6 財政方式と給付現価の関係

ただし，加入時積立方式の積立金は受給者と加入者の給付現価の合計よりも一年分の保険料相当額 ${}^{In}C$ だけ少なく，退職時年金現価積立方式の積立金は受給者の給付現価よりも一年分の保険料相当額 ${}^{T}C$ だけ少ない．

なお，平準積立方式では，制度に加入してから脱退するまで平準的な保険料を支払うのに対して，単位積立方式の保険料は年齢に応じて増加していく．したがって平準積立方式は，単位積立方式よりも初期に多くの保険料を積み立てることになるため，積立水準は平準積立方式のほうが高い．

◉──積立金と給付現価，保険料収入現価と給付の関係のまとめ

完全積立方式：

$$ {}^{Co}F = S^p + S^a + S^f, \qquad \frac{{}^{Co}C}{d} = 0 $$

加入時積立方式：

$$ {}^{In}F = S^p + S^a - {}^{In}C, \qquad \frac{{}^{In}C}{d} = S^f + {}^{In}C $$

単位積立方式：

$$ {}^{U}F = S^p + S^a_{PS}, \qquad \frac{{}^{U}C}{d} = S^a_{FS} + S^f $$

退職時年金現価積立方式：

$$ {}^{T}F = S^p - {}^{T}C, \qquad \frac{{}^{T}C}{d} = S^a + S^f + {}^{T}C $$

賦課方式：

$$ {}^{P}F = 0, \qquad \frac{{}^{P}C}{d} = S^p + S^a + S^f $$

4.5 非定常状態における財政方式の分類

前項では，定常状態にある年金制度について，財政方式ごとに保険料と積立金の関係を検証した．このときの積立金は,「定常状態を維持するために必要な積立金」と言い換えることができ，すでに 4.3 節において「責任準備金」という言葉を与えている．責任準備金は，実際の積立金残高とは関係なく，給付現

価と保険料収入現価との差額によって計算できることもすでに述べた．

実際の積立金が責任準備金に不足しているとき，年金制度を維持・継続させていくためには積立不足の償却 (積立金を責任準備金の水準まで引上げること) を行う必要がある．具体的には，前項で述べた保険料とは別に，積立不足償却のための保険料を払って積み立て水準を引上げることが一般的に行われている．この項では，まず一般的に行われている積立不足の償却方法について最初に述べ，その後，Trowbridge モデルにおいて制度設立時に存在している積立不足の償却方法について説明する．

◉——未積立債務の償却方法

(1) 未積立債務と特別保険料

すでに，責任準備金を給付現価と保険料収入現価との差額と定義しているが，この定義の中の保険料を「定常状態における保険料」とし,「**標準保険料**」とよぶこととする．また，積立金が責任準備金を下回っている場合のその積立不足を「**未積立債務**」とよび，この未積立債務償却のため，標準保険料とは別に支払う保険料を「**特別保険料**」とよぶこととする．逆に，積立金が責任準備金を上回っている場合，その超過分を「剰余金」とよぶ．剰余金の取扱いについては，本節では省略する．

> 「責任準備金」(再定義) =「給付現価」−「標準保険料収入現価」
> 「未積立債務」=「責任準備金」−「積立金」

未積立債務は，それが発生したときに全額償却することもできるが，何年かにわたって，規則的に償却することが一般的である．償却の方法は大きく分けて「定額方式 (元利金等方式)」と「定率方式 (残高比例方式)」の二つがある．

(2) 定額方式：償却開始時点の未積立債務の一定割合，または一定額を償却する方法

この方式では，償却開始時 (特別保険料の計算時) の未積立債務 (U_0) の k 分

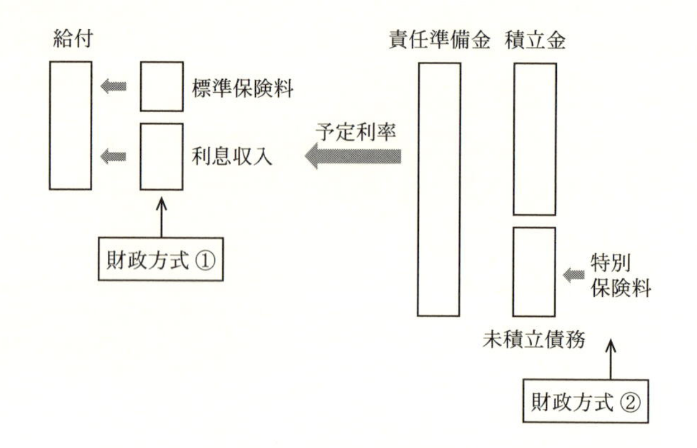

図 4.7 未積立債務の償却

の 1 ずつ，あるいは，U_0 を n 年間で，償却するように特別保険料を設定する．

k 分の 1 ずつ償却する場合，一年当たりの償却額 (特別保険料)C^{PSL} は

$$C^{PSL} = \frac{U_0}{k} \tag{4.36}$$

となり，加入者数を L，加入者の総給与を LB とした場合，一人当たりの特別保険料または，加入者の給与に対する特別保険料率は (記号はいずれも P^{PSL} とする)，

$$P^{PSL} = \frac{U_0}{k \cdot L} \quad \text{または} \quad P^{PSL} = \frac{U_0}{k \cdot LB} \tag{4.37}$$

となる．また，n 年間で元利均等償却する場合の一年当たり償却額，一人当たり保険料，給与に比例する特別保険料率は，それぞれ

$$C^{PSL} = \frac{U_0}{\ddot{a}_{\overline{n|}}},$$
$$P^{PSL} = \frac{U_0}{\ddot{a}_{\overline{n|}} \cdot L} \quad \text{または} \quad P^{PSL} = \frac{U_0}{\ddot{a}_{\overline{n|}} \cdot LB} \tag{4.38}$$

となる．

未積立債務も，時間の経過とともに価値が変動する．したがって，特別保険料を期初に支払う場合，一年経過後の未積立債務 (U_1) は，

$$U_1 = (1+i) \cdot \left(U_0 - C^{PSL}\right)$$

となる．特に元利均等償却の場合，$U_0 = C^{PSL} \cdot \ddot{a}_{\overline{n}|}$ であるため，

$$
\begin{aligned}
U_1 &= (1+i) \cdot \left(U_0 - C^{PSL}\right) \\
&= (1+i) \cdot \left(C^{PSL} \cdot \ddot{a}_{\overline{n}|} - C^{PSL}\right) \\
&= C^{PSL} \cdot \ddot{a}_{\overline{n-1}|}
\end{aligned}
$$

と表される．この算式より，未積立債務を特別保険料収入現価とよぶこともある．

(3) 定率方式：償却直前の未積立債務の一定割合を償却する方法

この方式では，償却直前の未積立債務残高の一定割合を毎期償却する．未積立債務の残高に応じて毎年の特別保険料は変動する．制度設立時の未積立債務を U_0，償却割合を r とすると，一年目の特別保険料 C_1^{PSL} は

$$
C_1^{PSL} = r \cdot U_0
$$

となる．一年後の償却前未積立債務は，

$$
U_1 = (1+i) \cdot \left(U_0 - C_1^{PSL}\right) = (1+i) \cdot (1-r) \cdot U_0
$$

であり，2 年目の特別保険料は U_1 に償却割合を乗じたものとなる．

$$
C_2^{PSL} = r \cdot U_1 = r \cdot (1+i) \cdot (1-r) \cdot U_0
$$

以下，これを繰り返し，n 年度の特別保険料 C_n^{PSL} および n 年度末の未積立債務 U_n は次の式で表される：

$$
C_n^{PSL} = r \cdot \{(1+i) \cdot (1-r)\}^{n-1} \cdot U_0, \tag{4.39}
$$

$$
U_n = \{(1+i) \cdot (1-r)\}^n \cdot U_0. \tag{4.40}
$$

◉——加入年齢方式 (特定年齢方式)

加入年齢方式は，標準保険料を平準積立方式で算定し，責任準備金 (制度設立時の未積立債務) を節の最初に述べたような方法で償却する方式である．標準保険料を ${}^{E}P$，償却期間 n 年の定額方式で未積立債務を償却する場合の，一人当たりの特別保険料を P^{PSL} とすると，

$$
{}^{E}P = {}^{L}P = \frac{D_{x_r} \cdot \ddot{a}_{x_r}}{\sum_{x=x_e}^{x_r-1} D_x},
$$

$$
P^{PSL} = \frac{U_0}{\ddot{a}_{\overline{n}|} \cdot L} = \frac{S^p + S^a - {}^{L}P \cdot G^a}{\ddot{a}_{\overline{n}|} \cdot \sum_{x=x_e}^{x_r-1} l_x^{(T)}}
$$

となる．

ここでは，制度への加入年齢を x_e 歳としているが，実際の年金制度ではいろいろな年齢で制度に加入する．加入年齢ごとに異なる標準保険料を設定することもあるが (狭義の加入年齢方式)，複数の加入年齢から標準的な加入年齢 (特定年齢) を設定し，特定年齢による標準保険料を制度全体の加入者に当てはめることが一般的である．これを「特定年齢方式」とよぶこともあるが，以下本書では特定年齢方式のことを加入年齢方式とよぶこととする．

◉――個人平準保険料方式

個人平準保険料方式は，制度設立時点の各加入者について収支相等する平準保険料を設定し，制度設立の翌年度以降に制度に加入するものについては，平準積立方式の保険料を適用する方式である．制度設立時点に x 歳である加入者の収支相等する保険料は，平準積立方式の保険料計算と同じように次の式で表される：

$$
{}^{I}P_x = \frac{D_{x_r} \cdot \ddot{a}_{x_r}}{\sum_{y=x}^{x_r-1} D_y}. \tag{4.41}
$$

なお，${}^{I}P_{x_e} = {}^{L}P$ である．制度設立一年目には，この加入者に対する保険料と，すでに定年退職して受給者となっている者に対する未積立債務を一括償却するものとすると，一年目の保険料額 (${}^{I}C_1$) は，

$$
\begin{aligned}
{}^{I}C_1 &= S^p + \sum_{x=x_e}^{x_r-1} l_x^{(T)} \cdot {}^{I}P_x \\
&= \sum_{x=x_r}^{\omega} l_x \cdot \ddot{a}_x + \sum_{x=x_e}^{x_r-1} l_x^{(T)} \cdot \frac{D_{x_r} \cdot \ddot{a}_{x_r}}{\sum_{y=x}^{x_r-1} D_y}
\end{aligned} \tag{4.42}
$$

となる．二年目以降は設立当初の加入者については設立時点の年齢に応じた保険料を支払い，設立後に新規に加入したものについては平準積立方式の保険料を適用する．第 n 年度 $(2 \leqq n \leqq x_r - x_e)$ の年間保険料は，

$$
{}^{I}C_n = \sum_{x=x_e}^{x_e+n-2} l_x^{(T)} \cdot {}^{L}P + \sum_{x=x_e+n-1}^{x_r-1} l_x^{(T)} \cdot {}^{I}P_x \tag{4.43}
$$

であり，第 $x_r - x_e + 1$ 年度以降，年間保険料は平準積立方式の保険料と一致する．

第一年度の保険料について，次のように平準積立方式の保険料とそれ以外とに区分することができる：

$$
\begin{aligned}
{}^{I}C_1 &= S^p + \sum_{x=x_e}^{x_r-1} l_x^{(T)} \cdot {}^{I}P_x \\
&= \sum_{x=x_e}^{x_r-1} l_x^{(T)} \cdot {}^{L}P + \left\{ S^p + \sum_{x=x_e}^{x_r-1} l_x^{(T)} \cdot \left({}^{I}P_x - {}^{L}P \right) \right\}.
\end{aligned}
$$

中カッコ内を「特別保険料」とみなし，特別保険料の収入現価を計算すると，

$$
\begin{aligned}
& S^p + \sum_{x=x_e}^{x_r-1} l_x^{(T)} \cdot \left\{ \sum_{y=x}^{x_r-1} \frac{D_y}{D_x} \cdot \left({}^{I}P_x - {}^{L}P \right) \right\} \\
&= S^p + \sum_{x=x_e}^{x_r-1} l_x^{(T)} \cdot \left(\sum_{y=x}^{x_r-1} \frac{D_y}{D_x} \cdot \frac{D_{x_r} \cdot \ddot{a}_{x_r}}{\sum_{z=x}^{x_r-1} D_z} - \sum_{y=x}^{x_r-1} \frac{D_y}{D_x} \cdot {}^{L}P \right) \\
&= S^p + \sum_{x=x_e}^{x_r-1} l_x^{(T)} \cdot \left(\frac{D_{x_r} \cdot \ddot{a}_{x_r}}{D_x} - \sum_{y=x}^{x_r-1} \frac{D_y}{D_x} \cdot {}^{L}P \right) \\
&= S^p + S^a - {}^{L}P \cdot G^a
\end{aligned}
$$

となり，制度設立時の平準積立方式の未積立債務と一致する．

◉——総合保険料方式

総合保険料方式は，保険料を標準保険料と特別保険料とに区分することなく，現在の加入者が支払う保険料で収支相等するように保険料を設定する財政方式である．第一年度の一人当たり保険料を ${}^{C}P_1$ とすると，

$${}^{C}P_1 \cdot G^a = S^p + S^a$$

が成立する．これより第一年度の保険料は

$${}^{C}P_1 = \frac{S^p + S^a}{G^a} \tag{4.44}$$

であり，第一年度の保険料総額 (${}^{C}C_1$) は

$${}^{C}C_1 = {}^{C}P_1 \cdot L$$

となる．制度設立時の積立金が 0 だったとすると，この保険料による一年後の積立金 ${}^{C}F_2$ は次のようになる．

$${}^{C}F_2 = (1+i) \cdot \left({}^{C}C_1 - B\right)$$

第二年度についても，収支相等するように保険料を設定するが，第二年度の期初には積立金 ${}^{C}F_2$ が存在するため，この積立金も収支相等に考慮して保険料を計算する．

つまり，

$${}^{C}P_2 \cdot G^a + {}^{C}F_2 = S^p + S^a$$

となり，第二年度の保険料はつぎのようになる．

$${}^{C}P_2 = \frac{S^p + S^a - {}^{C}F_2}{G^a}$$

これを繰り返し，第 n 年度期初の積立金を ${}^{C}F_n$，一人当たり保険料，年間保険料総額をそれぞれ ${}^{C}P_n$, ${}^{C}C_n$ とおくと，以下の関係式が成立する：

$${}^{C}P_n = \frac{S^p + S^a - {}^{C}F_n}{G^a}, \tag{4.45}$$

$${}^{C}C_n = {}^{C}P_n \cdot L, \tag{4.46}$$

$${}^{C}F_{n+1} = (1+i) \cdot \left({}^{C}F_n + {}^{C}C_n - B\right). \tag{4.47}$$

${}^{C}P_n$ および ${}^{C}C_n$ の関係式を ${}^{C}F_n$ の漸化式に代入して整理する：

$${}^{C}F_{n+1} = (1+i) \cdot \left({}^{C}F_n + \frac{S^p + S^a - {}^{C}F_n}{G^a} \cdot L - B\right)$$

$$= (1+i)\cdot\left(1-\frac{L}{G^a}\right)\cdot {}^{C}F_n + (1+i)\cdot\left(\frac{S^p+S^a}{G^a}\cdot L - B\right), \tag{4.48}$$

この漸化式の ${}^{C}F_n$ の項について，

$$\begin{aligned}(1+i)\cdot\left(1-\frac{L}{G^a}\right) &= \frac{1}{v}\cdot\left\{1-\frac{d\cdot(G^a+G^f)}{G^a}\right\}\\ &= \frac{1}{v}\cdot\left(1-d-\frac{d\cdot G^f}{G^a}\right) = 1-\frac{d\cdot G^f}{v\cdot G^a} < 1,\end{aligned}$$

また $L < G^a$ より，

$$(1+i)\cdot\left(1-\frac{L}{G^a}\right) > 0$$

となるので，${}^{C}F_n$ は収束する．この収束値を K とおき，K を求める．

$$K = (1+i)\cdot\left(1-\frac{L}{G^a}\right)\cdot K + (1+i)\cdot\left(\frac{S^p+S^a}{G^a}\cdot L - B\right)$$

両辺に $v\cdot G^a$ を乗じたあとで整理する：

$$\begin{aligned}K\cdot v\cdot G^a &= (G^a-L)\cdot K + (S^p+S^a)\cdot L - B\cdot G^a,\\ K &= \frac{(S^p+S^a)\cdot L - B\cdot G^a}{L-G^a+v\cdot G^a}\\ &= \frac{(S^p+S^a)\cdot d\cdot(G^a+G^f) - d\cdot(S^p+S^a+S^f)\cdot G^a}{d\cdot(G^a+G^f)-d\cdot G^a}\\ &= \frac{(S^p+S^a)\cdot G^f - S^f\cdot G^a}{G^f}\\ &= (S^p+S^a) - \frac{S^f}{G^f}\cdot G^a\\ &= (S^p+S^a) - {}^{L}P\cdot G^a.\end{aligned}$$

つまり，総合保険料方式の積立金は平準積立方式の積立金に収束することがわかる．このとき，一人当たり保険料の算式に積立金の収束値を代入すると，

$$\begin{aligned}{}^{C}P_n &\to \frac{S^p+S^a-K}{G^a}\\ &= \frac{S^p+S^a-(S^p+S^a-{}^{L}P\cdot G^a)}{G^a} = {}^{L}P\end{aligned}$$

となり，一人当たり保険料も平準積立方式に収束する．

◉——到達年齢方式

到達年齢方式は，制度設立以降の加入期間に関わる給付と，現在の加入者が支払う保険料とで収支相等するような標準保険料を設定し，制度設立前の期間に関わる給付は別途特別保険料でまかなう財政方式である．

制度設立以降の加入期間に関わる給付とは，制度設立時点における加入者の将来期間分の給付である．したがって，到達年齢方式の第一年度の一人当たり標準保険料 ${}^{A}P_1$ は，

$$ {}^{A}P_1 = \frac{S^a_{FS}}{G^a} \tag{4.49} $$

である．この標準保険料による制度設立時点の未積立債務は，

$$ S^p + S^a - {}^{A}P_1 \cdot G^a = S^p + S^a_{PS} $$

であり，この未積立債務に対して特別掛金を設定して償却を行う．

第 n 年度期初の積立金を ${}^{A}F_n$，一人当たりの標準保険料と年間の標準保険料額をそれぞれ ${}^{A}P_n$, ${}^{A}C_n$，第 n 年度期初の未積立債務残高と第 n 年度の特別保険料をそれぞれ U_n , C_n^{PSL} とする．

制度設立時の未積立債務は特別保険料でまかなうため，U_n を特別保険料収入現価と考えると収支相等の関係式は，

$$ {}^{A}P_n \cdot G^a + {}^{A}F_n + U_n = S^p + S^a $$

となる．したがって以下の関係式が成り立つ：

$$ {}^{A}P_n = \frac{S^p + S^a - U_n - {}^{A}F_n}{G^a}, \tag{4.50} $$

$$ {}^{A}C_n = {}^{A}P_n \cdot L, \tag{4.51} $$

$$ {}^{A}F_{n+1} = (1+i) \cdot \left({}^{A}F_n + {}^{A}C_n + C_n^{PSL} - B \right), \tag{4.52} $$

$$ U_{n+1} = (1+i) \cdot \left(U_n - C_n^{PSL} \right). \tag{4.53} $$

式 (4.52), (4.53) の両辺を足すと，

$$ {}^{A}F_{n+1} + U_{n+1} = (1+i) \cdot \left({}^{A}F_n + U_n + {}^{A}C_n - B \right) $$

となる．ここで，${}^{A}V_n = {}^{A}F_n + U_n$ とすると，4 つの関係式は次のように整理できる：

$$
\begin{aligned}
{}^{A}P_n &= \frac{S^p + S^a - {}^{A}V_n}{G^a}, \\
{}^{A}C_n &= {}^{A}P_n \cdot L, \\
{}^{A}V_{n+1} &= (1+i) \cdot \left({}^{A}V_n + {}^{A}C_n - B\right).
\end{aligned}
$$

これらの関係式は，式 (4.45) から式 (4.47) で，${}^{C}F_n$ を ${}^{A}V_n$ に置き換えたものである．したがって，${}^{A}P_n$ は ${}^{L}P$ に収束し，${}^{A}V_n(= {}^{A}F_n + U_n)$ は ${}^{L}F$ に収束する．未積立債務は別途特別保険料で償却しているため，償却が終了したとき，つまり $U_n = 0$ となったとき，${}^{A}V_n = {}^{A}F_n$ となり，到達年齢方式の積立金は平準積立方式の積立金に収束する．

●——定常状態までのイメージ

以上に述べた 4 つの財政方式では，積立金および保険料は平準積立方式の財政方式に収束していた．制度設立当初は平準積立方式の保険料よりも多くの保険料を支払い，積立金を形成して，未積立債務を償却するのである．

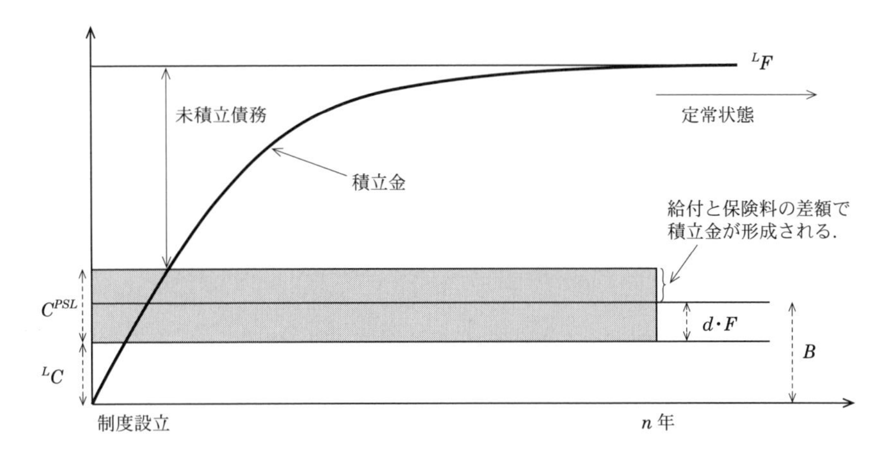

図 4.8　加入年齢方式 (未積立債務は n 年均等償却の場合) のイメージ

4.6 開放型の財政方式

◉——閉鎖型 (Closed) と開放型 (Open)

(1) 「閉鎖型」

前節で述べた 4 つの財政方式で共通していることは，保険料の計算について現在の加入者および受給者を対象としているところである．加入年齢方式では加入者と受給者を対象とした未積立債務を計算し，総合保険料方式では現在の加入者の加入期間中に収支相等するような保険料を設定する．このように，保険料計算に将来加入者を見込まない財政方式を,「閉鎖型」の財政方式という．

(2) 「開放型」

一方，保険料計算に将来加入者を見込む財政方式を,「開放型」の財政方式という．

◉——開放型総合保険料方式

開放型総合保険料方式は，制度設立当初から定常状態の保険料によって収支相等させる財政方式である．つまり，制度設立時点で将来加入者を考慮して，以下の収支相等の関係

「定常状態の保険料収入現価」=「給付現価 (S_1^*)」

が成立するように，保険料を計算する．

定常状態の一人当たりの保険料を ${}^O P$ とすると，上式の左辺は以下の式で表される：

$${}^O P \cdot L \cdot \ddot{a}_\infty = {}^O P \cdot \frac{L}{d} = {}^O P \cdot \left(G^a + G^f\right).$$

これを用いて，開放型総合保険料方式の一人当たり保険料は，

$${}^O P = \frac{S_1^*}{G^a + G^f} \tag{4.54}$$

となる．この式の分子は，制度設立時点の将来加入者を考慮した給付現価である．4.5 節では，制度設立前に x_r 歳を超えている者や，制度設立時の加入者についても年金額 1 を支払うことを前提としていた．開放型総合保険料方式で

は，これらの者への給付をどう取り扱うか，つまり，S_1^* をどのように見込むかによって保険料の水準が異なってくる．

また，給付の取り扱いを決めることによって，制度設立以降の毎年の給付支払額が決まる．Trowbridge モデルにおいて，制度設立後の最初の年度を第 1 年度とした場合の第 k 年度の給付を，

$$B_k \ \left(k = 1, 2, \cdots, \text{かつ，ある年度以降は } B_k = B = \sum_{x=x_r}^{\omega} l_x\right)$$

とすると，制度設立時の給付現価は，

$$S_1^* = \sum_{k=1}^{\infty} v^{k-1} \cdot B_k \tag{4.55}$$

となる．一人当たり保険料を ${}^{O}P$ とすると，制度設立時の収支相等を表す式は

$$\sum_{k=1}^{\infty} v^{k-1} \cdot \left({}^{O}P \cdot L\right) = \sum_{k=1}^{\infty} v^{k-1} \cdot B_k$$

となる．ここで，ある $n\ (>1)$ を用いて上式を変形すると，

$$\begin{aligned}
&\sum_{k=1}^{n-1} v^{k-1} \cdot \left({}^{O}P \cdot L\right) + \sum_{k=n}^{\infty} v^{k-1} \cdot \left({}^{O}P \cdot L\right) \\
&\quad = \sum_{k=1}^{n-1} v^{k-1} \cdot B_k + \sum_{k=n}^{\infty} v^{k-1} \cdot B_k
\end{aligned}$$

となり，さらに，両辺に $(1+i)^{n-1}$ を乗じて，右辺第一項を左辺へ移項すると以下のように関係式が整理できる：

$$\begin{aligned}
&\sum_{k=1}^{n-1} (1+i)^{n-k} \cdot \left\{\left({}^{O}P \cdot L\right) - B_k\right\} + \sum_{k=n}^{\infty} v^{k-n} \cdot \left({}^{O}P \cdot L\right) \\
&\quad = \sum_{k=n}^{\infty} v^{k-n} \cdot B_k.
\end{aligned} \tag{4.56}$$

左辺第一項は，第 $n-1$ 年度までに支払った「保険料－給付」の元利合計，つまり第 n 年度の期初における積立金であり，左辺第二項および右辺は第 n 年度の期初における保険料収入現価および給付現価 (S_n^*) である．したがって，この式は第 n 年度の期初においても，制度設立時に計算した保険料 ${}^{O}P$ で収支相等していることを表している．よって，第 n 年度期初の積立金を ${}^{O}F_n$ と

すると，保険料は，

$$ {}^{O}P = \frac{S_n^* - {}^{O}F_n}{L \cdot \ddot{a}_\infty} = \frac{S_n^* - {}^{O}F_n}{G^a + G^f} \tag{4.57} $$

とも表される．年金額が定常状態 (B) に達したとき，

$$ S_k^* = S^p + S^a + S^f = \frac{B}{d} $$

となるため，(4.57) 式にこれを代入すると，

$$ {}^{O}P = \frac{\dfrac{B}{d} - {}^{O}F_n}{\dfrac{L}{d}} = \frac{B - d \cdot {}^{O}F_n}{L} \tag{4.58} $$

となる．さらに，${}^{O}C = {}^{O}P \cdot L$ (一年間の保険料総額) とすると，${}^{O}F_n$ によって極限方程式

$$ d \cdot {}^{O}F_n + {}^{O}C = B $$

が成立していることがわかる．

以下，制度設立時の給付の取扱に応じた，保険料および定常状態の積立金 ${}^{O}F$ を検証する．

(1) 制度設立時にすでに退職している者，制度設立時の加入者すべてに年金を給付する場合

$$ {}^{O}P = \frac{S^p + S^a + S^f}{G^a + G^f} = \frac{\left(\dfrac{B}{d}\right)}{\left(\dfrac{L}{d}\right)} = \frac{B}{L}, $$

$$ {}^{O}C = {}^{O}P \cdot L = B. $$

これは，賦課方式の保険料と一致する．定常状態の積立金についても，賦課方式と同様に ${}^{O}F = 0$ となる．

(2) 制度設立時にすでに退職している者には給付を行わないが，制度設立時の加入者には 1 の年金を支給する場合

$$
{}^{O}P = \frac{S^a + S^f}{G^a + G^f} = \frac{\left(\dfrac{v}{d} \cdot l_{x_r} \cdot \ddot{a}_{x_r}\right)}{\left(\dfrac{L}{d}\right)} = \frac{v \cdot l_{x_r} \cdot \ddot{a}_{x_r}}{L},
$$

$$
{}^{O}C = {}^{O}P \cdot L = v \cdot l_{x_r} \cdot \ddot{a}_{x_r} = v \cdot {}^{T}C.
$$

一年当たりの保険料は，退職時年金現価積立方式の保険料を一年分割り引いたものとなっている．これは，制度導入後，翌年度の期初から年金の支給が開始する者の年金現価を，制度導入時の期初から毎期保険料として毎年支払うことで，保険料の平準化を実現しているからである．定常状態の積立金は，極限方程式を用いて，

$$
\begin{aligned}
{}^{O}F &= \frac{B}{d} - \frac{{}^{O}C}{d} = S^p + S^a + S^f - \frac{v}{d} \cdot l_{x_r} \cdot \ddot{a}_{x_r} \\
&= S^p
\end{aligned}
$$

となる．

(3) 制度設立時にすでに退職している者には給付を行わず，制度設立時の加入者には制度への実加入期間に対応した年金額を支給する場合

制度設立時に x 歳である加入者について，制度への実加入期間 $(x_r - x)$ に対応した年金額を $\dfrac{x_r - x}{x_r - x_e}$ とする．これは将来期間の給付と同じなので，制度設立時の給付現価は加入者の将来期間分の給付現価と，将来加入者の給付現価の合計である：

$$
{}^{O}P = \frac{S^a_{FS} + S^f}{G^a + G^f} = \frac{\left(\dfrac{{}^{U}C}{d}\right)}{\left(\dfrac{L}{d}\right)} = \frac{{}^{U}C}{L},
$$

$$
{}^{O}C = {}^{O}P \cdot L = {}^{U}C.
$$

これは，単位積立方式の保険料と一致する．定常状態の積立金についても，単位積立方式と同様に ${}^{O}F = S^p + S^a_{PS}$ となる．

(4) 制度設立以降，新たに制度に加入する者だけを給付の対象とする場合

$$
{}^{O}P = \frac{S^f}{G^a + G^f} = \frac{\left(\dfrac{v}{d} \cdot l_{x_e} \cdot \dfrac{D_{x_r}}{D_{x_e}} \cdot \ddot{a}_{x_r}\right)}{\left(\dfrac{L}{d}\right)} = \frac{v}{L} \cdot l_{x_e} \cdot \frac{D_{x_r}}{D_{x_e}} \cdot \ddot{a}_{x_r},
$$

$$
{}^{O}C = {}^{O}P \cdot L = v \cdot l_{x_e} \cdot \frac{D_{x_r}}{D_{x_e}} \cdot \ddot{a}_{x_r} = v \cdot {}^{In}C.
$$

一年当たりの保険料は，加入時積立方式の保険料を一年分割り引いたものとなっている．これは，制度導入後，翌年度から制度に加入する者の給付現価を，一年前の制度導入時の期初から毎期保険料として毎年支払うことで，保険料の平準化を実現しているからである．定常状態の積立金は，極限方程式を用いて，

$$
\begin{aligned}
{}^{O}F &= \frac{B}{d} - \frac{{}^{O}C}{d} = S^p + S^a + S^f - \frac{v}{d} \cdot l_{x_e} \cdot \frac{D_{x_r}}{D_{x_e}} \cdot \ddot{a}_{x_r} \\
&= S^p + S^a
\end{aligned}
$$

となる．

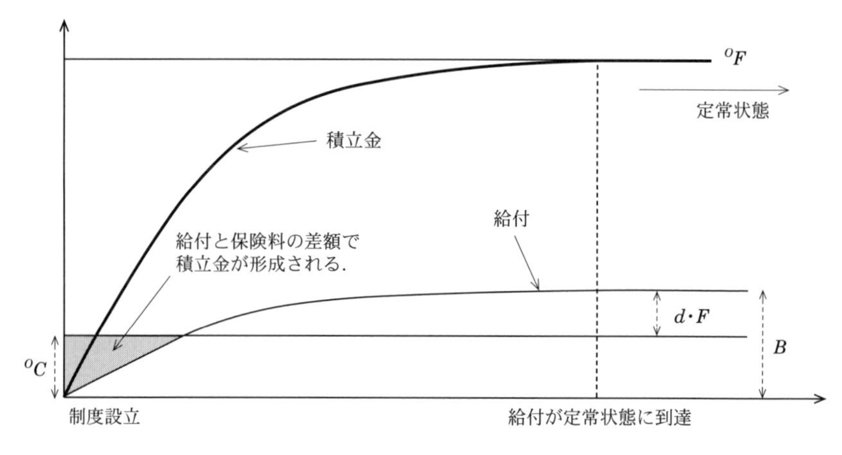

図 4.9　開放型総合保険料方式のイメージ ((1) の場合，制度設立時から ${}^{O}C = B$ となるため，二つの線は一致し，積立金が形成されない．)

●――開放型総合保険料方式の保険料自動改訂機能と，その問題点

開放型総合保険料方式を採用し，積立金 ${}^{O}F$，一人当たり保険料 ${}^{O}P$ で定常

状態にある年金制度において，ある年度の期初に，加入者および受給者の人員構成に変動なく，積立金だけが ${}^{O}F - \Delta F$ に減少したとする．開放型総合保険料方式の保険料は，(4.58) 式で与えられるため，積立金が減少した後の保険料 ${}^{O}P'$ は次のようになる：

$$
\begin{aligned}
{}^{O}P' &= \frac{B - d \cdot ({}^{O}F - \Delta F)}{L} \\
&= {}^{O}P + \frac{d \cdot \Delta F}{L}.
\end{aligned}
$$

一年当たりの保険料は定常状態よりも $d \cdot \Delta F$ だけ増加するが，$d \cdot \Delta F = \dfrac{\Delta F}{\ddot{a}_{\infty}}$ となることから，積立金の減少により発生した未積立債務 ΔF を，永久償却するような特別保険料を追加で支払うことを意味している．この新しい保険料を支払い，積立金の収益率が予定利率どおり i となった場合の，期末の積立金は，

$$
\begin{aligned}
&(1+i) \cdot \left\{ \left({}^{O}F - \Delta F\right) + L \cdot {}^{O}P' - B \right\} \\
&\quad = (1+i) \cdot \left\{ \left({}^{O}F - \Delta F\right) + \left(L \cdot {}^{O}P + d \cdot \Delta F\right) - B \right\} \\
&\quad = (1+i) \cdot \left\{ \left({}^{O}F + L \cdot {}^{O}P - B\right) - (\Delta F - d \cdot \Delta F) \right\} \\
&\quad = F - \Delta F
\end{aligned}
$$

となる．これからわかるとおり，開放型総合保険料方式では保険料の見直しを行ったとしても，積立金の額は変動せず，定常状態の積立金額を下回ったままであるということである.「永久償却」では未積立債務の利息相当額 $i \cdot \Delta F$ が償却されるというだけで，元本である ΔF は償却されず，積立水準が回復することはない．仮に，給付支払額が定常状態 (B) の状態で積立金が 0 となった場合，${}^{O}P' = \dfrac{B}{L}$，つまり賦課方式でそれ以降の財政運営を続けていくこととなる．

◉——開放基金方式

開放基金方式は，開放型総合保険料方式と同様に将来加入者を見込んで保険料を計算するが，上で述べた開放型総合保険料方式の問題点を回避し，積立水

準の低下に一定の歯止めを設ける財政方式である．

まず，標準保険料 $({}^{OAN}P)$ を，将来期間に対応した保険料として，次のように設定する：

$$ {}^{OAN}P = \frac{S^a_{FS} + S^f}{G^a + G^f}. $$

(4.24) 式などを用いると，この一人当たり保険料による年間保険料は単位積立方式の保険料と一致する．給付額が定常状態であるとき，この標準保険料で計算した責任準備金 ${}^{OAN}V$ は，

$$ {}^{OAN}V = S^p + S^a_{PS} $$

である．積立金 (F) が ${}^{OAN}V$ を下回っている場合は，未積立債務を有限期間で償却し，上回っている場合は，超過額で標準保険料を調整して収支相等する保険料を設定する．

(1) $F < {}^{OAN}V$ の場合

${}^{OAN}V - F$ について，特別掛金で償却する．

(2) $F \geqq {}^{OAN}V$ の場合

$$ \frac{F - {}^{OAN}V}{G^a + G^f} $$

で，標準保険料を調整する．このとき，調整後の収支相等する保険料は

$$ \begin{aligned} {}^{OAN}P - \frac{F - {}^{OAN}V}{G^a + G^f} &= \frac{S^a_{FS} + S^f}{G^a + G^f} - \frac{F - (S^p + S^a_{PS})}{G^a + G^f} \\ &= \frac{S^p + S^a + S^f - F}{G^a + G^f} \end{aligned} $$

となり，これは開放型総合保険料方式の保険料と同じ算式である．

◉——開放基金方式の標準保険料の検証

すでに述べたとおり，定常状態における開放基金方式による年間の標準保険料は単位積立方式と一致する．したがって，

$$^{OAN}P \cdot L = {}^{OAN}C = {}^{U}C = \sum_{x=x_e}^{x_r-1} l_x^{(T)} \cdot {}^{U}P_x,$$

$$^{OAN}P = \frac{\displaystyle\sum_{x=x_e}^{x_r-1} l_x^{(T)} \cdot {}^{U}P_x}{\displaystyle\sum_{x=x_e}^{x_r-1} l_x^{(T)}}$$

となり，開放基金方式の標準保険料は，単位積立方式の年齢ごとの保険料の，加入者数による加重平均で表されることがわかる．

また，加入者の年齢 x に応じた，将来加入期間に対応した平準保険料 $^{a}P_x$ を次のように定義する：

$$^{a}P_x = \frac{x_r - x}{x_r - x_e} \cdot \frac{D_{x_r} \cdot \ddot{a}_{x_r}}{\displaystyle\sum_{y=x}^{x_r-1} D_y}. \tag{4.59}$$

明らかに，$^{a}P_{x_e} = {}^{L}P$ かつ，$^{a}P_{x_r-1} = {}^{U}P_{x_r-1}$ となる．ここで，

$$\frac{x_r - x}{x_r - x_e} \cdot D_{x_r} \cdot \ddot{a}_{x_r} = {}^{a}P_x \cdot \sum_{y=x}^{x_r-1} D_y$$

を，開放基金方式の標準保険料の定義式に代入する：

$$^{OAN}P = \frac{\displaystyle\sum_{x=x_e}^{x_r-1} l_x^{(T)} \cdot \frac{x_r - x}{x_r - x_e} \cdot \frac{D_{x_r}}{D_x} \cdot \ddot{a}_{x_r} + \frac{v}{d} \cdot l_{x_e}^{(T)} \cdot \frac{D_{x_r}}{D_{x_e}} \cdot \ddot{a}_{x_r}}{\displaystyle\sum_{x=x_e}^{x_r-1} l_x^{(T)} \cdot \sum_{y=x}^{x_r-1} \frac{D_y}{D_x} + \frac{v}{d} \cdot l_{x_e}^{(T)} \cdot \sum_{x=x_e}^{x_r-1} \frac{D_x}{D_{x_e}}}$$

$$= \frac{\displaystyle\sum_{x=x_e}^{x_r-1} l_x^{(T)} \cdot {}^{a}P_x \cdot \frac{\displaystyle\sum_{y=x}^{x_r-1} D_y}{D_x} + \frac{v}{d} \cdot l_{x_e}^{(T)} \cdot {}^{a}P_{x_e} \cdot \frac{\displaystyle\sum_{y=x_e}^{x_r-1} D_y}{D_{x_e}}}{\displaystyle\sum_{x=x_e}^{x_r-1} l_x^{(T)} \cdot \sum_{y=x}^{x_r-1} \frac{D_y}{D_x} + \frac{v}{d} \cdot l_{x_e}^{(T)} \cdot \sum_{x=x_e}^{x_r-1} \frac{D_x}{D_{x_e}}}$$

$$= \frac{\displaystyle\sum_{x=x_e+1}^{x_r-1} {}^{a}P_x \cdot \left(l_x^{(T)} \cdot \sum_{y=x}^{x_r-1} \frac{D_y}{D_x} \right) + {}^{a}P_{x_e} \cdot \left\{ \left(\frac{v}{d} + 1 \right) \cdot l_{x_e}^{(T)} \cdot \sum_{x=x_e}^{x_r-1} \frac{D_x}{D_{x_e}} \right\}}{\displaystyle\sum_{x=x_e+1}^{x_r-1} l_x^{(T)} \cdot \sum_{y=x}^{x_r-1} \frac{D_y}{D_x} + \left(\frac{v}{d} + 1 \right) \cdot l_{x_e}^{(T)} \cdot \sum_{x=x_e}^{x_r-1} \frac{D_x}{D_{x_e}}}.$$

この式は，開放基金方式の標準保険料が，${}^{a}P_x$ の加重平均の形で表されることを表している．${}^{a}P_x$ は増加関数であるため (章末問題としている)，${}^{L}P = {}^{a}P_{x_e} < {}^{OAN}P$ となり，開放基金方式の標準保険料は，平準積立方式の保険料より大きいことがわかる．

4.7 年金制度の財政運営

●——年金制度の財政

年金制度の責任準備金に対する積立金の割合，または積立不足や積立超過の状況を，財政状況という．一般企業などと同様に年金制度でも毎年決算を行い，年金制度の財政状況の検証を行う．

(1) 貸借対照表 (Balance Sheet, B/S)

貸借対照表はある時点における年金制度の財政状況を表す．企業会計と同様に貸方 (表の右側) に負債としての責任準備金を計上し，借方 (表の左側) に資産としての積立金を計上する．その差が未積立債務または積立超過 (剰余金) となる．企業会計では累積損失は貸方にマイナスで表示されるが，企業年金制度の貸借対照表では未積立債務は借方に，積立超過は貸方にそれぞれプラスで表示されることが多い．

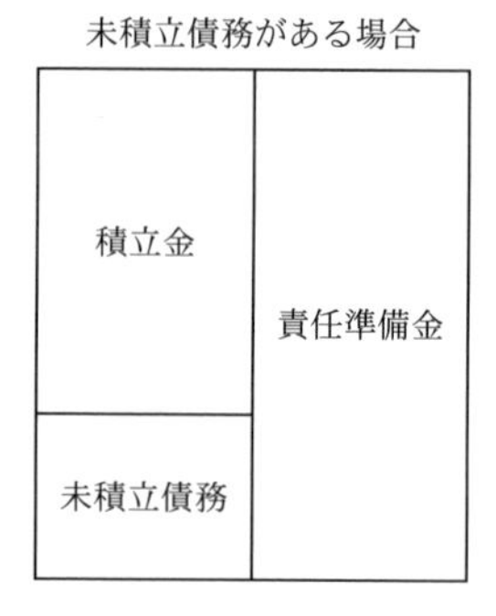

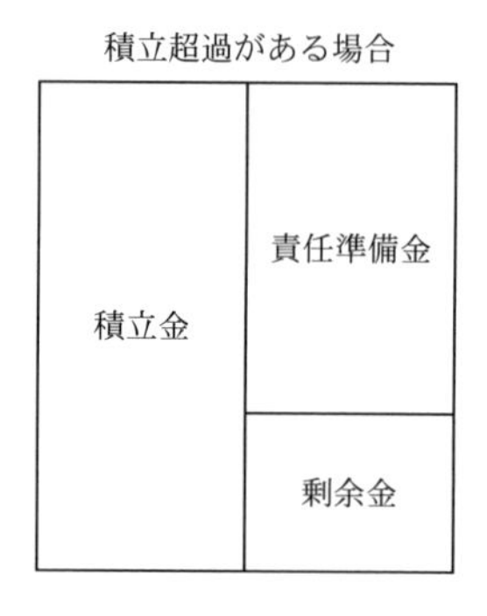

図 4.10 貸借対照表

(2) 損益計算書 (Profit and Loss, P/L)

一年間の財政状況の変動を表す表で，保険料および利息収入を年金財政上の収入とし，給付支払および責任準備金の増加を支出として，一年間の損益を計算する．収入から支出を引いた金額が正のとき，期初の未積立債務 (剰余金) は減少 (増加) する．このことは，次のように確認できる．

F_0, V_0, U_0：当期初の積立金，責任準備金，未積立債務

F_1, V_1, U_1：翌期初の積立金，責任準備金，未積立債務

$C, I, B, \Delta V$：当期中の保険料，利息収入，給付支払，責任準備金増加

とする．

$$F_1 = F_0 + C + I - B, \qquad V_1 = V_0 + \Delta V$$

より，

$$V_1 - F_1 = V_0 + \Delta V - (F_0 + C + I - B),$$
$$U_1 = U_0 + \Delta V - C - I + B,$$
$$U_0 - U_1 = (C + I) - (B + \Delta V).$$

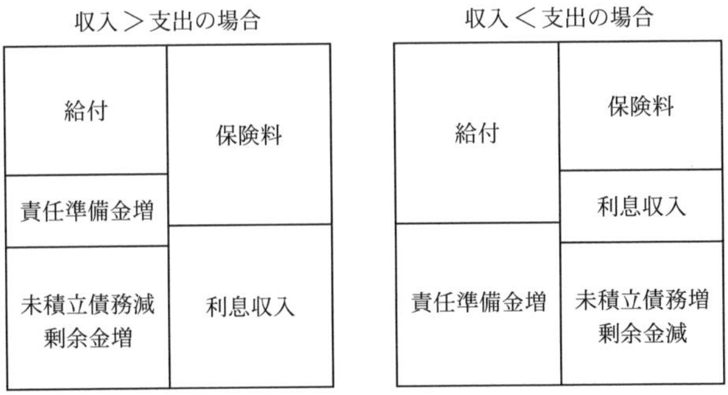

収入＞支出の場合

給付	保険料
責任準備金増	
未積立債務減 剰余金増	利息収入

収入＜支出の場合

給付	保険料
	利息収入
責任準備金増	未積立債務増 剰余金減

図 **4.11**　損益計算書

◉——定常状態における責任準備金の変動要因

定常状態にある Trowbridge モデルについて，責任準備金の変動要因 (ΔV) を検証する．

(1) 受給者の給付現価

当期初に x 歳 $(x \geqq x_r)$ である集団の給付現価は，当期の一年間で $l_x \cdot \ddot{a}_x$ から $l_{x+1} \cdot \ddot{a}_{x+1}$ へ変動するため，その差は，

$$
\begin{aligned}
& l_{x+1} \cdot \ddot{a}_{x+1} - l_x \cdot \ddot{a}_x \\
& = l_{x+1} \cdot \frac{\sum_{y=x+1}^{\omega} D_y}{D_{x+1}} - l_x \cdot \frac{\sum_{y=x}^{\omega} D_y}{D_x} \\
& = (1+i) \cdot l_x \cdot \frac{\left(\sum_{y=x}^{\omega} D_y - D_x\right)}{D_x} - l_x \cdot \frac{\sum_{y=x}^{\omega} D_y}{D_x} \\
& = i \cdot l_x \cdot \frac{\sum_{y=x}^{\omega} D_y}{D_x} - (1+i) \cdot l_x \\
& = i \cdot (l_x \cdot \ddot{a}_x) - (1+i) \cdot l_x
\end{aligned}
$$

となる．つまり受給者の給付現価は，一年間で期初の給付現価の予定利率相当分が増加し，給付の支払い額に予定利率で付利したものが減少する．

(2) 加入者の給付現価

当期初に x 歳 $(x_e \leqq x \leqq x_r - 1)$ である者の給付現価は，当期の一年間で $l_x^{(T)} \cdot \frac{D_{x_r}}{D_x} \cdot \ddot{a}_{x_r}$ から $l_{x+1}^{(T)} \cdot \frac{D_{x_r}}{D_{x+1}} \cdot \ddot{a}_{x_r}$ へ変動するため，その差は，

$$
\begin{aligned}
& l_{x+1}^{(T)} \cdot \frac{D_{x_r}}{D_{x+1}} \cdot \ddot{a}_{x_r} - l_x^{(T)} \cdot \frac{D_{x_r}}{D_x} \cdot \ddot{a}_{x_r} \\
& = (1+i) \cdot l_x^{(T)} \cdot \frac{D_{x_r}}{D_x} \cdot \ddot{a}_{x_r} - l_x^{(T)} \cdot \frac{D_{x_r}}{D_x} \cdot \ddot{a}_{x_r} \\
& = i \cdot l_x^{(T)} \cdot \frac{D_{x_r}}{D_x} \cdot \ddot{a}_{x_r}
\end{aligned}
$$

となる．これは，加入者の給付現価が期初の給付現価の予定利率相当分増加することを表している．

(3) 加入者の人数現価

当期初に x 歳 $(x_e \leqq x < x_r - 1)$ である者の人数現価は，当期の一年間で $l_x^{(T)} \cdot \dfrac{\sum_{y=x}^{x_r-1} D_y}{D_x}$ から $l_{x+1}^{(T)} \cdot \dfrac{\sum_{y=x+1}^{x_r-1} D_y}{D_{x+1}}$ へ変動するため，その差は，

$$
\begin{aligned}
& l_{x+1}^{(T)} \cdot \frac{\sum_{y=x+1}^{x_r-1} D_y}{D_{x+1}} - l_x^{(T)} \cdot \frac{\sum_{y=x}^{x_r-1} D_y}{D_x} \\
&= (1+i) \cdot l_x^{(T)} \cdot \frac{\left(\sum_{y=x}^{x_r-1} D_y - D_x\right)}{D_x} - l_x^{(T)} \cdot \frac{\sum_{y=x}^{x_r-1} D_y}{D_x} \\
&= i \cdot l_x^{(T)} \cdot \frac{\sum_{y=x}^{x_r-1} D_y}{D_x} - (1+i) \cdot l_x^{(T)}
\end{aligned}
$$

となる．また，当期初に $x_r - 1$ である者については，期初の人数現価

$$
l_{x_r-1}^{(T)} \cdot \frac{\sum_{y=x_r-1}^{x_r-1} D_y}{D_{x_r-1}} = l_{x_r-1}^{(T)}
$$

が期末に 0 となるため，その差は

$$
-l_{x_r-1}^{(T)} = i \cdot l_{x_r-1}^{(T)} - (1+i) \cdot l_{x_r-1}^{(T)}
$$

となる．

いずれにしても，前期末 (当期初) の人数現価の予定利息だけ増加し，前期末の人数に予定利率で付利したものが減少する．

(4) 将来加入者の給付現価および人数現価

当期初に将来加入者として見込まれている加入者のうち，当期初に $x_e - 1$ 歳である者は，翌期初に x_e 歳となり，制度の加入者となる．また，将来加入

が見込まれる者の加入年齢や人数に変動がない場合，各年度の期初時点における将来加入者の給付現価および人数現価はかわらない．したがって，期初の将来加入者の給付現価および人数現価は，翌期初に x_e 歳で加入した者の給付現価 $l_{x_e}^{(T)} \cdot \dfrac{D_{x_r}}{D_{x_e}} \cdot \ddot{a}_{x_r}$ および人数現価 $l_{x_e}^{(T)} \cdot \dfrac{\sum_{y=x_e}^{x_r-1} D_y}{D_{x_e}}$ だけ増加する．

(5) 責任準備金の変動

上記より，標準保険料が年齢に関わらず一定となるような財政方式を採用した場合 (平準積立方式，開放基金方式など)，一年間の責任準備金の変動は，一人当たりの保険料を P として次の式のとおりとなる．

$$
\begin{aligned}
\Delta V = {} & i \cdot \sum_{x=x_r}^{\omega} l_x \cdot \ddot{a}_x - (1+i) \cdot \sum_{x=x_r}^{\omega} l_x \\
& + i \cdot \sum_{x=x_e}^{x_r-1} l_x^{(T)} \cdot \left(\frac{D_{x_r}}{D_x} \cdot \ddot{a}_{x_r} - P \cdot \frac{\sum_{y=x}^{x_r-1} D_y}{D_x} \right) \\
& + (1+i) \cdot P \cdot \sum_{x=x_e}^{x_r-1} l_x^{(T)} \\
& + \left(l_{x_e}^{(T)} \cdot \frac{D_{x_r}}{D_{x_e}} \cdot \ddot{a}_{x_r} - P \cdot l_{x_e}^{(T)} \cdot \frac{\sum_{y=x_e}^{x_r-1} D_y}{D_{x_e}} \right)
\end{aligned}
\tag{4.60}
$$

この ΔV が 0 となることを章末の問題としている．

次に，定常状態でない場合の責任準備金の変化を検証する．まずは，人員構成が定常状態ではなくなった場合の影響を検証する．

定常状態では，期初 x 歳の受給者 l_x は翌期初では l_{x+1} 人となる．ところがある年度で死亡者が予定と異なり，翌期初の受給者が m_{x+1} 人になったとする．年金現価率計算のための死亡率には変動がないものとすると，翌期初の $x+1$ 歳の受給者の責任準備金 v_x は，

$$m_{x+1} \cdot \ddot{a}_{x+1} = l_{x+1} \cdot \ddot{a}_{x+1} + (m_{x+1} - l_{x+1}) \cdot \ddot{a}_{x+1}$$

となる．定常状態よりも $(m_{x+1} - l_{x+1}) \cdot \ddot{a}_{x+1}$ だけ年金現価が変化する．定常状態と比較して，明らかに，

・死亡実績が予定よりも減少 (生存者数の増加) $\Longrightarrow$ 責任準備金増加
・死亡実績が予定よりも増加 (生存者数の減少) $\Longrightarrow$ 責任準備金減少

という関係がある．

また，定常状態では，期初 x 歳の加入者 $l_x^{(T)}$ は翌期初では $l_{x+1}^{(T)}$ 人となる．ところがある年度で制度からの脱退者が予定と異なり，翌期初の加入者が $m_{x+1}^{(T)}$ 人になったとする．x 歳の加入者一人当たりの責任準備金 v_x は

$$v_x = \frac{D_{x_r}}{D_x} \cdot \ddot{a}_{x_r} - P \cdot \frac{\sum_{y=x}^{x_r-1} D_y}{D_x}$$

で変動がないものとすると，翌期初の $x+1$ 歳の加入者の責任準備金は，

$$m_{x+1}^{(T)} \cdot v_{x+1} = l_{x+1}^{(T)} \cdot v_{x+1} + \left(m_{x+1}^{(T)} - l_{x+1}^{(T)}\right) \cdot v_{x+1}$$

となり，定常状態よりも $\left(m_{x+1}^{(T)} - l_{x+1}^{(T)}\right) \cdot v_{x+1}$ だけ責任準備金が変化する．

財政方式を平準積立方式としている場合，責任準備金は今までに支払った標準保険料の元利合計として表されるため，$v_x > 0$ となる．したがって，定常状態と比較して，

・脱退実績が予定よりも減少 (残存者数の増加) $\Longrightarrow$ 責任準備金増加
・脱退実績が予定よりも増加 (残存者数の減少) $\Longrightarrow$ 責任準備金減少

という関係がある．

財政方式で開放基金方式を採用している場合，一人当たり責任準備金のプラスマイナスによって脱退実績の影響が異なる．

[責任準備金がプラスの場合]

・脱退実績が予定よりも減少 (残存者数の増加) $\Longrightarrow$ 責任準備金増加

・脱退実績が予定よりも増加 (残存者数の減少) $\Longrightarrow$ 責任準備金減少

[責任準備金がマイナスの場合]

・脱退実績が予定よりも減少 (残存者数の増加) $\Longrightarrow$ 責任準備金減少
・脱退実績が予定よりも増加 (残存者数の減少) $\Longrightarrow$ 責任準備金増加

◉——年金制度の変更による責任準備金の変化

保険料または責任準備金は，制度の変更によっても変化する．例えば，Trowbridge モデルで，一年当たりの給付額を 1 から 2 へ変更するものとする．この場合，現在すでに年金を受け取っている受給権者の年金額も変更するのか，加入者について過去勤務期間の給付も変更するのか，などによって，制度変更の影響は異なる．制度変更前の年金制度がすでに定常状態に到達しているものとして，保険料および責任準備金の変化を検証する．

制度変更前の給付現価を S^p, S^a, S^f，人数現価を G^a, G^f，制度変更前の積立金および責任準備金を V とする．

(Case 1) すでに年金を受け取っている受給権者の年金額も変更する場合 (過去勤務期間を通算する場合)

給付現価はすべて制度変更前の給付現価の 2 倍となる．つまり，S^p, S^a, S^f は $2 \cdot S^p, 2 \cdot S^a, 2 \cdot S^f$ となる．

(1-1) 加入年齢方式 (平準保険料方式) の場合

制度変更前の一人当たり標準保険料を ${}^L P$，制度変更後の標準保険料を P' とすると，

$$P' = \frac{2 \cdot S^f}{G^f} = 2 \cdot \frac{S^f}{G^f} = 2 \cdot {}^L P$$

となる．制度変更後の責任準備金 V' は，

$$\begin{aligned} V' &= 2 \cdot S^p + 2 \cdot S^a - P' \cdot G^a \\ &= 2 \cdot \left(S^p + S^a - {}^L P \cdot G^a\right) = 2 \cdot V \end{aligned}$$

となり，未積立債務が新たに V 発生し，この未積立債務に対して特別保険料を設定する．

(1-2) 開放型総合型保険料方式の場合

制度変更後の保険料を P' とすると，次の収支相等式

$$2 \cdot \left(S^p + S^a + S^f\right) = P' \cdot \left(G^a + G^f\right) + V,$$

より，P' は以下のようになる：

$$P' = \frac{2 \cdot (S^p + S^a + S^f) - V}{G^a + G^f}.$$

(1-3) 開放基金方式の場合

制度変更前の一人当たり標準保険料を ${}^{OAN}P$，制度変更後の標準保険料を P' とすると，

$$P' = \frac{2 \cdot (S^a_{FS} + S^f)}{G^a + G^f} = 2 \cdot \frac{S^a_{FS} + S^f}{G^a + G^f} = 2 \cdot {}^{OAN}P$$

となる．制度変更後の責任準備金は，

$$\begin{aligned} V' &= 2 \cdot S^p + 2 \cdot S^a + 2 \cdot S^f - P' \cdot \left(G^a + G^f\right) \\ &= 2 \cdot (S^p + S^a_{PS}) = 2 \cdot V. \end{aligned}$$

責任準備金から積立金を控除した，未積立債務は $V > 0$ であるため，この未積立債務を有期で償却するような特別保険料を設定する．

(Case 2) すでに年金を受け取っている受給権者の年金額は変更せず，変更時点の加入者については定年までの期間に対する給付だけを増額する場合 (過去勤務期間を通算しない場合)

加入者の将来期間の給付現価および将来加入者の給付現価が 2 倍となる．つまり，S^p, S^a, S^f は $S^p, S^a_{PS} + 2 \cdot S^a_{SF} \, (= S^a + S^a_{FS}), 2 \cdot S^f$ となる．

(2-1) 加入年齢方式 (平準保険料方式) の場合

制度変更前の一人当たり標準保険料を ${}^{L}P$，制度変更後の標準保険料を P'

とすると，

$$P' = \frac{2 \cdot S^f}{G^f} = 2 \cdot \frac{S^f}{G^f} = 2 \cdot {}^{L}P$$

となる．制度変更後の責任準備金は V'，

$$\begin{aligned} V' &= S^p + S^a + S^a_{FS} - P' \cdot G^a \\ &= S^p + S^a + S^a_{FS} - 2 \cdot {}^{L}P \cdot G^a = 2 \cdot V - (S^p + S^a_{PS}) \end{aligned}$$

となる．

(2-2) **開放型総合型保険料方式の場合**

制度変更後の保険料を P' とすると，次の収支相等式が成り立つ：

$$S^p + S^a + S^a_{FS} + 2 \cdot S^f = P' \cdot \left(G^a + G^f\right) + V,$$

$$P' = \frac{S^p + S^a + S^a_{FS} + 2 \cdot S^f - V}{G^a + G^f}.$$

(2-3) **開放基金方式の場合**

制度変更前の一人当たり標準保険料を ${}^{OAN}P$，制度変更後の標準保険料を P' とすると，

$$P' = \frac{2 \cdot (S^a_{FS} + S^f)}{G^a + G^f} = 2 \cdot \frac{S^a_{FS} + S^f}{G^a + G^f} = 2 \cdot {}^{OAN}P$$

となる．制度変更後の責任準備金は，

$$\begin{aligned} V' &= S^p + S^a_{PS} + 2 \cdot S^a_{FS} + 2 \cdot S^f - P' \cdot \left(G^a + G^f\right) \\ &= S^p + S^a_{PS} = V. \end{aligned}$$

この場合，制度変更によって責任準備金に変化はなく，特別保険料を設定する必要はない．

◉——利源分析

財政状況の検証のために，1 年間の未積立債務の変動要因分析を行うことを**利源分析**という．

人員構成が定常状態である Trowbridge モデルにおいて，第 n 年度に制度からの脱退および死亡が従来とは異なる推移を示した．また，その年度の利息収入は，予定利率による収益とは異なっている．n 年度および $n+1$ 年度の期初の貸借対照表，n 年度の損益計算書は図 4.12 のようになった．なお，財政方式は加入年齢方式を採用しているものとする．

n 年度貸借対照表

借方	貸方
積立金 (F_n)	責任準備金 (V_n)
未積立債務 (U_n)	

$n+1$ 年度貸借対照表

借方	貸方
積立金 (F_{n+1})	責任準備金 (V_{n+1})
未積立債務 (U_{n+1})	

n 年度損益計算書

借方	貸方
給付 (B)	標準保険料 (C^N)
責任準備金増 (ΔV)	特別保険料 (C^{PSL})
未積立債務増減 (ΔU)	利息収入 (I)

図 4.12　利源分析

積立金および責任準備金の動きは，それぞれ，

$$F_n + C^N + C^{PSL} - B + I = F_{n+1},$$

$$V_{n+1} = V_n + \Delta V$$

となるが，V_n は定常状態における責任準備金であるため，次式が成り立つ．

$$V_n = (1+i) \cdot \big(V_n + C^N - B\big)$$

したがって，この年度の未積立債務増減は，

$$\begin{aligned}
\Delta U &= U_{n+1} - U_n = (V_{n+1} - F_{n+1}) - (V_n - F_n) \\
&= \Big[\big\{(1+i) \cdot \big(V_n + C^N - B\big) + \Delta V\big\} \\
&\qquad - \big(F_n + C^N + C^{PSL} - B + I\big)\Big] - (V_n - F_n) \\
&= i \cdot \big(V_n + C^N - B\big) \\
&\qquad + \Delta V - \big(C^{PSL} + I\big)
\end{aligned}$$

$$
\begin{aligned}
&= i \cdot \left(V_n - F_n + F_n + C^N + C^{PSL} - C^{PSL} - B\right) \\
&\quad + \Delta V - \left(C^{PSL} + I\right) \\
&= i \cdot \left(V_n - F_n - C^{PSL}\right) + i \cdot \left(F_n + C^N + C^{PSL} - B\right) \\
&\quad + \Delta V - \left(C^{PSL} + I\right) \\
&= \left\{i \cdot \left(F_n + C^N + C^{PSL} - B\right) - I\right\} \\
&\quad + \Delta V - C^{PSL} + i \cdot \left(U_n - C^{PSL}\right)
\end{aligned} \tag{4.61}
$$

となる．(4.61) 式の各項は以下のような意味を表す．

(1) 運用利差損益：$i \cdot (F_n + C^N + C^{PSL} - B) - I$

予定利率で運用された場合の収益額と実際の運用収益額との差額，

$$I = j \cdot \left(F_n + C^N + C^{PSL} - B\right)$$

を満たすような実際の運用収益率を j とすると，$i > j$ $(i < j)$ のとき，利差損 (益) となり未積立債務を増加 (減少) させる．

(2) 責任準備金の変動による差損益：ΔV

脱退者，死亡者が予定と異なることによって発生した差損益．考え方についてはすでに述べたとおりであり，責任準備金が増加 (減少) すると未積立債務は増加 (減少) する．

(3) 特別保険料による未積立債務の償却：C^{PSL}

特別保険料を支払うことによって，同額の未積立債務が減少する．

(4) 未積立債務に係る利息：$i \cdot (U_n - C^{PSL})$

期初に特別保険料を支払った後の未積立債務残高は，予定利率による利息で増加する．未積立債務に係る利息は，特別保険料支払前の未積立債務の利息 $i \cdot U_n$ と，特別保険料に係る利息 $-i \cdot C^{PSL}$ とに区分できる．

演習問題 C

C-1

$S^a + S^f = \frac{v}{d} \cdot l_{x_r} \cdot \ddot{a}_{x_r}$ であることを利用して，(4.11) 式 $S^p + S^a + S^f = \frac{B}{d}$ となることを示せ．

C-2

(4.13) 式 $G^a + G^f = \frac{L}{d}$ となることを，G^a の定義式から導け．

C-3

保険料および給付の支払い時点を次の場合としたときの，極限方程式を求めよ．

(1)　保険料：期初払い，給付：期末払い

(2)　保険料：期末払い，給付：期末払い

(3)　保険料：連続払い，給付：連続払い

C-4

保険料と給付現価について，以下の関係式が成立すること示せ．

(1)　$S^f = \frac{v}{d} \cdot {}^{In}C,$

(2)　$S^a_{FS} = \frac{1}{d} \cdot \left({}^{U}C - v \cdot {}^{In}C\right),$

(3)　$S^a_{PS} = \frac{1}{d} \cdot \left(v \cdot {}^{T}C - {}^{U}C\right),$

(4)　$S^a = \frac{1}{d} \cdot \left(v \cdot {}^{T}C - v \cdot {}^{In}C\right),$

(5)　$S^p = \frac{1}{d} \cdot \left({}^{P}C - v \cdot {}^{T}C\right)$

C-5

(1)　(4.59) 式で定義した ${}^{a}P_x$ が増加関数であることを示せ．

(2)　${}^{I}P_x$ を個人平準保険料方式の制度設立時の年齢に対応した保険料とした場合，

$$ {}^{U}P_x \leqq {}^{a}P_x \leqq {}^{I}P_x $$

となることを示せ．

(3) x_e より大きい年齢 x_1, x_2, x_3 によって，

$$ {}^{I}P_{x_1} \leqq {}^{OAN}P \leqq {}^{I}P_{x_1+1}, \qquad {}^{a}P_{x_2} \leqq {}^{OAN}P \leqq {}^{a}P_{x_2+1}, $$
$$ {}^{U}P_{x_3} \leqq {}^{OAN}P \leqq {}^{U}P_{x_3+1} $$

となることを示せ．また，このとき x_1, x_2, x_3 の大小関係を示せ．

(4) 開放基金方式の加入者の責任準備金の正負を示せ．

C-6

Trowbridge モデルにおいて，開放基金方式の標準保険料が単位積立方式の保険料の加重平均で表されることを，開放基金方式の標準保険料の定義式を変形することで示せ．

C-7

(4.60) 式において，$\Delta V = 0$ であることを示せ．

C-8

Trowbridge モデルで過去勤務期間にさかのぼって給付を 2 倍にする制度変更を行う場合，

(1) 開放型総合保険料方式の保険料が，$P' = {}^{O}P + \dfrac{B}{L}$ となることを示せ．ただし，${}^{O}P$ は制度変更前の保険料とする．

(2) (1) の保険料を適用した場合，期末の積立金が V となることを示せ．

C-9

前問において将来期間の給付改善のみ行う場合，

(1) 加入年齢方式の場合の未積立債務を計算し，この未積立債務がプラスであることを示せ．

(2) (1) を利用して，単位積立方式の年間保険料総額が加入年齢方式の標

準保険料の年間総額よりも大きくなることを示せ.

C-10

前問において開放型総合保険料方式の保険料が, $P' = {}^{O}P + {}^{OAN}P$ となることを示せ. ただし ${}^{O}P$ は制度変更前の保険料とする.

第 5 章

損保数理入門

損害保険が生命保険と大きく違うのは，生命保険では保険金が契約時に決められているが，損害保険では事故の大きさなどにより，保険金額が異なり，保険金自体が確率変数として扱われるところである．損害保険における保険金を**クレーム額**とよぶ．また，生命保険では契約年数が数十年に及ぶが，自動車保険や火災保険などの損害保険では 1 年契約が基本とされる．さらに，前年度に無事故であったかなかったかで保険料が変わってくることがある．

損害保険を数学モデルで考えるとき，事故と事故との間の時間間隔 $\{T_i\}$ と事故のクレーム額 $\{X_i\}$ を独立同分布な確率変数列として取り扱う．ここで，T_i は保険会社が保有する損害保険契約のうち，$i-1$ 番目に起こった事故と i 番目の事故の間の時間間隔で，X_i は i 番目の事故のクレーム額である．

5.1　確率論からの準備

損保数理で取り扱うランダムな量として，1 年間に発生する事故のクレーム総額があげられる．1 年間に発生する事故の件数もランダムな量で，これを確率変数 N で表し，クレーム額を $X_1, X_2, \cdots$ と表す．ここで，$\{X_i\}_{i=1}^{\infty}$ は i.i.d. (独立同分布な確率変数列) であるとみなされ，また N とも独立であるとみなされる．

このとき，1 年間のクレーム総額 S は

$$S = X_1 + X_2 + \cdots + X_N$$

と表される．

X_i, N の期待値 $E[X_i], E[N]$ と分散 $V[X_i], V[N]$ が次のように与えられているとする：

$$E[X_i] = \mu, \qquad E[N] = m,$$
$$V[X_i] = \sigma^2, \qquad V[N] = v^2.$$

このとき次のことが問題となる．

◆ S の期待値と分散は，μ, m, σ^2, v^2 でどのように表されるのか？

X_i のモーメント母関数を $M(\theta)$ とする：

$$M(\theta) = E[e^{\theta X_i}].$$

このとき，$M(\theta)$ を微分することによって

$$E[X_i] = M'(0), \qquad V[X_i] = M''(0) - M'(0)^2$$

が成立する．

この $M(\theta)$ を用いて，S のモーメント母関数 $M_S(\theta)$ を求めてみよう．そのために，N の値によって期待値を分解し，条件付期待値に変形すると，

$$\begin{aligned}
M_S(\theta) &= \sum_{n=0}^{\infty} E[e^{\theta S}; N = n] \\
&= \sum_{n=0}^{\infty} E[e^{\theta S} | N = n] \, P(N = n) \\
&= \sum_{n=0}^{\infty} E[e^{\theta (X_1 + \cdots + X_n)} | N = n] \, P(N = n) \\
&= \sum_{n=0}^{\infty} M(\theta)^n \, P(N = n) \\
&= E[M(\theta)^N]
\end{aligned}$$

となる．

この $M(\theta)$ を微分すると次のようになる：

$$M_S'(\theta) = E[N M(\theta)^{N-1}] M'(\theta),$$

$$M_S''(\theta) = E[N(N-1)M(\theta)^{N-2}]M'(\theta)^2 + E[NM(\theta)^{N-1}]M''(\theta).$$

これより，

$$\begin{aligned}
E[S] &= M_S'(0) = m\mu, \\
E[S^2] &= M_S''(0) \\
&= E[N(N-1)]M'(0)^2 + E[N]M''(0) \\
&= (v^2+m^2)\mu^2 + m\sigma^2
\end{aligned}$$

となるので，次が言える：

$$\begin{cases} E[S] = m\mu, \\ V[S] = v^2\mu^2 + m\sigma^2. \end{cases} \tag{5.1}$$

5.2 純保険料と営業保険料

この節では，収入される保険料，支払われる保険金，損害率，保険料改定率等について述べる．これらの概念は，会計年度と深く結びついている．企業の会計等に詳しくない読者も多いと思われるので，基本的なことから説明していくと，各保険会社は 1 年を区切りとして，1 年間の保険料収入と支払った保険金などを元にして決算を行い，それを報告する義務を負っている．

この 1 年の会計の区切りを会計年度と言うが，日本における会計年度は 4 月 1 日に始まり，3 月 31 日に終わる．欧米では 1 月 1 日に始まり 12 月 31 日に終わる会計年度を用いている．

この会計年度に絡んで，会社側に収入される保険料，会社側から支出される保険金に関して次のような概念がある．

- リトン・プレミアム (**Written Premium**)
- アーンド・プレミアム (**Earned Premium**)
- ペイド・ロス (**Paid Loss**)
- インカード・ロス (**Incurred Loss**)

プレミアムとは保険料のことで，ロスとは支払い保険金と考えておけばよい．

リトン・プレミアムとは会計帳簿上に記載される保険料収入である．例えば，2011 年 11 月 1 日に 1 年契約の自動車保険契約が成立したとする．契約保険料が 48000 円であったとすると，

$$2011\text{ 年度のリトン・プレミアム} = 48000\text{ 円}$$

となる．リトン・プレミアムとは契約年度の会計帳簿上の保険料であると言ってもよい．

しかし，契約期間 1 年のうち，2011 年度分は 11 月から 2012 年 3 月までの 5 か月に過ぎない．2012 年 4 月から 10 月までの 7 か月間は 2012 年度分である．

このことから，2011 年度分の保険料は

$$48000\text{ 円} \times \frac{5}{12} = 20000\text{ 円}$$

と考えることもできる．これをアーンド・プレミアムという．2011 年度のアーンド・プレミアムは 20000 円で，2012 年度のアーンドプレミアムは 28000 円となるのである．したがって，

$$\begin{aligned}&(\text{アーンド・プレミアム})\\&\quad = (\text{リトン・プレミアム}) \times (\text{その年度の契約期間割合})\end{aligned}$$

となる．

支払われる保険金に関しても，同じような概念がある．ペイド・ロスとはその年度に実際に支払われた保険金額である．支払いの元になったクレームがその年度に発生していたか，その前年度に発生していたかは問わない．

例えば，2010 年 3 月 15 日に発生した事故により，2010 年 5 月 10 日に保険金 300000 円が支払われたとすると，このクレームは 2009 年度のものであるが，保険金 300000 円は 2010 年度のペイド・ロスに入れられる．

これに対して，その年度に発生したクレームの保険金はその年度のものとして考えようとするのがインカード・ロスである．インカード・ロスとは，その年度に発生したクレームに対して，その年度に支払った保険金と将来支払わな

ければならない保険金 (**支払備金**) との和である.

◉——損害率とは

支払われる保険金の収入保険料に対する割合を**損害率**という. すなわち,

$$\textbf{損害率} = \frac{\textbf{保険金}}{\textbf{保険料}}$$

である.

保険金, 保険料をどう考えるかによって, 次の概念がある:

$$\text{リトン・ベーシス損害率} = \frac{\text{ペイド・ロス}}{\text{リトン・プレミアム}},$$

$$\text{アーンド・ベーシス損害率} = \frac{\text{インカード・ロス}}{\text{アーンド・プレミアム}}.$$

◉——料率改定率

保険料の決め方はいくつかあるが, 概ね次のように定められている. (詳しくは文献 [10] を参照)

保険料は現行の保険料 P_0 とその年度の実績データを元にして料率の改定が行われる. 例えば, 184 ページのデータが与えられているとする.

実績値データより,

$$\text{実績純保険料} = \frac{\text{インカード・ロス}}{\text{契約件数}} = \frac{L}{N}$$

となり,

$$\text{実績損害率} = \frac{\text{インカード・ロス}}{\text{アーンド・プレミアム}} = \frac{L}{P_2}$$

となる.

実績データに全幅の信頼をおくときには, 実績純保険料をもって, 次年度の純保険料とすれば良い.

一般的には

$$\begin{aligned}&\text{次年度の純保険料}\\&\quad = Z \cdot (\text{実績純保険料}) + (1 - Z) \cdot (\text{現行の予定保険料})\end{aligned}$$

$$= Z \cdot \frac{L}{N} + (1 - Z) \cdot P_0$$

とする．Z は実績データに対する**信頼度**である．これを**クレディビリティ (Credibility) 係数**とよんだりする．$Z = 1$ のときが実績データに全幅の信頼をおくときで**全信頼度**という．

同様に，次年度の損害率に関しても次が成立する：

$$\text{次年度の損害率} = Z \cdot (\text{実績損害率}) + (1 - Z) \cdot (\text{現行の予定損害率})$$
$$= Z \cdot \frac{L}{P_2} + (1 - Z) \cdot \lambda_0.$$

●——営業保険料

営業保険料を P^* とすると，P^* は純保険料 P，予定社費 E，予定代理店手数料率 θ(対営業保険料)，利潤率 δ(対営業保険料) から次式によって定められる：

$$P^* = P + E + (\theta + \delta)P^*. \tag{5.2}$$

これより，

$$P^* = \frac{P + E}{1 - (\theta + \delta)} \tag{5.3}$$

となる．

また，(5.3) の両辺を P^* で割ると

$$1 = \frac{\lambda + \varepsilon}{1 - (\theta + \delta)}$$

となる．ここで，λ は実績損害率，ε は実績社費率である．

現行の予定営業保険料を P_0^* とし，表のような実績データが与えられたとき，新営業保険料 P^* を求めて，料率改定率 α を求めよう．

実績社費率 ε，実績代理店手数料率 θ は次のように定められる：

$$\varepsilon = \frac{\text{実績社費}}{\text{元受正味保険料}} = \frac{E}{P_1},$$
$$\theta = \frac{\text{実績代理店手数料}}{\text{元受正味保険料}} = \frac{S}{P_1}.$$

予定損害率	$\lambda_0 = 0.5$
予定社費率	$\varepsilon_0 = 0.20$
予定代理店手数料率	$\theta_0 = 0.15$
予定利潤率	$\delta_0 = 0.05$
契約件数	$N = 20000$ 件
元受正味保険料	$P_1 = 120000$ 万円
アーンド・プレミアム	$P_2 = 100000$ 万円
インカード・ロス	$L = 50000$ 万円
社費 (会社経費)	$E = 20000$ 万円
代理店手数料	$S = 16000$ 万円

このとき，新営業保険料 P^* を

$$P^* = \frac{\lambda + \varepsilon}{1 - (\theta + \delta)} P_0^* \tag{5.4}$$

として定める．

上で求めた実績値を代入すると，

$$P^* = \frac{\dfrac{L}{P_2} + \dfrac{E}{P_1}}{1 - \left(\dfrac{S}{P_1} + \delta\right)} P_0^*$$

となる．

料率改定率 α は $P^* = (1 + \alpha)P_0^*$ から定まるので，

$$\alpha = \frac{\dfrac{L}{P_2} + \dfrac{E}{P_1}}{1 - \left(\dfrac{S}{P_1} + \delta\right)} - 1$$

として定まる．

●――免責

保険契約によっては免責額 K を設定して，クレーム額が K を下回るときには，保険金の支払いを免責する場合がある．

また，クレーム額 X が K を超えたとき，超えた分 $X-K$ だけを保険金として支払う**エクセス方式**と，X 全体を支払う**フランチャイズ方式**の二つの方式がある．

問題 5.1 クレーム額 X が指数分布 $\mathrm{Ex}(\lambda)$ に従うとき，免責金額 K のエクセス方式を考える．

(1) 被保険者の平均負担額を求めよ．

(2) 保険会社の平均支払額を求めよ．

(3) 免責を導入することによる純保険料の割引率を求めよ．

解 (1) X の確率密度関数は次のように与えられる：

$$f_X(x) = \begin{cases} \lambda e^{-\lambda x} & (x > 0), \\ 0 & (\text{その他}). \end{cases}$$

$X > K$ のときの被保険者の自己負担額は K なので求めるものは次のようになる：

$$\begin{aligned} &E[X; X \leqq K] + KP(X > K) \\ &= \int_0^K \lambda x e^{-\lambda x} dx + K \int_K^\infty \lambda e^{-\lambda x} dx \\ &= [-xe^{-\lambda x}]_0^K + \int_0^K e^{-\lambda x} dx + Ke^{-\lambda K} \\ &= \frac{1}{\lambda}(1 - e^{-\lambda K}). \end{aligned}$$

(2) 保険金支払いが生ずるのは $X > K$ のときなので求めるものは条件付期待値となる：

$$\frac{\displaystyle\int_K^\infty (x-K)\lambda e^{-\lambda x} dx}{P(X > K)} = \frac{\dfrac{1}{\lambda} e^{-\lambda K}}{e^{-\lambda K}}$$

$$= \frac{1}{\lambda}.$$

(3) 免責を導入する前の純保険料は $E[X] = \dfrac{1}{\lambda}$ であって，免責導入後の純保険料は

$$\int_K^\infty (x-K)\lambda e^{-\lambda x}dx = \frac{e^{-\lambda K}}{\lambda}$$

であるので，割引率を d とすると

$$(1-d)\frac{1}{\lambda} = \frac{e^{-\lambda K}}{\lambda}$$

なので

$$d = 1 - e^{-\lambda K}$$

となる． □

5.3 クレーム件数の分布と Poisson 分布

◉——クレーム件数の分布

ここではクレームとクレームの間の時間間隔の分布を与えることによって，時点 t までに発生したクレーム件数 N_t の確率分布を求めてみよう．

時点 0 から考えて，1 番目，2 番目，$\cdots$ のクレームが発生する時点を $T_1, T_2, \cdots$ とし，

$$T_1, T_2 - T_1, \cdots, T_k - T_{k-1}, \cdots$$
$$\text{：独立同分布で平均 } \frac{1}{\lambda} \text{ の指数分布 Ex}(\lambda) \text{ に従う} \tag{5.5}$$

と仮定する．ここで，$Z_k = T_k - T_{k-1}$ の確率密度関数は

$$f(u) = \begin{cases} \lambda e^{-\lambda u} & (u > 0), \\ 0 & (\text{その他}) \end{cases}$$

で与えられる．

時点 t までに発生したクレーム件数を N_t で表すと,『$N_t = k$』となる確率は

どうなるのであろうか？　『$N_t = k$』という事象を $Z_1, Z_2, \cdots$ で表現すると

$$Z_1 + \cdots + Z_k < t < Z_1 + \cdots + Z_k + Z_{k+1}$$

となる．

$W_k = Z_1 + \cdots + Z_k$ とおくと，W_k と Z_{k+1} とは独立で (2.9) より W_k はガンマ分布に従うので，(W_k, Z_{k+1}) の同時確率密度関数 $f(w, z)$ は

$$f(w,z) = \begin{cases} \lambda^{k+1} \dfrac{w^{k-1} e^{-\lambda w}}{\Gamma(k)} e^{-\lambda z} & (w > 0, z > 0), \\ 0 & (\text{その他}) \end{cases}$$

となる．これを

$$D = \{(w, z); 0 \leqq w, z,\ w < t < w + z\}$$

で積分することにより，$P(N_t = k)$ が求まる．

$$\begin{aligned} P(N_t = k) &= \int_0^t dw \int_{t-w}^{\infty} dz \lambda^{k+1} \frac{w^{k-1} e^{-\lambda w}}{\Gamma(k)} e^{-\lambda z} \\ &= \frac{\lambda^k}{(k-1)!} e^{-\lambda t} \int_0^t dw w^{k-1} \end{aligned}$$

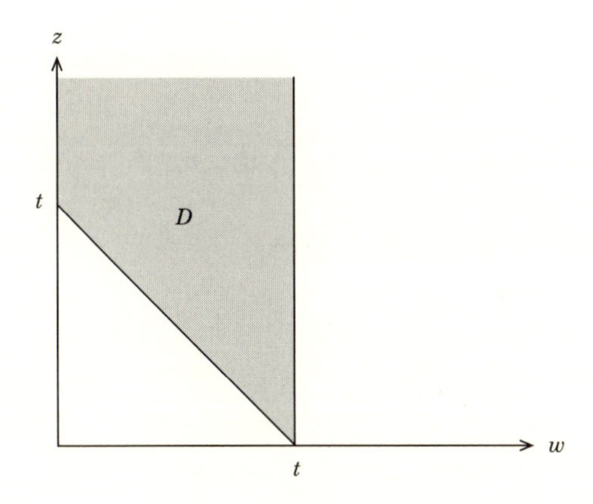

図 5.1　積分領域 D

$$= e^{-\lambda t}\frac{(\lambda t)^k}{k!},$$

すなわち，N_t は平均 λt の Poisson 分布に従うことがわかった．

また同様にして，$0 < s < t$ とするとき，$N_t - N_s$ は平均 $\lambda(t-s)$ の Poisson 分布に従うことがわかる．

◉――Poisson 分布と負の 2 項分布との関係

損保数理ではクレーム件数 X が $\mathrm{Po}(\lambda)$ に従い，λ もまた確率変数であって，λ がガンマ分布 $\Gamma(\alpha,\beta)$ に従うと考える場合がある．

ガンマ分布 $\Gamma(\alpha,\beta)$ とは，確率密度関数が次の関数で与えられる確率分布である．

$$f(x) = \begin{cases} \dfrac{\beta^\alpha}{\Gamma(\alpha)}x^{\alpha-1}e^{-\beta x} & (x>0) \\ 0 & (\text{その他}) \end{cases} \tag{5.6}$$

このとき，

$$\begin{aligned} P(X=k) &= \int_0^\infty du\, P(X=k|\lambda=u)f(u) \\ &= \frac{\beta^\alpha}{\Gamma(\alpha)}\int_0^\infty du\left(e^{-u}\frac{u^k}{k!}\right)u^{\alpha-1}e^{-\beta u} \\ &= \frac{\beta^\alpha}{\Gamma(\alpha)k!}\int_0^\infty du\, u^{\alpha+k-1}e^{-(\beta+1)u} \\ &= \frac{\beta^\alpha}{(\beta+1)^{\alpha+k}\Gamma(\alpha)k!}\int_0^\infty dz\, z^{\alpha+k-1}e^{-z} \\ &\quad (\text{ここで } (\beta+1)u = z \text{ とする}) \\ &= \binom{\alpha+k-1}{k}\left(\frac{\beta}{\beta+1}\right)^\alpha\left(\frac{1}{\beta+1}\right)^k \\ &= \binom{-\alpha}{k}\left(\frac{\beta}{\beta+1}\right)^\alpha\left(-\frac{1}{\beta+1}\right)^k \quad (29\text{ ページ } (2.2) \text{ 参照}) \end{aligned}$$

となり，X は負の 2 項分布 $\mathrm{NB}\left(\alpha; \dfrac{\beta}{\beta+1}\right)$ に従うことがわかる．

問題 5.2　ある契約者集団で 1 年間に発生するクレーム件数 X が $\mathrm{Po}(\lambda)$ に従い，λ が $\Gamma(s,t)$ に従うとする．契約件数が 2 倍になったとき，1 年間に発生するクレーム件数 Y の確率分布 $P(Y=k)$ を求めよ．

解　契約件数が 2 倍になったので，二つの契約者集団を考え，それぞれの契約者集団から発生するクレーム件数をそれぞれ X_1, X_2 とすると，互いに独立で負の 2 項分布 $\mathrm{NB}\left(s, \dfrac{t}{t+1}\right)$ に従い，負の 2 項分布の再生性より $Y = X_1 + X_2 \sim \mathrm{NB}\left(2s, \dfrac{t}{t+1}\right)$ となるので，

$$P(Y=k) = \binom{2s+k-1}{k} \left(\frac{t}{t+1}\right)^{2s} \left(\frac{1}{t+1}\right)^{k}$$

となる．□

5.4　複合分布

5.1 節で述べたように，損害保険数理においては以下のような確率変数 S の取り扱いが重要となる．

$$S = X_1 + \cdots + X_N$$

ここで，N は 0 以上の整数値をとる確率変数，$\{X_i\}$: i.i.d. で S とも独立であるとする．

例えば，N としては 1 年間に発生するクレーム件数であるとし，X_i は i 番目のクレーム額であると考えると，S は 1 年間に発生するクレーム総額となる．

X_i のモーメント母関数 (moment generating function, m.g.f.) を $M(\theta)$ とし，

$$E[X_i] = \mu, \qquad V[X_i] = \sigma^2,$$

$$E[N] = n, \qquad V[N] = v^2$$

であるとする．

このとき，S のモーメント母関数は 5.1 節で述べたように，

$$M_S(\theta) = E[M(\theta)^N] \tag{5.7}$$

となる．

X_i が正の値をとる連続型分布で確率密度関数 (probability density function, p.d.f.) $f(x)$ を持つとすると，$t > 0$ のとき

$$P(S \leqq t) = P(N=0) + \sum_{n=1}^{\infty} P(N=n) \int_0^t \underbrace{f * \cdots * f}_{n}(x)dx$$

となる．$*$ は 42 ページで述べた convolution であり，convolution を n 回繰り返すことを意味している．

注意　S の確率分布は混合型分布となる．すなわち，S は 0 に point mass $P(S=0) = P(N=0)$ をもち，$b > a > 0$ に対しては

$$P(a < S < b) = \int_a^b \hat{f}(x)dx$$

となる．ここで，

$$\hat{f}(x) = \sum_{n=1}^{\infty} P(N=n) \underbrace{f * \cdots * f}_{n}(x)$$

である．

●——S の確率分布が求まる例

N が幾何分布 $P(N=n) = pq^n (n = 0, 1, \cdots)$ に従い，$X_i \sim \mathrm{Ex}(\lambda)$ のとき，$P(S=0) = p$ であって，

$$\begin{aligned}
\hat{f}(x) &= \sum_{n=1}^{\infty} \underbrace{f * \cdots * f}_{n}(x)pq^n \\
&= \sum_{n=1}^{\infty} \frac{\lambda^n e^{-\lambda x} x^{n-1}}{\Gamma(n)} pq^n \\
&= \lambda pq e^{-\lambda x} \sum_{n=1}^{\infty} \frac{(\lambda q x)^{n-1}}{(n-1)!}
\end{aligned}$$

$$= \lambda pq e^{-\lambda px}$$

となる．

ここで注意すべき点は，$\hat{f}(x)$ は確率密度関数 (p.d.f.) ではなく，

$$\int_0^\infty \hat{f}(x)dx = q$$

となることである．

●――複合 Poisson 分布

N が $\mathrm{Po}(\lambda)$ に従うとき，S は複合 Poisson 分布に従うという．このとき，S の m.g.f. は

$$\begin{aligned} M_S(\theta) &= e^{-\lambda} \sum_{n=0}^{\infty} \frac{\lambda^n}{n!} M(\theta)^n \\ &= \exp\{\lambda(M(\theta)-1)\} \end{aligned}$$

となる．

複合 Poisson 分布の再生性とも言うべき次の定理が成り立つ．

定理 5.1　m 個の複合 Poisson 分布に従う確率変数 $S_1, \cdots, S_m$ が次のように与えられているとする：

- $S_1 = X_1^1 + \cdots + X_{N_1}^1, \quad N_1 \sim \mathrm{Po}(\lambda_1), \quad \{X_i^1\}$: i.i.d.
  であって，X_i^1 の分布関数が $F_1(x) = P(X_1^1 \leqq x)$ で与えられる．
- $S_2 = X_1^2 + \cdots + X_{N_2}^2, \quad N_2 \sim \mathrm{Po}(\lambda_2), \quad \{X_i^2\}$: i.i.d.
  であって，X_i^2 の分布関数が $F_2(x) = P(X_1^2 \leqq x)$ で与えられる．

  ……
- $S_m = X_1^m + \cdots + X_{N_m}^m, \quad N_m \sim \mathrm{Po}(\lambda_m), \quad \{X_i^m\}$: i.i.d.
  であって，X_i^m の分布関数が $F_m(x) = P(X_1^m \leqq x)$ で与えられている．

さらに，$\{X_k^1\}, \{X_k^2\}, \cdots, \{X_k^m\}$ は独立であるとする．

このとき，$S = S_1 + \cdots + S_m$ の確率分布は，

$$W = X_1 + \cdots + X_N,$$

$$N \sim \mathrm{Po}(\lambda) \qquad (\lambda = \lambda_1 + \cdots + \lambda_m), \qquad \{X_i\} : \text{i.i.d.(独立同分布)}$$

で与えられる W の確率分布に等しく，X_i の確率分布は次で与えられる：

$$F(x) = P(X_i \leqq x) = \sum_{k=1}^{m} \frac{\lambda_k}{\lambda} F_k(x).$$

証明 W のモーメント母関数は

$$\begin{aligned} M_W(\theta) &= e^{-\lambda} \sum_{n=0}^{\infty} \frac{\lambda^n}{n!} M_{X_1}(\theta)^n \\ &= \exp\{\lambda(M_{X_1}(\theta) - 1)\} \end{aligned}$$

となる．ここで，

$$\begin{aligned} M_{X_1}(\theta) &= E[e^{X_1\theta}] \\ &= \int_{\mathbb{R}} e^{x\theta} dF(x) \\ &= \sum_{k=1}^{m} \frac{\lambda_k}{\lambda} \int_{\mathbb{R}} e^{x\theta} dF_k(x) \\ &= \sum_{k=1}^{m} \frac{\lambda_k}{\lambda} M_{X_1^k}(\theta) \end{aligned}$$

となるので，

$$\begin{aligned} M_W(\theta) &= \exp\left\{\lambda\left(\sum_{k=1}^{m} \frac{\lambda_k}{\lambda} M_{X_1^k}(\theta) - 1\right)\right\} \\ &= \exp\left\{\sum_{k=1}^{m} \lambda_k (M_{X_1^k}(\theta) - 1)\right\} \\ &= \prod_{k=1}^{m} \exp\{\lambda_k(M_{X_1^k}(\theta) - 1)\} \\ &= M_S(\theta) \end{aligned}$$

が成り立ち，W と S の確率分布は等しくなる． □

また，次の定理も成り立つ．

定理 5.2 $\{X_j\}_{j=1}^{\infty}$: i.i.d. で，各 X_j は有限個の値，$x_1, \cdots, x_m$ を取るとして，$\pi_j = P(X_1 = x_j)$ と定める．また，$N \sim \mathrm{Po}(\lambda)$ として，$\{X_j\}_{j=1}^{\infty}$ と独立であるとする．

このとき，$S = X_1 + \cdots + X_N$ を考えて，

$$N_k = \sharp\{1 \leqq j \leqq N, X_j = x_k\} \qquad (k = 1, \cdots, m)$$

とおくと，$S = x_1 N_1 + \cdots + x_m N_m$ と書けて，以下が成り立つ．

(i) $N_1, \cdots, N_m$: 独立．

(ii) $N_k \sim \mathrm{Po}(\lambda\pi_k)(k = 1, \cdots, m)$ となる．

証明は [10] を参照のこと．

5.5 損保数理と確率過程

この節では，時点 t までのクレーム件数やクレーム総額を表す確率過程について考えていく．

確率過程 (stochastic process) とは時間パラメータ t を持つ確率変数の列 $\{X_t\}_{t \geqq 0}$ であると考えてもらって構わない．

◉——マルコフ過程 (Markov Process)

話を簡単にするために，X_t の取りうる値が有限個 $\{a_1, \cdots, a_m\}$ であると仮定しよう．

定義 5.1 離散時間確率過程 $\{X_t\}_{t=1}^{n}$ が次の性質を満たすとき，$\{X_t\}_{t=1}^{n}$ はマルコフ連鎖 **(Markov Chain)** であるという．

$$P(X_{t+1} = a_{j^{t+1}} | X_t = a_{j^t}, \cdots, X_1 = a_{j^1})$$
$$= P(X_{t+1} = a_{j^{t+1}} | X_t = a_{j^t}) \quad (a_{j^u} \in \{a_1, \cdots, a_m\}\ (u = 1, \cdots, t+1))$$

この性質は過去から現在までの状態を与えたとき，将来の確率は現在の状態のみに依存するという性質である．

さらに，$P(X_{t+1} = a_j | X_t = a_i)$ が t に依存しない値 $p_{i,j}$ をとるとき，

$\{X_t\}_{t \geqq 0}$ は**定常**であるという．これからは定常なマルコフ連鎖を考える．このとき

$$P = \begin{pmatrix} p_{1,1} & p_{1,2} & \cdots & p_{1,m} \\ p_{2,1} & p_{2,2} & \cdots & p_{2,m} \\ \vdots & \vdots & \ddots & \vdots \\ p_{m,1} & p_{m,2} & \cdots & p_{m,m} \end{pmatrix}$$

を**推移行列 (Transition Matrix)** とよぶ．

時点 t で X_t が $a_1, \cdots, a_m$ の状態である確率を横ベクトル

$$\pi_t = (p_1, p_2, \cdots, p_m) \qquad (p_i = P(X_t = a_i))$$

で表すと，$t+1$ の時点での状態は

$$(p_1, p_2, \cdots, p_m) \begin{pmatrix} p_{1,1} & p_{1,2} & \cdots & p_{1,m} \\ p_{2,1} & p_{2,2} & \cdots & p_{2,m} \\ \vdots & \vdots & \ddots & \vdots \\ p_{m,1} & p_{m,2} & \cdots & p_{m,m} \end{pmatrix}$$

で与えられる．

定義 5.2　確率ベクトル $\pi = (p_1, p_2, \cdots, p_m)$ が

$$\pi P = \pi$$

を満たすとき，**定常状態 (Stationary State)** であるという．すなわち，推移行列 P の変化で不変となる状態である．

問題 5.3　ある保険会社では次の割引制度を実施している．新契約者は等級 3 からスタートし，1 年間無事故なら等級は 1 つ加算，事故が 1 件なら等級は 1 つ減算，事故が 2 件以上なら等級は 2 つ減算される．等級 6 で無事故の場合と等級 1 で事故が 1 件以上の場合は据え置かれ，等級 2 で事故が 2 件以上の場合は等級 1 となる．

等級 1 = 30% 割増，等級 2 = 15% 割増，等級 3 = 割引なし，
等級 4 = 10% 割引，等級 5 = 20% 割引，等級 6 = 30% 割引，
1 年間無事故の確率 = 0.6,
1 年間で事故が 1 件起こる確率 = 0.3,
1 年間で事故が 2 件以上起こる確率 = 0.1
という条件で定常状態に達したときの平均割増引率を求めよ.

解 推移行列 P は次のようになる：

$$P = \begin{pmatrix} 0.4 & 0.6 & 0 & 0 & 0 & 0 \\ 0.4 & 0 & 0.6 & 0 & 0 & 0 \\ 0.1 & 0.3 & 0 & 0.6 & 0 & 0 \\ 0 & 0.1 & 0.3 & 0 & 0.6 & 0 \\ 0 & 0 & 0.1 & 0.3 & 0 & 0.6 \\ 0 & 0 & 0 & 0.1 & 0.3 & 0.6 \end{pmatrix}.$$

定常状態を $\pi = (p_1, \cdots, p_6)$ とすると

$$(p_1, p_2, \cdots, p_6) = (p_1, p_2, \cdots, p_6)P,$$

これを解くと

$$p_1 = 0.106, \qquad p_2 = 0.123, \qquad p_3 = 0.143,$$

$$p_4 = 0.168, \qquad p_5 = 0.184, \qquad p_6 = 0.276$$

となるので，平均割増率は

$$0.3 \cdot 0.106 + 0.15 \cdot 0.123 + (-0.1) \cdot 0.168$$
$$+ (-0.2) \cdot 0.184 + (-0.3) \cdot 0.276 = -0.086$$

となる. □

定義 5.3 確率過程 $\{X_t\}_{t \geqq 0}$ が次の 3 つの条件を満たすとき強度 (intensity) が λ の **Poisson 過程**であるという.

(A-1) 確率 1 で，$X_0 = 0$，X_t を t の関数とみるとき右連続で左極限をもつ．

(A-2) 任意の時点列 $0 = t_0 < t_1 < \cdots < t_n$ に対して

$$X_{t_1} - X_{t_0},\ X_{t_2} - X_{t_1},\ \cdots,\ X_{t_n} - X_{t_{n-1}} : \text{独立}.$$

(A-3) $0 \leqq s < t$ のとき，$X_t - X_s$ の確率分布は平均 $\lambda(t-s)$ の Poisson 分布に従う．

(A-1), (A-2) を満たす確率過程を**加法過程**または **Lévy 過程**とよぶ．

それでは，クレーム件数を表す N_t は Poisson 過程となるのであろうか？この問題をこれから考えていこう．

$0 < s < t$ として，$P(N_s = k, N_t - N_s = m)$ を考えよう．そこで，

$$U_1 = Z_1 + \cdots + Z_k$$

$$U_2 = Z_{k+1}$$

$$U_3 = Z_{k+2} + \cdots + Z_{k+m}$$

$$U_4 = Z_{k+m+1}$$

とおく．

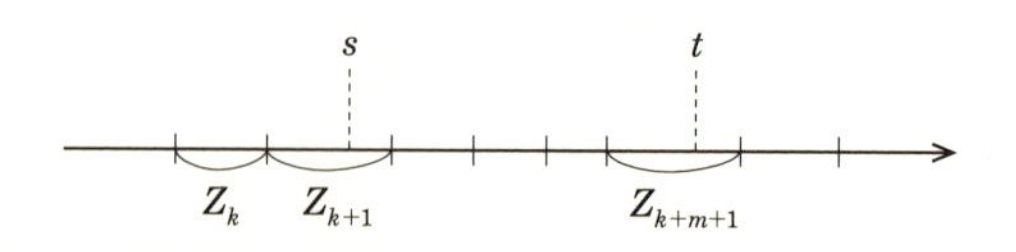

図 **5.2** Z_k, Z_{k+1}, Z_{k+m+1}

U_1, U_2, U_3, U_4 は独立で，(5.5) により U_1, U_3 はガンマ分布に従うことに注意すると，

$$P(N_s = k, N_t - N_s = m)$$

$$= P(U_1 < s < U_1 + U_2, U_1 + U_2 + U_3 < t < U_1 + U_2 + U_3 + U_4)$$

$$
\begin{aligned}
&= \frac{\lambda^{m+k+1}}{\Gamma(k)\Gamma(m-1)} \int_0^s du_1 e^{-\lambda u_1} u_1^{k-1} \int_{s-u_1}^{t-u_1} du_2 e^{-\lambda u_2} \\
&\quad \times \int_0^{t-(u_1+u_2)} du_3 e^{-\lambda u_3} u_3^{m-2} \int_{t-(u_1+u_2+u_3)}^{\infty} du_4 e^{-\lambda u_4} \\
&= \frac{\lambda^{m+k} e^{-\lambda t}}{\Gamma(k)\Gamma(m-1)} \int_0^s du_1 u_1^{k-1} \int_{s-u_1}^{t-u_1} du_2 \int_0^{t-(u_1+u_2)} du_3 u_3^{m-2} \\
&= \frac{\lambda^{m+k} e^{-\lambda t}}{\Gamma(k)\Gamma(m)} \int_0^s du_1 u_1^{k-1} \int_{s-u_1}^{t-u_1} du_2 (t-u_1-u_2)^{m-1} \\
&= \frac{\lambda^{m+k} e^{-\lambda t}}{\Gamma(k)\Gamma(m)} \int_0^s du_1 u_1^{k-1} \int_0^{t-s} dv v^{m-1} \\
&\quad (v = t - u_1 - u_2 \text{とおいた}) \\
&= e^{-\lambda s} \frac{(\lambda s)^k}{k!} \cdot e^{-\lambda(t-s)} \frac{(\lambda(t-s))^m}{m!} \\
&= P(N_s = k) P(N_t - N_s = m)
\end{aligned}
$$

となり，N_s と $N_t - N_s$ が独立となることがわかった．同じ議論を繰り返していくことによって，任意の増大時点列 $0 = t_0 < t_1 < \cdots < t_n$ に対して

$$
N_{t_1},\ N_{t_2} - N_{t_1},\ \cdots,\ N_{t_n} - N_{t_{n-1}}
$$

は独立となることがわかる．また，$N_t - N_s$ は平均 $\lambda(t-s)$ の Poisson 分布に従うので，N_t は Poisson 過程となる．

X_t を (A-1), (A-2), (A-3) を満たす Poisson 過程とする．X_t は $X_0 = 0$ から出発して，しばらくの間は 0 に留まるが，ある時点 T_1 でジャンプし，しばらくその値に留まり，またある時点 T_2 でジャンプするという運動を繰り返す．このとき，ジャンプ巾はどのような値になるのであろうか．

まず，t を固定して h を十分に小さい数として，$P(X_{t+h} - X_t \geqq 2)$ を考えよう．

$$
\begin{aligned}
P(X_{t+h} - X_t \geqq 2) &= \sum_{k=2}^{\infty} e^{-\lambda h} \frac{(\lambda h)^k}{k!} \\
&= 1 - e^{-\lambda h}(1 + \lambda h) \\
&= 1 - (1 - \lambda h + o(h))(1 + \lambda h)
\end{aligned}
$$

$$= (\lambda h)^2 + o(h) = o(h)$$

となる．また，$P(X_{t+h} - X_t \geqq 1) = \lambda h + o(h)$ なので，

$$P(X_{t+h} - X_t \geqq 2 | X_{t+h} - X_t \geqq 1) = \frac{o(h)}{\lambda h + o(h)} \to 0 \quad (h \to 0)$$

となり，ジャンプが起こるとき，ジャンプ巾が 2 以上となる確率は 0 となることが示された．

したがって，**確率 1 でジャンプ巾は 1** となることが示された．Poisson 過程のサンプルパスの図は図 5.3 のように 1 だけジャンプしていく階段関数のようになる．

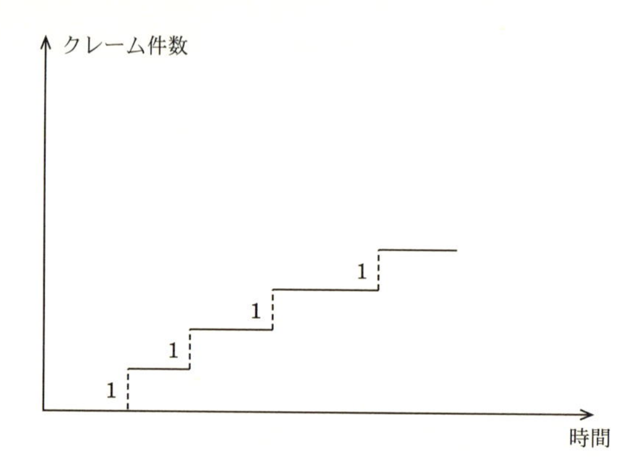

図 5.3　Poisson 過程

事故と事故の間の時間間隔が独立に指数分布に従うと仮定して，時点 t までの事故の件数として N_t を定めたとき，N_t が Poisson 過程となることを示した．逆に Poisson 過程 X_t が (A-1) から (A-3) を満たすものとして与えられたとき，ジャンプ間隔 $Z_k = T_k - T_{k-1}$ は互いに独立で指数分布に従うのだろうか？

まず，

$$P(T_1 > t) = P(X_t = 0) = e^{-\lambda t}$$

であるので，T_1 は平均 $\frac{1}{\lambda}$ の指数分布に従う．

また，

$$P(T_2 - T_1 > t | T_1 = s) = P(X_{t+s} - X_s = 0)$$
$$= e^{-\lambda t}.$$

このことを繰り返していくと，$T_1, T_2 - T_1, \cdots$ が独立で，ともに平均 $\dfrac{1}{\lambda}$ の指数分布に従うことがわかる．

問題 5.4 1 年間に発生するクレームの回数 N は $\mathrm{Po}(\lambda)$ に従うとする．1 回のクレームが発生したとき，同時に複数のクレームが発生するとしてその回数 X_i は次の確率分布に従うとする．X_i と N とは独立とする．

$$P(X_i = k) = \frac{1}{k \log(1+\varphi)} \left(\frac{\varphi}{1+\varphi} \right)^k \quad (k = 1, 2, \cdots, \ \varphi > 0)$$

(1) 1 年間に発生するクレーム件数総数 S のモーメント母関数を求めよ．

(2) S の期待値，分散を求めよ．

解 (1) S は次のように表される．

$$S = X_1 + \cdots + X_N$$

これより，S のモーメント母関数は次のようになる：

$$M_S(\theta) = \sum_{k=0}^{\infty} E[e^{\theta(X_1 + \cdots + X_N)} | N = k] P(N = k)$$
$$= \sum_{k=0}^{\infty} E[e^{\theta X_1}]^k e^{-\lambda} \frac{\lambda^k}{k!}.$$

$M_{X_1}(\theta) = E[e^{\theta X_1}]$ は次のように計算される．

$$M_{X_1}(\theta) = \sum_{k=1}^{\infty} e^{\theta k} P(X_1 = k)$$
$$= \frac{1}{\log(1+\varphi)} \sum_{k=1}^{\infty} \frac{1}{k} \left(\frac{\varphi e^{\theta}}{1+\varphi} \right)^k$$

$$= -\frac{\log\left(1 - \dfrac{\varphi e^{\theta}}{1+\varphi}\right)}{\log(1+\varphi)}$$

ここで，

$$\sum_{k=1}^{\infty} \frac{1}{k}\alpha^k = -\log(1-\alpha)$$

を用いている．この式は

$$\sum_{k=0}^{\infty} x^k = \frac{1}{1-x}$$

の両辺を x について 0 から α まで積分することにより得られる．

したがって，

$$\begin{aligned} M_S(\theta) &= e^{-\lambda} \sum_{k=0}^{\infty} \frac{(\lambda M_{X_1}(\theta))^k}{k!} \\ &= \exp\left\{-\lambda \frac{\log(1+\varphi-\varphi e^{\theta})}{\log(1+\varphi)}\right\} \\ &= (1+\varphi-\varphi e^{\theta})^{-\frac{\lambda}{\log(1+\varphi)}} \end{aligned}$$

となる．

(2)

$$\begin{aligned} E[X] &= M'_S(0) = \frac{\lambda\varphi}{\log(1+\varphi)}, \\ V[S] &= M''_S(0) - M'_S(0)^2 = \frac{\lambda\varphi(1+\varphi)}{\log(1+\varphi)}. \end{aligned}$$

□

●——複合 Poisson 過程 (Compound Poisson Process)

Poisson 過程ではジャンプ巾は常に 1 であったが，ジャンプ巾もある確率分布に従う確率過程を複合 Poisson 分布とよぶ．事故によりクレームが発生するとき，そのクレーム額は一定ではなくある確率分布に従う確率変数となる．このとき，時点 t までに発生したクレーム額の総額を表す確率過程は複合 Poisson 過程となる．

この複合 Poisson 過程を数学的に定式化しよう．ジャンプ巾を表す確率変数

を $Y_1, Y_2, \cdots$ とし，これらは独立である確率分布に従っているとする．N_t は平均 λt の Poisson 分布に従う確率変数であるとし，$Y_1, Y_2, \cdots$ とも独立であるとする．このとき

$$X_t = \sum_{k=1}^{N_t} Y_k$$

で与えられる X_t が複合 Poisson 過程である．ただし，$N_t = 0$ のときは $X_t = 0$ とする．

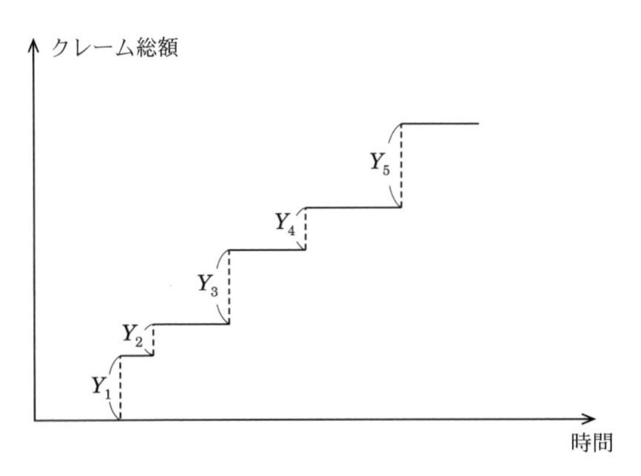

図 **5.4**　複合 Poisson 過程

$\{Y_k\}$ の確率分布に対してモーメント母関数 $M(\theta)$ が存在すると仮定する．すなわち，

$$M(\theta) = E[e^{\theta Y_k}] < \infty \qquad (\theta \in \mathbb{R})$$

が成り立つと仮定する．

このとき，X_t のモーメント母関数を求めると，

$$\begin{aligned} M_{X_t}(\theta) &= E\left[\exp\left\{\theta \sum_{k=1}^{N_t} Y_i\right\}\right] \\ &= \sum_{m=0}^{\infty} E\left[\exp\left\{\theta \sum_{k=1}^{N_t} Y_i\right\} \middle| N_t = m\right] P(N_t = m) \\ &= P(N_t = 0) + \sum_{m=1}^{\infty} E\left[\exp\left\{\theta \sum_{k=1}^{m} Y_i\right\}\right] e^{-\lambda t} \frac{(\lambda t)^m}{m!} \end{aligned}$$

$$
\begin{aligned}
&= e^{-\lambda t} + \sum_{m=1}^{\infty} M(\theta)^m e^{-\lambda t} \frac{(\lambda t)^m}{m!} \\
&= e^{-\lambda t} \sum_{m=0}^{\infty} \frac{(M(\theta)\lambda t)^m}{m!} \\
&= \exp\{\lambda t(M(\theta) - 1)\}
\end{aligned}
$$

となる.

これより,

$$
\begin{aligned}
M'_{X_t}(\theta) &= \lambda t M'(\theta) \exp\{\lambda t(M(\theta) - 1)\}, \\
M''_{X_t}(\theta) &= \{\lambda t M''(\theta) + (\lambda t M'(\theta))^2\} \exp\{\lambda t(M(\theta) - 1)\}
\end{aligned}
$$

となるので, $E[X_t] = M'_{X_t}(0), E[X_t^2] = M''_{X_t}(0)$ を用いると,

$$
\begin{aligned}
E[X_t] &= \lambda t \mu, \\
E[X_t^2] &= \lambda t(\sigma^2 + \mu^2) + (\lambda t \mu)^2
\end{aligned}
$$

となる. ここで,

$$
\mu = E[Y_i], \qquad \sigma^2 = V[Y_i]
$$

である.

したがって,

$$
V[X_t] = \lambda t(\sigma^2 + \mu^2)
$$

となる.

5.6 有限変動信頼性理論

保険料の料率改定のところでも述べたが, 現行の保険料 P_0 とその年度の実績データから算出される実績の保険料 P_1 から新保険料 P を $P = Z \cdot P_1 + (1 - Z) \cdot P_0$ という形で求めた. ここで, Z は実績データへの信頼度である. $Z = 1$ のときは実績データに完全な信頼をおくことを意味し, $Z = 0$ のときは実績データを完全に無視することを意味する.

一般に, 統計データからクレーム額の平均値などの未知の量 C を推定しよ

うとするとき，そのデータをどのくらい信頼するかという問題が生ずる．一番問題となるのはデータ数で，データ数が少ないと分散を小さくすることができず，統計データから得られた推定値が真の値から大きく乖離する危険性を除去することができない．

そこで，統計データとは別の推定値 M を用意し，信頼度を $Z \in [0,1]$ として，C の推定量 $\hat{C}$ を

$$\hat{C} = Z \cdot T + (1 - Z)M \tag{5.8}$$

として定める．ここで，T は統計データから求めた C の推定量であり，M は推定に使用した統計データとは関係のないものである．M は前年度の推定値であったり，より大きな統計集団で定められた値であったり，何らかの方法で定められた数値である．

C として，1 年間に発生するクレーム額の和の平均値としよう．実績データから得られる 1 年間のクレーム総額 T は次のように与えられる：

$$T = X_1 + \cdots + X_N.$$

ここで，N は 1 年間に発生するクレーム件数で，$N \sim$Po(n) とする．$(n = E[N] = V[N])$　また，$\{X_i\}$ はクレーム額で，$E[X_i] = \mu, V[X_i] = \sigma^2$ とする．

5.1 節で述べたことにより次が成立する：

$$\begin{aligned} E[T] &= E[X_i] \cdot E[N] = n\mu, \\ V[T] &= V[X_i]E[N] + V[N]E[X_i]^2 = n(\sigma^2 + \mu^2). \end{aligned} \tag{5.9}$$

次年度の C の値を推定するとき，M を無視し実績データのみで決定できるためにはデータ量はどの程度のものがなければならないのかを考えよう．

●——全信頼度

全信頼度を得るための条件として以下のものを考える：

> T が $1-\varepsilon$ 以上の確率で T の真の値 $E[\hat{T}]$ の上下 ε_0 以内にある．
> $\Longrightarrow$ T に全信頼を与える $(Z=1)$．

上の制約条件の下で，全信頼度を与えるために満たすべき n の条件を求めよう．

全信頼度を与えるための条件は

$$P\left(|T-E[T]|<\varepsilon_0 E[T]\right)>1-\varepsilon$$

であることに注意して，中心極限定理が使える形に変形すると

$$P\left(\left|\frac{T-E[T]}{\sqrt{V[T]}}\right|<\frac{\varepsilon_0 E[T]}{\sqrt{V[T]}}\right)\geqq 1-\varepsilon$$

となる．

$E[T]=n\mu, V[T]=n(\sigma^2+\mu^2)$ であるから

$$\frac{\varepsilon_0 n\mu}{\sqrt{n(\sigma^2+\mu^2)}}=u\left(\frac{1}{2}\varepsilon\right)$$

これより，

$$n\geqq\left(\frac{u\left(\frac{1}{2}\varepsilon\right)}{\varepsilon_0}\right)^2\left(1+\left(\frac{\sigma}{\mu}\right)^2\right)$$

となる．

◉——部分信頼度

実績データのデータ量が十分でない場合は M の値を用いて，(5.8) により C の値を定めなければならない．このとき，Z の値はどのように定めるべきであろうか？

ZT が $1-\varepsilon$ の確率で期待値 $ZE[T]$ の周りで $\varepsilon_0 E[T]$ 以内にあることを要請することによって Z の値を定めよう．

上の条件を表すと

$$P(|ZT - ZE[T]| < \varepsilon_0 E[T]) = 1 - \varepsilon$$

となる．

これを中心極限定理が適用できる形に変形すると

$$P\left(\left|\frac{T - E[T]}{\sqrt{V[T]}}\right| < \frac{\varepsilon_0 E[T]}{Z\sqrt{V[T]}}\right) = 1 - \varepsilon$$

となり，

$$\frac{T - E[T]}{\sqrt{V[T]}} \sim \mathrm{N}(0,1)$$

とすると，

$$\frac{\varepsilon_0 E[T]}{Z\sqrt{V[T]}} = u\left(\frac{1}{2}\varepsilon\right)$$

となる．

これより，

$$Z = \frac{\varepsilon_0}{u\left(\frac{1}{2}\varepsilon\right)} \frac{\sqrt{n}}{\sqrt{1 + \left(\frac{\sigma}{\mu}\right)^2}} \tag{5.10}$$

となる．

●——Bühlmann モデル

ある契約者集団における自動車保険契約を考える．各人の運転技術には差があり，運転能力がパラメータ Θ で表されていると考える．

(1) $X_1, \cdots, X_n$:ある個人の過去 n 年間のロスコスト (保険金支払額) とする．

(2) $E[X_i|\Theta = \theta] = \mu(\theta)$, $V[X_i|\Theta = \theta] = \sigma^2(\theta)$ が与えられており，$\Theta = \theta$ の下で，$X_i, X_j (i \neq j)$ は独立であるとする．すなわち，

$$P(X_i = z_i, X_j = z_j|\Theta = \theta) = P(X_i = z_i|\Theta = \theta)P(X_j = z_j|\Theta = \theta)$$

が成り立つとする．

(3) Θ はある分布に従い，$\mu = E_\theta[\mu(\theta)]$ (集団全体の平均) とする．

問題 5.5　契約者集団を次のグループ A とグループ B に分ける：

グループ A：1 年に 1 回だけ事故が起こる確率を p_1，1 回も事故が起こらない確率を $1-p_1$ とし，クレーム額は指数分布 $\mathrm{Ex}(\lambda_1)$ に従うとする．

グループ B：1 年に 1 回だけ事故が起こる確率を p_2，1 回も事故が起こらない確率を $1-p_2$ とし，クレーム額は指数分布 $\mathrm{Ex}(\lambda_2)$ に従うとする．

契約者数の比率は

$$(\text{グループ A}):(\text{グループ B}) = c : 1-c \qquad (0 < c < 1)$$

とする．

X_i をある個人の 1 年間のロスコストとする．

(1)　$\mu_A = E[X_i|\Theta = A]$,　$\mu_B = E[X_i|\Theta = B]$ を求めよ．

(2)　$\sigma_A^2 = V[X_i|\Theta = A]$,　$\sigma_B^2 = V[X_i|\Theta = B]$ を求めよ．

(3)　$E[\sigma_\Theta^2]$ を求めよ．

(4)　$V[\mu_\Theta]$ を求めよ．

解　(1)　$\mu_A = \dfrac{p_1}{\lambda_1}$, $\mu_B = \dfrac{p_2}{\lambda_2}$.

(2)　$\sigma_A^2 = \dfrac{p_1}{\lambda_1^2}$, $\sigma_B^2 = \dfrac{p_2}{\lambda_2^2}$.

(3)　$P(\Theta = A) = c$, $P(\Theta = B) = 1-c$ であるので，

$$\begin{aligned} E[\sigma_\Theta^2] &= c\sigma_A^2 + (1-c)\sigma_B^2 \\ &= \frac{cp_1}{\lambda_1^2} + \frac{(1-c)p_2}{\lambda_2^2} \end{aligned}$$

となる．

(4)　(3) と同様にして

$$V[\mu_\Theta] = E[\mu_\Theta^2] - E[\mu_\Theta]^2$$

$$
\begin{aligned}
&= c\mu_A^2 + (1-c)\mu_B^2 - (c\mu_A + (1-c)\mu_B)^2 \\
&= \frac{cp_1^2}{\lambda_1^2} + (1-c)\frac{p_2^2}{\lambda_2^2} - \left(\frac{cp_1}{\lambda_1} + \frac{(1-c)p_2}{\lambda_2}\right)^2
\end{aligned}
$$

となる． □

> 過去 n 年間のデータ $X_1, \cdots, X_n$ から次年度ロスコストの推定量 X_{n+1} を
>
> $$a_0 + \sum_{i=1}^{n} a_i X_i$$
>
> という形で求めたい．このとき，
>
> $$f(a_0, a_1, \cdots, a_n) = E\left[\left(X_{n+1} - \left(a_0 + \sum_{i=1}^{n} a_i X_i\right)\right)^2\right] \tag{5.11}$$
>
> を最小化するように $a_0, a_1, \cdots, a_n$ を定めるとする．

$f(a_0, a_1, \cdots, a_n)$ を $a_0, a_1, \cdots, a_n$ で偏微分し，それらを 0 とおくと以下の式が成り立つ：

$$
\begin{aligned}
&a_0 + \sum_{i=1}^{n} a_i E[X_i] = E[X_{n+1}], \\
&a_0 E[X_k] + \sum_{i=1}^{n} a_i E[X_i X_k] = E[X_k X_{n+1}].
\end{aligned}
$$

これら二つの式より

$$\sum_{i=1}^{n} a_i \mathrm{Cov}(X_i, X_k) = \mathrm{Cov}(X_k, X_{n+1}) \tag{5.12}$$

が成り立つ．

ここで，$\mathrm{Cov}(X_i, X_k)$ がどのように表現されるかを考える．$P(d\theta)$ を Θ の確率分布とすると，$i \neq k$ のとき，

$$
\begin{aligned}
\mathrm{Cov}(X_i, X_k) &= E[X_i X_k] - E[X_i]E[X_k] \\
&= \int P(d\theta)\ E[X_i X_k | \Theta = \theta]
\end{aligned}
$$

$$
\begin{aligned}
&- \int P(d\theta)\ E[X_i|\Theta=\theta] \int P(d\theta)\ E[X_k|\Theta=\theta] \\
&= \int P(d\theta)\ \mu_\theta^2 - \left(\int P(d\theta)\ \mu_\theta\right)^2 \\
&= V[\mu_\Theta] \qquad (5.13)
\end{aligned}
$$

となる．

$E[X_i^2]$ を考えると

$$
\begin{aligned}
E[X_i^2] &= \int P(d\theta)\ E[X_i^2|\Theta=\theta] \\
&= \int P(d\theta)\ (\sigma_\theta^2 + \mu_\theta^2)
\end{aligned}
$$

であるので，

$$
\begin{aligned}
V[X_i] &= \int P(d\theta)\ (\sigma_\theta^2 + \mu_\theta^2) - \left(\int P(d\theta)\ \mu_\theta\right)^2 \\
&= E[\sigma_\Theta^2] + V[\mu_\Theta]
\end{aligned}
$$

となる．

ここで，

$$
\begin{aligned}
&\mathrm{Cov}(X_i, X_k) = c \qquad (i \neq k), \\
&E[\sigma_\Theta^2] = f, \qquad V[X_i] = c + f
\end{aligned}
$$

とおくと，(5.12) 式は

$$
\begin{aligned}
&(c+f)a_1 + ca_2 + \cdots + ca_n = c \\
&ca_1 + (c+f)a_2 + \cdots + ca_n = c \\
&\qquad \cdots\cdots \\
&ca_1 + \cdots + ca_{n-1} + (c+f)a_n = c
\end{aligned}
$$

と書ける．これを解くと

$$
a_k = \frac{c}{nc+f} \qquad (k = 1, \cdots, n)
$$

$$= \frac{V[\mu_\Theta]}{nV[\mu_\Theta] + E[\sigma_\Theta^2]}$$

となる．

また，$E[X_i] = \mu$ とおくと

$$a_0 = \mu(1 - na_1)$$

となり，

$$X_{n+1} = \mu(1 - na_1) + na_1\bar{X}$$

となる．そこで，$Z = na_1$ とすると，

$$X_{n+1} = \mu(1 - Z) + Z\bar{X}$$

となる．

ここで，

$$Z = \frac{nV[\mu_\Theta]}{nV[\mu_\Theta] + E[\sigma_\Theta^2]} = \frac{n}{n + \dfrac{E[\sigma_\Theta^2]}{V[\mu_\Theta]}} \tag{5.14}$$

となる．

問題 5.6　1 年契約の自動車保険の加入者集団が次の二つのグループに分類される．

グループ A： 事故が 1 回起こる確率が 0.1，1 回も起こらない確率が 0.9 であって，クレーム額は平均 10 の指数分布に従う．

グループ B： 事故が起こらない確率が 0.8，1 回起こる確率が 0.1，2 回起こる確率が 0.1 であるとし，各クレーム額は独立に平均 20 の指数分布に従う．

グループ A とグループ B の契約数の比は 2：1 であり，ひとつの契約

をとったときの過去5年間のクレーム総額(ロスコスト)を $X_1, \cdots, X_5$ とする.

(1) $\mu_A = E[X_i|\Theta = A], \sigma_A^2 = V[X_i|\Theta = A], \mu_B = E[X_i|\Theta = B]$, $\sigma_B^2 = V[X_i|\Theta = B]$ を求めよ.

(2) $V[\mu_\Theta]$, $E[\sigma_\Theta^2]$ を求め, Z を求めよ.

(3) $X_1 + \cdots + X_5 = 12$ であったときの次年度の保険料はいくらか?

解

(1)
$$\mu_A = 0.1 \cdot 10 = 1, \qquad \mu_B = 0.1 \cdot 20 + 2 \cdot 0.1 \cdot 20 = 6,$$
$$\sigma_A^2 = 0.1 \cdot 100 = 10, \qquad \sigma_B^2 = 0.1 \cdot 400 + 0.1 \cdot 2 \cdot 400 = 120.$$

(2) $V[\mu_\Theta]$ は次のように求められる:

$$\begin{aligned} V[\mu_\Theta] &= E[\mu_\Theta^2] - E[\mu_\Theta]^2 \\ &= \frac{2}{3} \cdot \mu_A^2 + \frac{1}{3} \cdot \mu_B^2 - \left(\frac{2}{3}\mu_A + \frac{1}{3}\mu_B\right)^2 \\ &= \frac{2}{3} \cdot 1 + \frac{1}{3} \cdot 36 - \left(\frac{2}{3} + \frac{1}{3} \cdot 6\right)^2 \\ &= \frac{50}{9}. \end{aligned}$$

同様に

$$\begin{aligned} E[\sigma_\Theta^2] &= \frac{2}{3}\sigma_A^2 + \frac{1}{3}\sigma_B^2 \\ &= \frac{140}{3} \end{aligned}$$

となるので,

$$Z = \frac{5}{5 + \dfrac{\frac{140}{3}}{\frac{50}{9}}} = \frac{25}{67}$$

となる.

(3)　$\mu = E[X_i]$ は

$$\mu = \frac{2}{3}\mu_A + \frac{1}{3}\mu_B = \frac{8}{3}$$

となり，$\bar{X} = \dfrac{12}{5}$ なので新保険料は

$$(1 - Z)\mu + Z\bar{X} = \frac{42}{67} \cdot \frac{8}{3} + \frac{25}{67} \cdot \frac{12}{5} = \frac{172}{67}$$

となる．□

5.7　再保険

地震などの大災害が起きたときには巨額な保険金支払いが生じたりする．このような大きな保険リスクに対して，元受保険会社だけではそのリスクに対処しかねるとき，そのリスクの一部またはすべてを他の保険会社に転嫁することを**再保険**という．再保険にはストップ・ロス再保険や比例再保険などいくつかの種類があるが，ここでは超過損害額に対する再保険である ELC 再保険について述べよう．

◉——ELC 再保険

損害額があらかじめ定めたある値 (**エクセスポイント**) を超えたとき，その超過部分のうち，あらかじめ定めた再保険責任限度額 (**カバーリミット**) まで再保険金として回収するものを ELC 再保険 (超過損害額再保険) という．

例えば，リスク X が平均 m の指数分布に従っているとする．これにエクセスポイントが d，カバーリミット c の ELC 再保険に入ったとする．

再保険を受けた会社の再保険金支払額の期待値は

$$\begin{aligned}\int_d^{d+c} (x-d) f_X(x) dx &= \frac{1}{m}\int_d^{d+c} x e^{-\frac{1}{m}x} dx - \frac{d}{m}\int_d^{d+c} e^{-\frac{1}{m}x} dx \\ &= m e^{-\frac{d}{m}} - (m+c) e^{-\frac{1}{m}(d+c)}\end{aligned}$$

となる．

したがって，再保険の純保険料は $me^{-\frac{d}{m}} - (m+c)e^{-\frac{1}{m}(d+c)}$ となる．カ

バーリミットが無制限のときには，保険料は $me^{-\frac{d}{m}}$ となる．

問題 5.7 ある損害保険会社があるリスクに関する保険を引き受けた．そのリスクが年度内に発生する確率は 0.05 で，損害額 X は平均 80 億円の指数分布に従うことがわかっている．この保険の純保険料は会社の保険金支払額の期待値として算出されるとする．またこの会社は 100 億を超える損害額が発生したとき，これをヘッジするために，100 億を超える損害が発生したとき全額を他の会社に負担してもらうための再保険に入ったとする．再保険料は再保険会社が負担する金額の期待値とする．保険料収入および再保険料の支出は年度の始めに行われるとする．年度初めにおけるこの会社の資本は 90 億であったとする．この会社がこのリスクのために破産する確率を求めよ．ただし，年度内の資産運用による資本の変動はないものとする．

解 保険料 P は

$$P = 0.05E[X] = 4 \text{ 億円}$$

となる．

また，再保険の保険料 P' は

$$\begin{aligned} P' &= 0.05 \cdot \int_{100}^{\infty} \frac{1}{80} x e^{-\frac{1}{80}x} dx \\ &= 9e^{-\frac{5}{4}} \end{aligned}$$

となる．

年度初めの資本は 90 億に保険料 4 億が入り，ここから再保険料 $9e^{-\frac{5}{4}}$ が出て行くので，$94 - 9e^{-\frac{5}{4}}$ となる．

したがって，$94 - 9e^{-\frac{5}{4}} < X < 100$ となる確率が破産確率である．よって破産確率は

$$\int_{94-9e^{-\frac{5}{4}}}^{100} \frac{1}{80} e^{-\frac{1}{80}x} dx = [-e^{-\frac{1}{80}x}]_{94-9e^{-\frac{5}{4}}}^{100}$$

$$= \exp\left\{-\frac{94-9e^{-\frac{5}{4}}}{80}\right\} - e^{-\frac{5}{4}}$$

となる. □

5.8 Lundberg モデル

保険会社の時点 t の資本 X_t を表す確率過程を次のように定める.

その保険会社の初期資本 は u_0 で与えられ，保険料が単位時間当り $c > 0$ という割合で連続的に徴収されるとする. すなわち，時点 t までの保険料収入の総額は ct となる. クレームが発生する時間を $0 < T_1 < T_2 < \cdots$ とし，クレーム額も非負確率変数 $Y_1, Y_2, \cdots$ で表されるとする.

5.5 節で述べたように $\{T_i\}$ に関して次の仮定 A をおく.

仮定 A $T_0 = 0$ で，$Z_i = T_i - T_{i-1}$: 独立同分布 (i.i.d.) で指数分布に従いその確率密度関数は

$$f_{Z_i}(u) = \begin{cases} \lambda e^{-\lambda u} & (u > 0), \\ 0 & (\text{その他}) \end{cases}$$

で与えられる. (注意： Z_i の平均は $\dfrac{1}{\lambda}$.)

N_t を時点 $t \geqq 0$ までに発生したクレーム件数とすると，$\{N_t\}_{t \geqq 0}$ は Poisson 過程となり，

$$P(N_t = k) = e^{-\lambda t}\frac{(\lambda t)^k}{k!}$$

となる.

時点 t における会社の資本を

$$X_t = u_0 + ct - S_t,$$

$$S_t = \sum_{i=1}^{N_t} Y_i \tag{5.15}$$

で定め，会社の破産時間 T を

$$T = \inf\{t \geqq 0\,;X_t \leqq 0\}$$

で定義する．

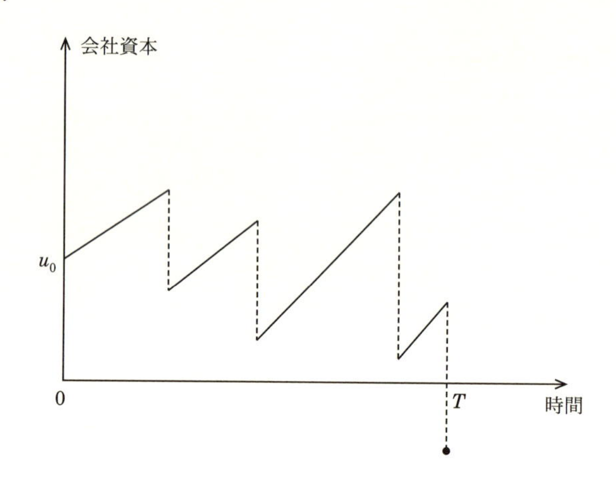

図 **5.5**　破産時間 T

さらに，クレーム額 $\{Y_i\}$ に関して次の二つの仮定をおく．

仮定 B　$Y_1, Y_2, \cdots$: i.i.d. で正の値を取り，確率密度関数 $f(u)$ をもち，Y_i の平均が

$$\mu = \int_0^\infty uf(u)du$$

で与えられているとする．

仮定 C　$\{T_1, T_2, \cdots\}$ と $\{Y_1, Y_2, \cdots\}$ は独立である．

5.5 節の複合 Poisson 過程のところで述べた議論により

$$\begin{aligned} E[X_t - X_0] &= ct - E\left[\sum_{i=1}^{N_t} Y_i\right] \\ &= ct - E[N_t]E[Y_i] \end{aligned}$$

$$= (c - \lambda\mu)t$$

となる．

$t > 0$ において会社資本の期待値が正になっていると仮定する．すなわち

仮定 D

$$c > \lambda\mu. \tag{5.16}$$

を仮定する．

以下の議論のために次の関数 $h(\theta)$ を導入する．

$$h(\theta) = \int_0^\infty (e^{\theta u} - 1) f(u) du \qquad (\theta \geqq 0)$$

$M(\theta)$ を Y_i のモーメント母関数とすると，

$$M(\theta) = \int_0^\infty e^{\theta u} f(u) du$$

であるので，$h(\theta) = M(\theta) - 1$ となることに注意しておこう．

$h(r) < \infty$ となる $r > 0$ に対して，

$$\begin{aligned}
E[e^{-r(X_t - X_0)}] &= e^{-crt} E\left[e^{r \sum_{k=1}^{N_t} Y_k} \right] \\
&= e^{-crt} \sum_{n=0}^{\infty} E\left[e^{r \sum_{k=1}^{N_t} Y_k} \middle| N_t = n \right] P(N_t = n) \\
&= e^{-crt} \sum_{n=0}^{\infty} E\left[e^{r \sum_{k=1}^{n} Y_k} \right] P(N_t = n) \\
&= e^{-crt} \sum_{n=0}^{\infty} M(r)^n P(N_t = n) \\
&= e^{-crt} e^{-\lambda t} \sum_{n=0}^{\infty} (1 + h(r))^n \frac{(\lambda t)^n}{n!} \\
&= e^{-crt - \lambda t + \lambda t(1 + h(r))} \\
&= e^{t(\lambda h(r) - cr)}
\end{aligned}$$

$$= e^{tg(r)} \tag{5.17}$$

となる．ここで，$g(r) = \lambda h(r) - cr$ とおいた．

同様にして，$s < t$ のとき

$$E[e^{-r(X_t - X_s)}] = e^{g(r)(t-s)} \tag{5.18}$$

となる．

ここで少々測度論的な議論をしなくてはならない．詳しくは文献 [1] を参照されたい．時刻 t までの $X_u(u \leqq t)$ を可測にする最小の σ−algebra を $\mathcal{G}_t$ とする．言い換えれば，時刻 t までのすべての cylinder sets

$$A = \{\omega; X_{t_1} \in (a_1, b_1), \cdots, X_{t_k} \in (a_k, b_k)\} \qquad (0 < t_1 < \cdots < t_k \leqq t)$$

を含む最小の σ-algebra である．

$\mathcal{G}_t$ 可測な事象とは t までの $X_u(u \leqq t)$ の履歴を知っていたならば，起こったか起こらなかったが判断できる事象である．

条件付期待値 $E[X|\mathcal{G}_t](\omega)$ を次で定める．($E[X|\mathcal{G}_t](\omega)$ は確率変数である．詳しくは文献 [1] を参照．)

条件付期待値

$Y(\omega) = E[X|\mathcal{G}_t](\omega)$ であるとは，

① $Y(\omega) : \mathcal{G}_t$ 可測，すなわち，任意の x に対して $\{Y \leqq x\} \in \mathcal{G}_t$ となる．

② $E[X; B] = E[Y; B] \quad (\forall B \in \mathcal{G}_t)$ が成り立つ．

条件付期待値の性質

(1) $E[E[X|\mathcal{G}_t]] = E[X]$.

(2) $X(\omega) : \mathcal{G}_t$ 可測のとき，$E[XZ|\mathcal{G}_t](\omega) = X(\omega)E[Z|\mathcal{G}_t](\omega)$.

(3) $s < t$ のとき，$E[E[X|\mathcal{G}_t]|\mathcal{G}_s](\omega) = E[X|\mathcal{G}_s](\omega)$.

X_t は独立増分過程であるので，

$$E[e^{-r(X_t-X_s)}|\mathcal{G}_s] = E[e^{-r(X_t-X_s)}] = e^{g(r)(t-s)}$$

となり，確率 1 で

$$E[e^{-rX_t-g(r)t}|\mathcal{G}_s] = e^{-rX_s-g(r)s}$$

となる．すなわち，

$$M_t = e^{-rX_t-g(r)t}$$

はマルチンゲール (martingale) となり，

$$E[M_t] = M_0 = e^{-ru_0} < \infty$$

となる．

したがって，任意の Markov time (stopping time)τ に対して

$$E[M_{t\wedge\tau}] = M_0$$

が成立する．

破産時間 T は Markov time となるので，

$$\begin{aligned} e^{-ru_0} &= E[e^{-rX_{t\wedge T}-g(r)(t\wedge T)}] \\ &\geqq E[e^{-rX_{t\wedge T}-g(r)(t\wedge T)}|T \leqq t]P(T \leqq t) \\ &= E[e^{-rX_T-g(r)T}|T \leqq t]P(T \leqq t) \\ &\geqq E[e^{-g(r)T}|T \leqq t]P(T \leqq t) \\ &\geqq \min_{0\leqq s\leqq t} e^{-g(r)s}P(T \leqq t) \end{aligned}$$

が成立する．これより，

$$P(T \leqq t) \leqq \frac{e^{-ru_0}}{\min\limits_{0\leqq s\leqq t} e^{-g(r)s}} \leqq e^{-ru_0} \max_{0\leqq s\leqq t} e^{g(r)s} \tag{5.19}$$

となる．

$g(r) = \lambda h(r) - cr$ のグラフを考えると，$g(0) = 0$ で $g'(0) = \lambda\mu - c$ となるが，仮定 D により $g'(0) < 0$ となり，$g''(r) = \lambda h''(r) \geqq 0$ であるから $g(R) = 0$ となる $R > 0$ がただ一つ存在する．

(5.19) において，$r = R$ を代入すると，

$$P(T \leqq t) \leqq e^{-Ru_0} \tag{5.20}$$

という評価が得られる．

以上のことを定理にまとめておく．

定理 5.3　仮定 A ∼ D の下で，R を $g(R) = 0$ となる唯一解とするとき破産確率について

$$P(T \leqq t) \leqq e^{-u_0 R}$$

という評価が成立する．ただし，u_0 は初期資本である．

問題 5.8　Lundberg モデルにおいて，クレーム額を $Y_1, Y_2, \cdots$ と表し，単位時間当たりの保険料収入額 c を

$$c = (1 + \theta)\lambda\mu$$

とおく．$\lambda\mu$ が支出されるクレーム額の期待値で，θ が安全割増である．

(1)　$u_0 = 30, \lambda = 2$ とし，Y_i の p.d.f. が

$$f(y) = \begin{cases} \dfrac{2^{10}}{\Gamma(10)} y^9 e^{-2y} & (y > 0), \\ 0 & (\text{その他}) \end{cases}$$

とする．破産確率を 5% まで許容するとして，安全割増 θ を Lundberg 不等式から求めよ．ただし，$\log 0.05 = -3$ とする．

(2)　$u_0 = 16, \lambda = 10$ とし，Y_i の p.d.f. が

$$f(y) = \begin{cases} \sqrt{\dfrac{\alpha}{2\pi y^3}} \exp\left\{-\dfrac{\alpha}{2y}\left(\dfrac{y-\mu}{\mu}\right)^2\right\} & (y > 0), \\ 0 & (\text{その他}) \end{cases}$$

とする．破産確率を e^{-2} まで許容するとして，安全割増 θ を Lundberg 不等式から求めよ．

解 (1) Y_i のモーメント母関数 (m.g.f.) は

$$M_{Y_i}(t) = \left(\frac{2}{2-t}\right)^{10}$$

となり，$0.05 = e^{-30R}$ より log をとって，$\log 0.05 = -3$ を用いると，$R = 0.1$ となる．

$1 + (1+\theta)\mu R = M_{Y_i}(R)$ に $R = 0.1$ を代入すると，

$$1 + (1+\theta)\frac{10}{2}\cdot\frac{1}{10} = \left(\frac{2}{2-0.1}\right)^{10}$$

より $\theta = 2\left(\frac{20}{19}\right)^{10} - 3$ となる．

(2) $f(y)$ が p.d.f. であることに注意して，Y_i の m.g.f. を求める：

$$\begin{aligned} M_{Y_i}(t) &= \sqrt{\frac{\alpha}{2\pi}}\int_0^{\infty} y^{-\frac{3}{2}} e^{-\frac{\alpha}{2y}\left\{\frac{\alpha-2t\mu^2}{\alpha\mu^2}y^2+1\right\}+\frac{\alpha}{\mu}}\,dy \\ &= \sqrt{\frac{\alpha}{2\pi}}\int_0^{\infty} y^{-\frac{3}{2}} e^{-\frac{\alpha}{2y}\left(\sqrt{\frac{\alpha-2t\mu^2}{\alpha\mu^2}}y-1\right)^2}dy\cdot e^{-\frac{\sqrt{\alpha^2-2t\alpha\mu^2}-\alpha}{\mu}} \\ &= \exp\left\{\frac{\alpha}{\mu}\left(1-\sqrt{1-\frac{2\mu^2 t}{\alpha}}\right)\right\}. \end{aligned}$$

$e^{-2} = e^{16R}$ より $R = \frac{1}{8}$.

$$1 + (1+\theta)\frac{\mu}{8} = M_{Y_i}\left(\frac{1}{8}\right)$$

より

$$\theta = \frac{8}{\mu}\left(e^{\frac{\alpha}{\mu}\left(1-\sqrt{1-\frac{\mu^2}{4\alpha}}\right)} - 1\right) - 1$$

となる． □

演習問題 D

D-1

k 個の契約者集団があり，各集団におけるクレーム件数を $X_1, \cdots, X_k$ とする．$X_1, \cdots, X_k$ は独立であるとし，

$$X_1 \sim \mathrm{Po}(\lambda_1), \lambda_1 \sim \Gamma(\alpha_1, \beta)$$

$$X_2 \sim \mathrm{Po}(\lambda_2), \lambda_2 \sim \Gamma(\alpha_2, \beta)$$

$$\cdots\cdots$$

$$X_k \sim \mathrm{Po}(\lambda_k), \lambda_k \sim \Gamma(\alpha_k, \beta)$$

であるとすると，総クレーム数 $S_k = X_1 + \cdots + X_k$ はどのような分布に従うか？

D-2

ある保険会社の自動車保険（免責金額 0）において 1 契約につき 1 年間のクレーム件数は Po(2) に従い，クレーム額は平均 10 の指数分布に従うことがわかっている．今，免責金額 10 を設定したとき，1 年間のクレーム件数が 0 となる確率を求めよ．

D-3

事故と事故の間の時間間隔 $\{X_i\}$ が i.i.d. で，平均 $\dfrac{1}{\lambda}$ の指数分布 $\mathrm{Ex}(\lambda)$ に従っているとする．また，i 番目の事故のクレーム額を Y_i とするとき，$\{Y_i\}$ も i.i.d. で，かつ $\{X_i\}$ とも独立で，平均 $\dfrac{1}{\mu}$ の指数分布 $\mathrm{Ex}(\mu)$ に従っているとする．初期の資本が u_0 で，時間 t までに収入される保険料が ct であるとする．

(1) 1 回目の事故のクレーム額の請求で会社が破産する確率を求めよ．

(2) 1 回目のクレーム額の請求では破産せずに，2 回目のクレーム額の請求で会社が破産する確率を求めよ．

(3) 時刻 t までのクレーム総額 S_t のモーメント母関数 $M_{S_t}(\theta)$ を求めよ．

D-4

クレーム額が平均 m の指数分布に従うとし，免責金額が a であるとする．

(1) エクセス方式で考えるとき，被保険者の平均自己負担額を求めよ．また，保険会社の支払いが生じた契約の平均支払額を求めよ．

(2) フランチャイズ方式で考えるとき，保険会社の支払いが生じた契約の平均支払額を求めよ．

D-5

ある保険種目において，クレーム件数がパラメータ Θ の Poisson 分布 $\mathrm{Po}(\Theta)$ に従い，Θ が $(0,10)$ 上の一様分布 $\mathrm{U}(0,10)$ に従っているとする．過去 3 年間で 17 件のクレームが生じている契約者について Bühlmann モデルで次年度のクレーム回数を推定せよ．

D-6

ある保険会社の自動車保険 (免責金額 0) において，1 契約につき 1 年間のクレーム件数は $\mathrm{Po}(2)$ に従い，クレーム額は平均 $\dfrac{1}{\mu}$ の指数分布 $\mathrm{Ex}(\mu)$ に従うことがわかっている．免責金額 a を設定し，1 年間のクレーム件数 S が 0 となる確率を $\dfrac{1}{2}$ より大きくしたい．a の値をどのように取れば良いか？

第6章

アクチュアリー試験の先にあるもの

昔と違って，今は学生時代からアクチュアリー資格試験のための勉強を始める人が少なくないようで，この本の読者もそういう方が多いかもしれません．今のアクチュアリー資格試験の1次試験科目は，数学(確率統計・モデリング)，生保数理，損保数理，年金数理，会計・経済・投資理論から構成されていますが，アクチュアリー会の指定教科書以外にも，この本も含め1次試験の内容に関わる多くの本や講座があって間口が広がり，学生にとっても勉強しやすい環境は整っていますし，そのおかげでアクチュアリーの認知度が上がったのは間違いないと思います．これが2次試験になると，生保・年金・損保と専門分化してガラッと雰囲気が変わるのですが，1次試験の内容だけが世間的にポピュラーになったせいか，現実のアクチュアリー数理と1次試験の内容を同一視して，アクチュアリーの仕事は少々時代遅れのカビ臭いものという印象を持たれている方も少なくないようです．そこで，ここではそういう見方に対してちょっとした反論を試みながら，アクチュアリーを目指している方に何かアドバイスとなりそうなことを少し述べてみたいと思います．

6.1 伝統の意義と限界を知る

1次試験の範囲には現在ではそのまま通用しないものや歴史的使命を終えたものも含まれています．しかし，だからといってそれらが不要と言うわけではありません．たとえば，生保数理や年金数理では，本書にも登場する特殊なアクチュアリー記号を用いた計算の習熟が求められますが，アクチュアリー記号自体はかつての貧弱な計算環境を補うための切実な工夫から出発していますので，コンピュータの発達した現在ではその必然性は希薄です．しかしながら，生命保険商品は商品の寿命 (保険期間) が長いため，過去の商品のリスク管理が今でも必要ですから,「算出方法書」と呼ばれるこれまで販売された商品の数理的設計図の記述言語を理解する必要があり，そのため現在でもアクチュアリー記号の習熟が求められるのです．一方で，割引率 r を一定とする伝統的生保数理・年金数理の体系は，金融自由化前の静的な金融世界観に基づくもので，金融自由化後の現実の世界にはフィットしません．そして「将来法と過去法の責任準備金の一致」という保険数理の原則は，計算基礎を現実の観測値に忠実なものに置き換えた場合には成り立ちません．

損保数理においても，かつての計算機能力の限界から，例えば，正規近似を補正するためのテクニック (エッシャー変換や正規べき近似等) や，解析的な取り扱いが楽なクレーム額分布と頻度分布の独立性を仮定した計算が使われてきましたが，現在では計算機の発達でモンテカルロ・シミュレーションが容易に行えるようになり，特に正規近似や独立性を仮定した解析的手法にこだわる必然性はなくなりました．しかしシステムのブラックボックス化を回避するために，考え方を理解する上では解析的手法は明瞭です．また，損保数理の伝統的な知恵は現在でも生きており，欧州の銀行が開発した信用リスクモデル「クレジットリスク・プラス」に転用されていたというような事実も無視できません．

確率統計に関しても，個人的経験では出題範囲よりも，どちらかというとより現代的な確率過程の知識が現場で必要とされるようになってきていると思います．実際，変額年金などの算出方法書ではブラック–ショールズ (BS) モデルによく似た式が顔を出すことがあります．もちろん BS モデルですべてが解決するほど現実問題は単純ではないのですが．

大事なことは，1 次試験の出題範囲に含まれるような伝統的知識の限界を知りながら，使えるようにするということです．知識の限界を知るためには，まず知識を習得する必要があります．ただ，受験生という立場では同じようなパターンの問題を数多く解かされるので，どうしても批判的な感覚が麻痺しがちになるのですが，グローバル化した金融危機や地球規模の気候変動にさらされている現在の世界は，教科書や問題集にある伝統的な知識が創出された時点ではまったく想像されていない世界なのだということを忘れないでいてください．

6.2 表現力と情報収集力を身につける

1 次試験 (5 科目) をクリアして，2 次試験 (2 科目) になると，教科書も数式より字が多くなり，試験問題も記述式が中心となります．手早く数学の問題を解くという 1 次試験の能力とは異なり，自分の考えを文章にまとめる能力が求められるようになります．さらに専門用語と法令の理解も重視されます．ちなみに，アクチュアリー会のホームページを見ると，おおよそ以下のような注意が与えられています (詳細はホームページをご覧ください).

(1) 保険業法・厚生年金基金法・法人税法等の関連諸法規および保険会社向けの総合的な監督指針は，専門知識および問題解決能力を問う上での前提知識であり，関連諸法規が改正された場合，教科書の該当部分を適宜読み替えが必要．

(2) それぞれのコース分野におけるアクチュアリーの役割や出題範囲に関わる時事問題も出題対象なので，アクチュアリー会の諸刊行物を通じた研鑽が必要．

こうなると，もはや数学の能力でカタのつく問題ではありません．特に数学科の学生の場合，文章による表現力が貧弱な人が散見され (筆者もその一人でしたが)，ここで想定外の足止めを食う人も少なくありません．ただ，ここで要請される文章によるコミュニケーション能力や，頻繁に変わる法令等の知識を自力でリアルタイムにアップデートしていく態度は，社会に活動の場を求めるアクチュアリーにとっては不可欠なものです．

こういうことをいうと，2 次試験はやっかいだなあと思われる人もいるかもしれません．それでも，今のように教科書が整備される前は「経営」という名の出題範囲が曖昧な論文試験だったので，それに比べると学習目標も明確化されて教科書もありますので安心して勉強できます．蛇足ですが，今から思えば，弊害も多かった「経営」試験の時代は自分で教科書に代わるものを作る必要があったので，いろいろな論文を集めたり，さまざまな媒体で時事的な保険数理上の議論をウォッチしてまとめたりしたことが，個人的には試験合格後も何かしら役に立ったような気がします．

6.3 曖昧さと向き合う

上述の受験スキルの違いを除いても，2 次試験の教科書の書きぶりには驚かれることでしょう．はっきりいって，数学の本と異なり記述に曖昧なところが多いからです．これは教科書の書き手の技量の問題という批判もあるかもしれませんし，努力の余地はあるかもしれませんが，私はアクチュアリーが現実に携わる問題の性質からみて，ある程度は致し方ないことだと思っています．実際，アクチュアリー関係の規制は国際的にみても先端的なものであればあるほど，プリンシプル・ベース (原則主義) で，数学的定義よりも言葉による漠然とした考え方の説明が中心になり，具体的な数式やパラメータを指定することが少なくなってきています．

これは，必ずしも数学的に怠慢なのではなく，ひとつには現在の科学の限界と関係しています．アクチュアリーが現実に扱う問題は多くの場合，数理ファイナンスで言うところの「非完備市場問題」(それもかなり厄介な) に分類されますので，解や解法は一意的に定まらず，曖昧さを許容せざるを得ないからです．では，保険や年金はいつからそんなに難しいものを扱うようになったのでしょうか．ちなみに，ちょっと奇妙で有名なコメントで,「1980 年時点では生命保険業は 150 年の伝統を誇っていたが，1990 年時点ではたったの 10 年でしかない (Richard M.Todd and Neil Wallace, *FRB-Minneapolis Quarterly Review*, 1992)」というものがあります．1980 年あたりを境に過去 150 年間蓄積した技術では太刀打ちできなくなったというような意味でしょう．実は保険商品そのものは昔からそれほど大きな変化はなかったのですが，金融自由化，そしてグローバル化により大きく変化した金融環境のもとで見直してみると，伝統的で平凡な商品もリスクコントロールが難しいものになっていたということなのです．そして問題は現実の保有契約として今ここに存在してしまっているので，今ここでなんとかしなければならないという，患者を前にした臨床医のような立場にアクチュアリーはおかれていることになります．この問題の難しさは，保険固有の長期の予定利率保証に典型的にあらわれます．平準払い保険では，現時点で受け取る保険料だけでなく将来払い込まれる保険料の利回りも現時点で保証することになりますが，そのリスクコントロールには保険負債の特性と資産運用の特性をうまく調和させる高度なALM(資産負債総合管理)の技術が求められます．

このALMに関連して，近年「経済価値」という用語が注目されています．これは，これからの保険数理を考えていく上での重要キーワードと言われていて，金融庁の監督指針やIAIS(保険監督者国際機構)の諸基準等にも登場します．しかし，経済価値には公式には「市場整合的に評価したキャッシュフローの現在価値」という簡単な言葉の定義しか与えられていません．これには，経済価値はそもそも欧州の多国籍金融機関で独自に発達した内部管理にルーツを持ちますので，細部においてはバラバラで統一定義が難しいということもあるのでしょう．これが曖昧さのもう一つの背景と言えるかもしれません．もちろん曖昧なままでは計算できませんので，各自が作業仮説を作って行間を埋めていくことが必要です．経済価値概念は「最良推定」とか「リスクマージン評価」といった実務経験を積み重ねる中でより具体的に収斂していくものと思われますが，アクチュアリーには受け身ではなくこの収斂の作業に参加することが求められます．つまり，曖昧さと向き合っていく覚悟が必要ということです．考えようによっては，そこに専門家の存在理由もあるわけで，すべて明瞭に記述できるならアクチュアリーの仕事はコンピュータに任せればいいものになってしまいます．

6.4 その先にあるもの

さて首尾よく試験に受かって正会員になっても，実務のキャリアがなければプロフェッショナルとはみなされません．正会員になって満足してしまえばそれでおしまい．中には正会員になってすぐに専業主婦になってしまった人もいます．そこからどのようなキャリアパスを選ぶかが重要です (もちろん組織の中では自由にならない面もありますが …). アクチュアリーの仕事はよく世代で分類されますが，第 1 世代が伝統的生保・年金数理分野，第 2 世代が確率論的な損保数理分野，第 3 世代が資産運用分野と言われています．これは古い世代から新しい世代に移行しているという意味ではなく，古い世代の仕事も存続しているのですが，新しい分野が広がっているという意味です．第 3 世代では特に ALM 分野での活躍が期待されています．これは負債である保険契約のキャッシュフロー特性を分析し，資産運用戦略に反映させる仕事です．2 次試験の範囲にも IAIS の ALM 論点書 (ALM 研究会の翻訳コメンタール) が 2009 年から加わりました．ALM 分野で活躍するには，資産運用分野の専門家 (証券アナリストやフィナンシャル・エンジニア等) の技術言語を理解し，彼らの技術言語で議論できる水準の知識も求められます．もちろん，試験勉強の投資理論程度の知識では不十分で自己研鑽が必要です．アクチュアリーとして成功するカギの一つは経営陣や関連分野の専門家との正しいコミュニケーション能力にあります．

6.5　そして ERM

これに最近，第 4 世代として ERM(Enterprise Risk Management ＝全社的リスク管理) を付け加えようという動きが世界的規模で進んでいます．ERM というのは「企業が，業務遂行上のすべてのリスクに関して組織全体の視点から統合的・包括的・戦略的に把握・評価し，企業価値等の最大化を図るリスク管理のアプローチ」を意味し，対象は保険業や金融機関のリスクに限りません．上述の ALM は保険や銀行では ERM の最大の部分集合になります．ERM では，従来の部門 (例えば資産運用部門と保険引き受け部門) ごと独立のサイロ型リスク管理の反省から出発しますので，リスク管理の全体性と戦略的活用が強調され，企業価値の下方変動だけではなく上方変動のリスクにも着目します．つまり従来型のリスク管理のような「リスクの抑制」というブレーキの役割だけではなく「効率的なリスクテイク」というアクセルの領域にも関与します．加えてリスク管理の守備範囲が広くなる ERM では，当然にさまざまな扱いにくいリスクとも向き合う必要性が出てきます．

アクチュアリーは歴史的に，扱いにくいリスク，低頻度高損害のリスク，標準的なファイナンス理論では扱えない非完備市場のリスクを専門に扱ってきていますので，他の分野の専門家に比べても技術の汎用性は高いはずなのです．このため ERM 分野はアクチュアリーの新たなキャリアパスのひとつとして，国際的な協調を取りながらシラバスや資格認定制度が整備されており，近い将来，ERM で中心的役割を果たす企業のリスク管理の最高責任者 CRO (Chief Risk Officer) の資格要件の一つとなることが期待されています．

この ERM の国際資格は「CERA(Chartered Enterprise Risk Actuary/Analyst)」とよばれ，米国アクチュアリー会 (SOA) の制度をベースに，2009 年 11 月に日本も含む世界各国の 14 のアクチュアリー会が「グローバルな ERM 資格認定に関する協定書」に署名したことで始まりました．この協定に基づいて，日本アクチュアリー会でも 2012 年の秋から英国アクチュアリー会 (IFA) の ST9 (文献 [13], [14] 参照) とよばれる試験を利用して正会員を対象に CERA 資格の認定を開始しました．この試験の問題文は英文で提供されますが，解答は日本語によることになっています．加えて，ST9 は CERA に求められる内容を完全にカバーするものではないので，ST9 試験の後，日本アクチュアリー会が独自に設定する 2 日間の集合研修が行われます．この研修では，ST9 のパッチワークとして主に ALM に関する内容を補足することに加え，日本独自の環境的な制約条件を考慮することなどを意図し，講義とケーススタディーを題材としたグループディスカッション形式で学びます．ST9 の得点で合格ラインをクリアすることと，この研修の受講がセットになって CERA 資格が認定されます．受験準備のためには，本書の文献案内に記載した市販テキスト (文献 [13], [14] 参照) に加え，ActEd という組織が提供する ST9 用に独自に編纂したテキストで学習する必要があります．ActEd が提供する受験パックには市販テキスト (英文原著) も含まれます．ST9 受験料，テキスト代に研修料も含めるとかなりの出費になるので，受験に当たってはそれなりの覚悟も必要でしょうが，CERA の資格は，加盟国の中のどの国のアクチュアリー会が認定したものであっても，いったん取得すれば世界で同等に認められる資格なので，それだけの価値はあるはずです．

過去の ST9 出題例は日本アクチュアリー会ホームページに掲載されていま

すが，単に知識を問い，計算をさせるといった問題は少数で，具体的に特殊な状況を設定したケーススタディーにおいて ERM の専門家としての提言や判断を求める問題が中心になっています．これは CERA の学習項目がブルームの分類に基づいて，

(1) 知識　(2) 理解　(3) 応用
(4) 分析　(5) 統合　(6) 評価

の 6 段階の深度指定がなされていることに関係しています．単に知識や理解を問うだけでは深度が低いとみなされるためです．日本の CERA 研修でもケーススタディーをもとにしたディスカッションを重視しているのは，高い深度指定に対応するためです．

ST9 におけるケーススタディー的設問では，たとえば，未経験のオペレーショナル・リスク (内部プロセス・人・システムが不適切であること，もしくは機能しないこと，または外生的事象が生起することから生じる損失にかかるリスク) を保障する保険事業に新規参入する場合のプライシングに関わる判断や，発展途上国の金融監督局で ERM を推進する任務を与えられた場合に何をするか，といったようなことが問われています．こういった架空のケーススタディーはテキストのどこかに正解が書かれているものではありませんし，単一の正解があるというものでもありません．テキストで学んだ知識の正しい理解を背景に，専門家としての合理的な見解を述べる必要があります．

日本人の受験生には，ケーススタディー的設問への対応になれていないことと，混み入ったケースの設定を記述する英文の題意を短時間に的確にくみ取る語学力が主たるハードルになっているようですが，加えて，意外性のある設問内容に柔軟に対応していくためには，普段からの ERM 的な思考訓練の習慣も必要とされているように思われます．

さて，上述の協定書にはシラバス・学習目的も記載されていますので，CERA と ERM を具体的にイメージするために簡単に紹介しておきましょう．シラバスは以下のような 7 章で構成されています．

第 1 章　ERM の概念および枠組み
第 2 章　ERM のプロセス

第 3 章　リスクのカテゴリーと分類
第 4 章　リスクのモデリングおよびリスクの統合
第 5 章　リスク測定と評価
第 6 章　リスク管理のツールおよび技法
第 7 章　経済資本 (エコノミック・キャピタル)

より具体的な学習目標としては,

□ ERM の概念とその推進力 (企業統治, 規制, リスクの理解・計測技術・管理の向上, 企業価値の防衛と創造, 等) の理解.
□ リスク管理の枠組みを頑健にする全要素 (人, システム, プロセス), 実際の運用, 重大な成功ファクターを含む ERM の現実的側面の理解.
□ 金融リスク, 保険リスク (大災害リスク, 商品オプションのリスクを含む), オペレーショナル・リスク, 戦略リスクといったさまざまなリスクのタイプの理解.
□ リスク定量化のツールと技術ならびにそれをささえる数学の理解.
□ リスクの削減, 移転, 排除などを含むリスクの管理, 適切なリスク機会の開拓についての実務と技術の理解.
□ 健全な ERM でもたらされる経済的な価値の増加についての理解.
□ 重要な法令と法定資本要件の理解.

等を前提として, ERM を社内で提唱・推進し, ERM に関する課題解決や戦略立案ができる能力の開発が求められています.

ここで,「経済資本 (エコノミック・キャピタル)」という特徴的なテクニカルタームに注目しましょう. 経済資本は,「企業がとったリスクに付随する潜在的損失をカバーするために企業が準備しておくべき資金」すなわち一種のリスク量を意味し, 監督当局が金融機関に準備を求める資金である法定資本と対比して説明される概念です. 法定資本は強制的なものですが, 経済資本は自主的に評価・利用されるものであり, 経済という用語は市場における実務慣行と整合的な手法・水準によっていることを意味します. 経済資本の利用では, 保有

自己資本 (株主資本や内部留保など) との比較による資本十分性の確認に加え，各部門に配賦しパフォーマンス (利回り) 計測の分母にも用いられ，報酬配分や全社的視点での資本活用の効率化に広く利用されます．経済資本モデルの開発と活用は CERA に求められる重要な技術的スキルのひとつです．

経済資本モデルの開発と活用は，企業の外部評価を高めることにも有効です．たとえば，格付会社 S&P は保険会社の ERM の能力を段階別評価しています．S&P の基準で，上位の等級に評価されるためには，優れた経済資本モデルを所有し，それを用いた RAPM (Risk Adjusted Performance Measures；リスク調整後パフォーマンス尺度．期待収益を分子に，経済資本を分母とする指標) の最適化を実施していることが重要な要件のひとつとなっています．とはいえ，これも何か経済資本の計算や資本配賦の公式のようなものを正しくシステム化して実行すればいいというわけにはいきません．

実際，リーマンショックのときに，S&P から高い ERM 評価を受けていた (当然，上記の要件を満たしていた) 複数の世界的な保険グループが破たん寸前に追い込まれ，公的資金を注入されるという奇妙な事態が発生しました．このことについて S&P 自身は何らコメントしていませんが，現在の経済資本計測技術の限界や RAPM 最適化の限界についての懸念も指摘されています．

ひとつには，分母の経済資本の計算に使われるリスク尺度の理論的な限界が知られています．リスク尺度の代表的なものが VaR (バリュー・アット・リスク) です．VaR は信頼水準を表す確率 α のもとで，$1-\alpha$ の確率で想定される最大損失額を意味します．つまり損失額の分布のワースト $100(1-\alpha)\%$ 点になります．VaR は損失額の確率分布が連続な場合には分布関数 (累積密度関数) $F(x)$ の逆関数 $F^{-1}(\alpha)$ として定義されますが，離散の場合も含めると一般化逆関数を用いて

$$\inf\{x \in \mathbb{R} : F(x) \geqq \alpha\}$$

として定義されます．まさに必要な資本量という概念にピッタリのわかりやすいリスク尺度なのですが，ちょっと困った振る舞いをすることがあります．

ここで，保険事故発生確率が年 0.4%で 1 契約単位ごとに保険金 1 億円を支払う，期間 1 年の保険を考えてみましょう．信頼水準 $\alpha=0.995$ として VaR

で保険会社のリスクを評価すると，単独の被保険者に対して集中的に 2 単位の保険契約を引き受けた場合のリスク量は，保険事故 0 件の確率が $0.996\,(>0.995)$ より 0 円です．一方で，リスク分散効果によるリスク削減を狙って，独立な 2 人の被保険者に対する 1 単位ずつ (合計 2 単位) の保険契約を引き受けた場合のリスク量は，保険事故 0 件の確率が $0.996^2\,(<0.995)$，保険事故 1 件以下の確率が

$$0.996^2 + 2 \times 0.004 \times 0.996\,(>0.995)$$

となって，リスク量は 1 億円になります．これでは，一般に正しいとみなされているリスク分散効果 (リスク尺度の劣加法性) を否定する結果になってしまいます．

こういった問題は，1999 年の Artzner, Delbaen, Eber and Heath によるリスク尺度のコヒーレント公理の提案 (Coherent Measures of Risk) とともに広く認識されるようになり，リスク尺度の改良が試みられましたが，特に生命保険業のように多期間のリスク評価が必要になる場合には，すべての問題点をクリアした実用的リスク尺度はいまだに登場していません．だからといって，リスクの測定に意味はないと言っているのではなく，限界を認識しながら慎重に使う必要があるということなのです．飛行機のコックピットにたくさんの計器があるように，複数のリスク尺度を常に視野に入れることも必要かもしれません．

また，ERM の枠組みで推奨されることの多い RAPM は分母にリスク量，分子に収益の期待値という異なる指標を同時に加味できる便利な指標ですが，分母の尺度も分子の尺度も決して対象となる確率分布の全体像 (すべてのモーメント) をとらえているものではありません．それに加え，もともと 2 次元であった期待収益とリスク量の情報を割り算して 1 次元化してしまうことによって，情報量が失われることによる悪影響もないとは言い切れません．このように，RAPM の有用性は認めつつも，RAPM を用いて機械的な最適化を行うことの限界を少なくとも ERM の専門家は認識すべきと考えられます．

さらに，さまざまな主体からさまざまな ERM の枠組みや定義が提案されていることにも注意が必要です．本節の冒頭で述べた簡単な ERM の説明はそ

のひとつにすぎません．実際，IAA (国際アクチュアリー会) の「保険業界における資本とソルベンシーに関わる ERM に関する報告書 (2009)」(文献 [15] 参照) では,「一般に認められている ERM の共通の定義はなく，またそうした定義は ERM のコンセプトからしてありえないかもしれない.」と述べています．ERM はある意味で経営そのものなので，万能のレシピなど存在しないということなのでしょう．また,「その一方で ERM に関連して頻繁に使われるテーマや用語があることも事実である．(中略)　一貫して「全体的」「統合的」「トップダウン」「戦略的手法」「価値主導」などの用語が使用されている」とも述べています．企業にはざまざまな背景を持つ人々が存在しますから，これから ERM をやろうと言っても全員が同じ ERM のゴールを見ているとは限りませんが，ERM を構成するひとつひとつの概念や定義にさかのぼっていけば意思疎通は確実なものになります．このように，リスク管理に関わる重要な概念や目標の定義をブレークダウンして社内で統一することも，ERM の重要なプロセスのひとつなのです．

以上のように ERM は，単なるリスクの計測と制御だけでなく，企業の統治やリスク文化に深くかかわり，さらには株主・顧客・監督当局といった企業内外のさまざまな利害関係者を巻き込む広い領域の活動として理解されます．このため CERA にはリスク管理の技術とその限界を理解する数学的素養に加え，広い視野にたった経営学的素養も求められることになります．

国際資格 CERA といえども，その資格を取れば直ちにリスク管理のプロと認められるわけではありません．プロと認められるには，継続的な知識のブラシュアップを続けながら，現実のリスク管理の修羅場をくぐって経験と実績を積み上げるしかなく，資格はその入場チケットのひとつにすぎないのです．いずれにせよ，資格取得をゴールと考えるのではなく，アクチュアリーとしてどういう仕事がしたいのかというイメージをもって，常に自己研鑽を続けていっていただきたいと思います．試験勉強だけで燃え尽きてしまっては本当につまらないですから．みなさんの健闘を祈ります．

【座談会 2】いまアクチュアリーに求められていること

参加者

栗山 晃◎朝日生命保険相互会社 (当時)
黒田英樹◎ JP アクチュアリーコンサルティング株式会社
松山直樹◎明治大学理工学部 (当時)
山内恒人◎ SBI アクサ生命保険株式会社 (当時)

35 歳前後の世代で何が変わったのか

山内●僕は現在 51 歳なのですが，専門性をもっと高めることがこの年になって求められているように思います．言葉が過ぎるかもしれませんが，象徴的意味合いも込めて現在の 35 歳以上のアクチュアリーは，それまでに学んできたことが，ほとんど役に立たない状態になっているように思います．もう一度自ら鍛え直さなければならなりません．いつまでも勉強せざるを得ない，勉強ができなくなったらもう終わりという感じがしています．

松山● 35 歳前後で何が変わったのでしょうか．

山内● 35 歳の前と後ではアクチュアリー自体の質的に違うように思います．昔のアクチュアリーでしたら，たとえば決算業務から 10 年離れていても，元に戻ればなんとかこなせたのですが，今は「もう一度，決算を統括してくれ」と言われても,「いやあ，今はちょっとできません」という感じになります．

松山●それは制度改正が多いということですか？

山内●改正が多いのもそうですが，昔培ったものが今は変化していて，いろいろな技法も増えています．もちろん 35 歳に明確な区切りがあるわけでないですが，若い世代とロートルの世代はかなり水が分かれてきている感じがします．

松山●おそらく 35 歳というのは課長さんになる前だから，実務をやっている世代ですね．

山内●ええ．いったん実務から離れてちょっと偉くなると感覚が鈍る．感覚が鈍る状態というのは結構致命傷になっている，というのが僕の感じるところです．

黒田●その点は，私も同感です．年金分野でも法律や会計が刻々と変わっていきますので，常に第一線で業務をこなしていないと，致命的に勘が鈍くなります．

松山●私は単純に年齢で切れるというよりも，アクチュアリーの2次試験の形態が変わる前か後かで大きく違うという印象を持っています．昔の2次試験は論文試験で範囲は無制限でした．だから，何度受けても受からない感じがする論文試験で，嫌になってアクチュアリーを諦める人もいたのですが，今は教科書も整備されて，それを一生懸命読んで覚えれば受かるようになっている．有限な努力で合格まで到達できるシステムになっているので，多くの学生さんが受験するようになったのだと思いますが，ものを書く力や問題を発見する力は，論文世代のほうがあるような感じがします．

山内●松山さんは「若い世代は書く能力はないが，与えられたものを咀嚼して消化できている」という印象をお持ちなのでしょうか．

松山●と言いますか，定式化された問題解決能力は高いのかも知れませんが，問題発見能力という点で論文試験だったころの人のほうがいいような感じがしています．

山内●僕はそこまでは思っていないですね．今の若い人たちは勉強のためのツールが比較的わかっている．たとえば確率微分方程式にしても，これを読みなさい，あれをしなさいと言えます．なおかつ，昔に比べればはるかに情報量が増えて，シミュレーターもたくさんある．そのなかで経験を積むわけです．そういう意味では，式を変形して頭の中で「これはこういうかたちになるのだろう」と想像してそれで終わっていた時代とはかなり違います．確率実験を繰り返している世代は，現象を見る目がわれわれよりも高いような気がします．

松山●シミュレーションの技術が高いということですか？

山内●ええ．それは結構本質的な問題です．

松山●それはたぶん今の世の中の要請で，もしかすると大学教育のなかで身につけてきたことということになりますね．

山内●そうだと思います．今の人たちは，いくつかの初期条件を与えれば，それを実際に目の当たりにすることができるわけです．それはわれわれの世代とは根本的に違うと思いますし，経験の違いには結構愕然とすることもあります．
松山●僕らのころまでは，少なくとも数学科の学生は確率や統計をほとんどやっておらず，教員になる予定の人が教職科目として取ったぐらいです．後から考えると確率論の有名な先生も大学にいましたが，確率論ということばは1つも使わずに，単に「解析学○○」とかいう授業の中で確率微分方程式の話をしていたかも，というレベルです．当時，確率微分方程式に現実世界へインパクトを与える応用があるとは，誰も思っていなかったということです．私も思っていませんでした．それが今はあらかじめ見えているので，学生時代から親しんでいるというのはあるかもしれません．それは教育の力ですね．
栗山●昔のアクチュアリー試験にそういうものは必要なかったですからね．数理統計学まででした．
山内●学生時代，統計とか確率，特に統計は数学と思っていませんでした．
松山●たしかに，当時の，少なくとも国立大学の数学科の文化のなかでは，数学とみなされていなかった感じがします．
栗山●統計学という科目もなかったでしょう．
松山●それは日本の特徴なんです．統計学部が日本にはないんです．日本の統計学者は，いろいろな学部に分散していて，そこで仕事をしているので，まとまって純粋に統計学を掘り下げたり研究したりする学部はないんです．
山内●とくにわれわれの世代では，学生の目に直接とまるところにそういった人たちがいなかった．
松山●いなかったですね．
山内●いろいろなところにきちっとした素晴らしい人たちがいたけれど，「あっ，この人が統計学者だ」という感じで，あまり見えなかった．
栗山●理学部にあまりいなくて，農学部や医学部…，あとは経済学部と文系になってしまいますね．
松山●バブルのちょっと前の1987年くらいにファイナンスのなかで確率論が重用されるようになり，そこからちょっと世の中が変わってきたという感じがあります．

黒田●ブラック-ショールズ式が使われだしたころですか．

松山●ブラック-ショールズができたのは 1970 年代ですが，僕がはじめてブラック-ショールズを見たのは 1989 年なんです．ある銀行の通貨オプションディーリング部署に研修に出されたんですね．そこでぱっと熱伝導か何かのような式を見せられ,「君，数学科を出ているんだから，これわかるだろう」と言われて目を白黒させてたら,「いや，これでオプションを計算しているんだ」と言われて非常にびっくりしました．先端的な数学の議論が目の前にある金融取引に影響しているのは，そのとき初めて知りました．でも，日本語のオプションの本が出てきたのは，たぶん 1980 年代後半ぐらいです．金融機関が理系学生を採用しだしたのが 1987～1988 年で，そのころは理系でファイナンスをやる人間がいないんですよ．それで当時は，アクチュアリーにお誘いの電話が結構かかってきたんです．もしあのとき踏み出していれば，いまごろファイナンスの仕事にどっぷりつかっていたかもしれません．

黒田● 90 年代以降，特にアメリカではファイナンス分野で数学系出身者がある意味では暴走し，リーマンショックの一因となったわけですが，この分野にアクチュアリーがもっと積極的に進出すべきなのだろうと思います．

保険数理と年金数理の違い

栗山●年金のアクチュアリーと保険のアクチュアリーの，文化的な違いみたいなものを感じられることがありますか．

黒田●私は保険をやったことがないので明確には言えないのですが，想像でいえば，年金はどちらかというと対顧客なんです．ですから，折衝力が重視されていて計算だけしているとダメなんです．保険会社みたいに自分でリスクを取っているわけではなく，元々お客さん固有のリスク評価していますから，数理的なところは保険会社ほど面白味は少ないかもしれません．

松山●僕も年金部門，保険部門，運用部門という 3 つの部門を経験したのですが，たしかに年金アクチュアリーはお客さんを向いているんです．だから，リスク管理というときに年金アクチュアリーの頭の中にあるのは，年金基金のリスク管理なのです．ところがほかの部門に行くと,「会社のリスク」なんですね．

黒田●リスクの主体がまったく違うのですね．

松山●あと，どちらかというと年金部門のほうが社員の育成計画がはっきりしている感じがしました．この人は年金部門で鍛えていくのだと思っている人は，年金数理人にするという目的があるので長期にわたって年金の経験をさせて，数理人になったからにはそれ相応の活躍をしてもらう，ということで部門にわりと定着する感じがあります．保険のほうだと何でもありで，僕のように運用に行ったり保険に戻ったり，というのを繰り返すことになります．

山内●聞いた話ですが，年金アクチュアリーは，たとえば○○株式会社の年金基金をもっているなど何社か顧客がありますよね．その年金アクチュアリーがA生命保険からB生命保険に転職したら，その人にくっついて年金基金のほうも動くとか．

黒田●制度としてはそうです．「指定数理人」というのは個人と客との契約なので動けるはずなのですが，実際はほとんどありません．やはりお客さんは数理人と契約しているのではなくて，あくまでバックの銀行や生保と契約しているという意識が強いようです．

山内●では，その人にくっつくというのはきわめてまれなケースですか．

黒田●その数理人が優秀というか，顧客が満足しているケースでしょう．

松山●1人ではできないですよね．その会社の持っている計算インフラがあって初めて，その数理人のパフォーマンスが発揮できるので，結局，装置産業になります．僕も年金部門にいたときにはしょっちゅう壊れるシステムの修理ばかりやっていました．

それから年金は総合型基金を除けばプライシングに柔軟性があります．制度を変えてしまうことができるので，退職するときに1000万円と決めていたのを，「年金財政が厳しいから800万円にしてよ」と言えるわけです．でも，保険会社が1000万円の保険金を800万円に減額すれば債務不履行になります．その意味で，会社の生死に関係しているのが保険のアクチュアリーの仕事で，年金の世界はもう少し緩やかにできる感じがしています．

山内●ある意味で大人ですよね．要するに年金は持ちつ持たれつなんです．

栗山●企業年金なども，収支相等が無限の先で成立していればいいということですか．

松山●いや，年金数理の教科書によると，無限の先で成立していればいいというのは国の年金で，企業は有限だと書いてあります．
栗山●足りなくなったら企業が拠出するわけですね．
松山●だから，複数の企業が寄りあった総合型の年金ではできない話ですよね．
黒田●結局,「足りなければ拠出してください，余ったら返します」というだけの話ですから，掛金はある程度の幅の中であれば許容されます．
栗山●企業保険の世界はわりとそういうところが多いですね．企業は費用を平準化するのでしょう．ですから，その事務手間は保険会社として請け負いますけれど，企業として，医療保険もそうだしアメリカの健康保険などはそうですが，純保険料の世界は自分のところで充足させなさい，その事務負荷を保険会社がサービスとして業務にしますよという，フィーサービスに近いですね．

アクチュアリー数学とファイナンス理論の違い

——少しお聞きしてみたいのですが，世間一般の方々の目からするとアクチュアリー数学とファイナンス理論は似たようなものだと思われがちだと思います．実際にどのように違うものなのでしょうか．
松山●ファイナンスの中心となっている理論は，現在の市場で観測されている価格は非常にこなれたものである，つまり市場がそれなりに流動的で，しっかと機能していれば,「無裁定」であるように，あるいは「均衡」に近づくように価格が決まっていくはずだ，という前提に立っています．ところがアクチュアリーは，そういう大きな市場仮説は何もないのです．だから，何もせずに放っておけば，同じ商品の価格を決めるのに 100 円でも 1 万円でも自由に設定できます．そこでの問題点が何かといえば，保険は非常に契約期間が長く，保険金給付までに時間的余裕がありますので，いますぐに表面的に儲けようと思えば，本当は 1 万円貰わなければ担保できないリスクを 100 円で売ることも可能です．そうすると，本来は 1 万円でなければ担保できないリスクをまともに補償してくれる人はいなくなってしまいます．そういうことを防ぐために，ある種のギルドが，何らかのプライシング・ルールを決めていきましょう，ということになったのです.「神の手」が前提のファイナンスと,「人の手」が前提のアクチュアリー，そこが違うと思っています．それをアクチュアリーは「実務基準」という名前でずっと共有してきたのです．

黒田●会計の分野ですと，アクチュアリーでないほうの考え方がかなり勢力を増していますよね．

松山●今回の金融危機で，それもちょっと怪しくなってきたところがあるのではないでしょうか.「無裁定」や「均衡」という強力な前提を使用すれば，価格付けが一意に決まりますし，現在の価格がそういうもので決まっているという前提で，他の商品も価格を出していけば非常にわかりやすいのです．簡単でロジックは透明ですが，それの限界が今回の金融危機で出てきているのだと思います．一方で，従来のアクチュアリーの技術で金融危機を乗り越えることができたのかといえば，それもまた言いすぎです．だから，お互いに知識を共有していかなければいけません．

山内●極論を言えば，市場原理主義者はもう少し敗北を認めるべきだと思っています．市場に対して値がつけば，それが正しい価格だと思いがちなのですが，それは間違っているわけです．市場原理主義者の立場に立てば，価格決定は少なくとも人間のやることではありませんよね．ところが，アクチュアリーはそうではありません．誰が何と言おうが全部自分でつくるわけです．だから，ファイナンスとアクチュアリーとは思想が両極の位置にあります．

栗山●ファイナンスに近い部分からいえば，たとえば「同値マルチンゲール測度」などがファイナンスと数学を結ぶための数学側の用語のような気がします．数理ファイナンスが登場する前までのアクチュアリーのテクニックといえば，過去の統計の平均値に標準偏差の何倍かを安全割増として乗せるといった，ものすごく原始的なものでした．マルチンゲールやQ測度みたいな考え方をアクチュアリーの実務に導入してファイナンス理論の知見をどの程度取り入れていけるものかという，そこのせめぎ合いのような気がしているのですが．

松山●そこはアプローチの違いがあります．アクチュアリーというのは学者ではなくて実務家であったので，常に現状を説明していこうとしたわけです．ところが，ファイナンスは学問から始まっていますので，非常に規範的ですし，考え方や枠組みがまず与えられて，その中で理論を立てていくものです．だから，数学と親和性が高いんですよ．公理系があって数学の議論が積み重ねられているのと同様に，公理系に近い「均衡市場」,「完備市場」,「無裁定」という概念を入れることで，数学的に定式化しやすいものをつくった．ただそれは，理論的には正しくできているけれども，現実はそうなっていないことをみんな知っているわけです．

また，アクチュアリーの仕事は往々にして法令と結びつきます．ファイナンスの世界ではプライシングに関して法令はないですが，保険の世界は法令があって，ギルドとしての規律があります．その法令を理解し，頭の中でアップデートして現実に使いこなすことが，アクチュアリーとしての重要な仕事です．

山内●それが「倫理」につながります．極論ですけれど，クオンツは市場に任せている限り倫理は希薄だと思います．でも，アクチュアリーには倫理しかないんです．

松山●アクチュアリーは「これ以上だとだめだけど，ここより下はないだろう」ということを，試験・教育制度や実務基準のなかでみんなで共有するのです．ファイナンスでは,「こういう前提だったら価格はこれ」というふうに理論でピンポイントに算出できます．その違いがあります．

山内●職業ということでいえば，アメリカのある保険会社が最近倒産しましたが，社会にダメージを与えるかもしれなくてもそういう「職」だから毎日CDSを組成し続けるという話がありました．職業というのは面白くて，何かを継続させる力があります．たとえば泥棒を職業にしている人はそれが反社会的でも毎日出動するわけです．職業があると，たとえ世の中に害毒を流しても，それを継続させるんです．女神さまがどこかで「もういい加減にやめなさい」と言ってくれないと，やめないところがあるじゃないですか．倒産はその女神さまの発現かもしれません．それを人間自らがやるのが倫理なんですよね．

黒田●企業年金分野では，企業が給付減額を実施したことに対して，受給者からの訴訟といった事例が増えています．年金アクチュアリーは年金財政のプロフェッショナルとしての行為が求められるわけですが，一方でアクチュアリーは会社員として組織に所属しています．そういう点では，誰のために最善を尽くすのか，ということを常に意識していないと，外部から求められている職業倫理とずれてしまうことがあるかと思います．

松山●職業倫理とは何かといえば，その仕事を一生涯やろうと思っているかどうかなのだと思います．サブプライムで変なCDOを作って売りまくった人たちは，おそらくそれで一生食っていこうとは思っておらず,「パーティはいつか終わる」と思っているわけです．終わるころには，ひと財産作ってワイナリーなり牧場なりが経営できればいいと．それはわれわれの目指すものとは違うのだと思います．

——ところで，なぜファイナンスのやり方がこれほど浸透しているのでしょうか？

松山●この方法論がここまで世間に広まっている理由の1つは，僕はビジネススクール文化だと思っています．ビジネススクールがこれほど人気があって社会的に高い地位を得ていなければ，こんなには広まらなかった．そこでの布教活動が上手かったというのはあると思います．ただ，アクチュアリーが実務家という立場から規範的なモデルを構築できたかといえば，そこは実務家の限界だったかもしれません．だから，産学連携ではないのですが，実務から出発して学問のほうへ向かうアクチュアリー，学問から出発して実務へ向かうファイナンスという役割分担の必要性を感じています．

これからのアクチュアリーに必要なものとは

松山●これからどういう部分で活躍できると思いますか．

黒田●年金でいえば，まず法令に精通するというのが最低限の条件ですね．それから会計について．会計はどうしても本が全部英語になるので英文も勉強しておいたほうがいいです．

松山●英語力ですね．

栗山●どうしても英語が必要なんですか？

黒田● FASBやIASBなどの国際会計基準書は英語で書かれています．実は今度，会計基準の大改正が行われます．国内基準も今後それらに変わっていくでしょうから，このあたりの基準書を読んでいかないと先読みができないのです．年金分野は2015年ぐらいまでは息つく暇がないような感じかと思います．また，最近では多くの企業が海外に拠点を設けており，そうした現地法人の債務評価や監査人との協議でも英語でのやりとりがおおくなっています．

松山●生命保険ではどうでしょうか？

栗山●これからはリスク管理の分野で活躍できると思います．いわゆる第 4 世代のアクチュアリーです．伝統的な生保アクチュアリーが第 1 世代，危険理論を駆使する損保アクチュアリーが第 2 世代，投資理論を扱う第 3 世代のアクチュアリー，この次の世代としてアクチュアリーにとっては古くて新しい分野ということになります．リスクそのものは大昔からありますが，リスクを科学しようという気になりだしたのは比較的最近なのではないかと思います．コンピュータの性能が格段に向上したため，リスクの科学がもはや机上の理論ではなくなり，生命保険会社の実務に ALM や ERM などとよばれて入ってきました．本気になりだしたのは比較的最近のことです.「将来予測をどういうテクニックでやるのか」というのがリスク管理の基本ですが，アクチュアリーはそのあたりを担っていかなければならないという気がしています．

山内●具体的に言うと，リスクをどう評価するかという問題ですかね．

松山●「どう評価するか」ということと,「どうコントロールするか」ということですね．評価とコントロールの「方法」自体は結構結びつくんですよ．ただ,「評価のための評価」と「コントロールのための評価」とで，やはり評価の考え方は違ってきます．

山内●檻の大きさに似ていますね．ライオンを囲うのか，小さい生物を囲うのかで，檻の大きさは違うじゃないですか．

松山●ちょっと技術的な話ですが，評価をするときに伝統的なアクチュアリーの方法で言えば，責任準備金を積むために評価する．つまり,「どれだけお金をもっていたらリスクを吸収できるか」という見方をすると，どういうふうにリスクを評価したときに，リスクをヘッジ (他者に移転) できるかということはまったく別の論理です．確率測度でいうと，Q 測度で評価するか，P 測度で評価するか．だから，リスク評価という行動は単一のものではなく，目的によって違うんです．最近，それを一生懸命に調べているところなのですが….

栗山●リスク評価の重要性が増していく傾向を意識すれば，アクチュアリー教育の変化は当然の流れなのですが，少なくとも 35 歳より上の年代には，そういう教育をやっていなかったわけでしょう．

松山●だけど，35 歳より上の人たちがそういうリスクに対して決定的な役割を担っているので，逃げてはいけないと思います．会社の生死にかかわるわけですから．どの分野で活躍するかという点でいえば，僕もリスク管理の分野だと思っています．現在のリスク管理の技術は，基本的にはファイナンス理論を前提に作られているのですが，アクチュアリーの分野から出てきたものとうまく融合させることによって，新しいリスク管理のトレンドを作っていくというのは必要なことだし，活躍の舞台だと思います．

——リスク管理を理解するのに，どんな数学がいちばん重要ですか？

松山●確率統計，あとは確率過程ですね．確率過程が理解できないといけないし．あとブラウン運動ですね．ただ，ブラウン運動で表現できるのは非常に限定的です．

栗山●そうなると，もう学部レベルを超えていますね．

松山●リスク管理としてどういう体系が必要なのか，アカデミズムでもう１度考えていく必要があると思います．現実のリスク管理のなかで，ブラウン運動がそれほど高い説明力を持つわけではありません．あれはプライシングのときに都合のいい世界なのです．ただ，プライシングの感応度という意味でのリスクは，もちろんブラウン運動が理解できないといけないのですが，もうちょっとベーシックな「リスクをどう計測するか」というところで，多期間の一貫性の問題など実務に耐えるよう整理されていないことはたくさんあります．

栗山●アクチュアリーのほうでは，アカデミズムでの進歩を期待しているところがあるのですが，とにかくそこで開発されたテクニックを手当たり次第に使ってみたいという実務家としての要求があります．

山内●そこはまた大きな問題があると思います．アカデミズムのなかで論文を書こうとすると，完成品でなければいけませんよね．われわれにとっては，そういうことは必要ないのです．仕掛だけでよく，なおかつ，使えるかたちで提供してもらえる方がいい．拙速と言われればそのとおりですが，アカデミズムとの関係でいうと，少し遅すぎる．というか，完璧を狙いすぎている感じがします．そこはすごく大きなギャップです．

松山●数学の論文は，ある前提を制約することで深い議論をするわけなのですが，その「前提の制約」という行為自体が，すでに現実からの乖離を起こしています．たとえばコピュラに関してみれば，いろいろな研究・提案がなされてきたのですが，現実に使われているのは「ガウシアン・コピュラ」ばかりでした．なぜ，そんなコピュラしか使わないのかと聞かれたら答えは簡単で，カリブレーション (観測値からのモデルのパラメータの決定) ができないからなのです．つまり，数学の問題であれば，パラメータをどうカリブレーションするかという問題はないのです．現実の問題は，どういう難しい数学を使うかという議論はもちろんありますが，それに対してカリブレーションできるのか，という限界とのせめぎ合いの中で，何が実装可能なのかということを決めていきます．

山内●そのあたりは大学に移られた松山さんの仕事だと思うわけです．僕らは実務家で，そんな時間はとてもない．実務とアカデミズムの両側をわかっている人が精魂傾けてそのあたりの技術を磨いてほしいのです．

松山●リスク管理に関してみれば，ブラウン運動でもコピュラの話でもいいのですが，それの限界や，どういうポイントで壊れるのか，どういうポイントで現実から乖離するのかというところをちゃんと押さえないといけないのです．この点は学者が書かないところです．モデルを提案するときは「これは素晴らしい」と書くから．

山内●もう１つ言えば，理論をきちんとわかるのは数学の力なんですよね．

松山●そうなんです．僕らは，それを大学で教わりました．特に数学科では，何か方程式や定理が与えられたら，それを極限に飛ばしてみるとか，しばしばモデルを壊すような限界挙動を調べさせられるわけです．でも，おそらくビジネススクールを出たファイナンスの人たちはそういうことをあまり気にしないのではないでしょうか．どういうときに壊れるのかというところをちゃんと踏まえた上で使わないといけません．

山内●本当の意味で数学を勉強している人でないとわからないですね．少なくともわれわれは式を与えられれば，使える限界について心配しますし，どこか恐怖感もあります．

松山●私もそうだと思います．数学科の卒業生がもっているべき態度は，その怖さを知っているということだと思います．

栗山●一方で，変数が山ほどあるのに方程式は３つか４つしかないというときに答えを出すというのも，きわめてアクチュアリー的な仕事ではないですか？

山内●それもおっしゃるとおりで，数字に対するどん欲さも一方にあるわけです．

松山●引き出しの多さが重要ですね．伝統的アクチュアリーの方法論も勉強したけれども，ファイナンスもやっているし，数学の最先端の議論も頭の中に入っている．そういう引き出しをたくさんもって，現実の問題に対して，ぴったりは当てはまらないけど，この引き出しとこの引き出しをとりあえず開けておこう，といったかたちで問題を処理する．それがプロフェッショナルなのです．幅を広げると同時に，限界を教えていかないとプロフェッショナルになれないだろうと思います．ファイナンスに関してみれば，伝統的なビジネススクール教育はファイナンスの宣教師なので，これはこんなにすばらしい，たとえば CAPM は正しいと教えます．でも，CAPM が成立するための条件はこの世に存在するのか，そんなことが実在しうるのかと聞けば….

山内●それは金融工学でもそうですね．

松山●そういうことを頭に入れたうえで，CAPM を使うことの後ろめたさを知りながら使うということですね．でも，ビジネススクールの中だけで教育を受けてしまうと，そうはならないんじゃないでしょうか．それは，ビジネススクール出身ではない人間がファイナンスを使う場合の重要なポイントで，アドバンテージだと思います．

山内●だから，リジッドな数学の教育は一回は受けたほうがいいのです．そのような数理的習慣は身を助けます．ALM，ERM というリスク管理が現代の主流ですが，一方で伝統的な世界でも数理解析的な解決を求めていることが十分あります．たとえば「残存契約のリスク管理」ということだけでも，頭が痛くなることは山ほどあります．それを考えると，若い人たちの力がやっぱり必要です．

松山●リスク管理で語り出すと話が長くなりますね．これには，重要な問題も潜んでいますので別の機会に議論したいと思います．本日はお忙しいところありがとうございました．

[2009 年 8 月 20 日談]

[初出：『数学セミナー』(日本評論社) 2010 年 1 月号]

Appendix

A.1　アクチュアリー試験過去問題の出題箇所

平成 24〜27 年度のアクチュアリー試験問題の出題範囲について以下にまとめてある (文末のページ数は本シリーズでの参照箇所)．出題箇所のチェックを行うことにより，試験勉強の方向性を見つけ出していただきたい．

◉——平成 24 年度の試験問題

数学

問題 1. (各 5 点，計 60 点)　小問.

(1) 20 面体のさいころに関する確率を求める基礎問題.

(2) 結合確率密度関数を与えたときの二つの確率変数の和の確率密度関数を求める問題．(本書 36 ページ，2.3 節)

(3) 独立な N(0,1) に従う確率変数 X, Y の確率ベクトルの積率母関数 (モーメント母関数) に関する問題.

(4) 条件付き確率密度関数，条件付き期待値に関する問題.

(5) 分布の未知母数の推定．(本書 48 ページ，2.5 節)

(6) 支持率の区間推定．(本書 59 ページ，2.6 節 (6))

(7) 第 1 種の誤りの確率，第 2 種の誤りの確率 (壺のモデル)．(本書 60 ページ，2.7 節)

(8) さいころの 1 から 6 の目が出る確率が等しいかどうかの検定.

(9) 回帰分析の回帰係数の決定.

(10) AR(2) モデルにおける自己共分散.

(11) マルコフ連鎖における定常状態.

(12) シミュレーションに関する問題.

問題 2. (20 点) コイン投げの結果によって駒を動かすゲームに関する問題.

問題 3. (20 点) 未知な分布の母数の区間推定を導く方法に関する問題.

生保数理

問題 1. (各 6 点, 計 84 点) 小問.

(1) 連続払い確定年金現価.

(2) 定常社会における平均年齢.

(3) 3 重脱退と中央脱退率. (本書 109 ページ, 3.9 節)

(4) $A_x, \ddot{a}_x, (IA)_x$ の値を与えて $(I\ddot{a})_x$ の値を求める問題. (本書 94 ページ, 3.5 節)

(5) 死亡給付金が責任準備金の $\frac{1}{3}$ となる保険に関する問題. (本書 103 ページ, 3.7 節)

(6) ${}_tV_x$ のさまざまな表現.

(7) 予定利率, 予定死亡率の変更に伴う年金現価, 年払い保険料の変化に関する問題.

(8) 予定死亡率を 2 倍にしたときの年払い純保険料と年払い営業保険料.

(9) チルメル式責任準備金.

(10) 責任準備金をチルメル式で積み立てるときの第 1 年度付加保険料.

(11) 払い済み終身保険への変更後の保険金を求める問題.

(12) 連合生命の条件付き死亡率.

(13) 就業–就業不能脱退残存表に関する問題. (本書 112 ページ, 3.10 節)

(14) 災害保障特約付き養老保険.

問題 2. ((1) 6 点, (2) 10 点) 穴埋め問題.

(1) 死亡給付として確定年金を支払う保険に関する問題.

(2) 親と子に対する連合生命保険の保険料と責任準備金に関する問題.

損保数理

問題 1. (各 7 点)

I. 指数分布に従うクレーム額分布の母平均の推定および支払い保険金の期待値. (本書 186 ページ，5.3 節)

II. 二つの危険指標についてクレームコスト指数，料率係数を Minimum Bias 法により求める問題.

III. 実績データを基に支払い備金をボーンヒュッター–ファーガソン法，ペンクテンダー法により推定する問題.

IV. 全損失効時に払い戻し積立金 ${}_tV$ の α 倍を返す積立保険の年払い積立保険料を ${}_tV$ の再帰式を用いて求める問題.

V. 指数原理，パーセンタイル原理，エッシャー原理，ワンの保険料算出原理の性質に関する問題.

VI. 年間支払い件数が Poisson 分布とし，支払い保険金の分布を与えたときの年間支払い保険金総額とストップ・ロス再保険に関する問題.

VII. クレーム額がパレート分布に従うとき，

(1) $M_n = \max\{X_1, \cdots, X_n\}$ を正規化したものの分布関数に関する問題.

(2) 最大クレーム額の VaR を求める問題.

問題 2. (各 8 点)

I. 商品内容の改定による保険金支払い件数の減少率，営業保険料の減少率に関する問題.

II. 保険契約の次年度への契約更改件数を推定する問題. (本書 202 ページ，5.6 節)

(1) Bühlmann-Straub モデルによる実績データの信頼度.

(2) 次年度への更改件数の推定.

III. 1 契約当たりのクレーム件数，クレーム額の分布を与え，保険料の安全割増を 15% とし，期初のサープラスを与えたときの破産確率の計算. (本書 213 ページ，5.8 節)

IV. クレーム額の分布を与えたときの再保険に関する問題.

V. 損保数理に関する記述を与え，正しいものを選ぶ問題.

問題 3. (11 点)　アルキメデス型コピュラのケンドールの τ に関する問題.

年金数理 (各 5 点 ×20)

(1) Trowbridge モデルにおける各種財政方式の積立金に関する問題. (本書 146 ページ)
(2) 将来給与の動態的昇給率に基づく予測.
(3) 最終給与に比例する給付，給与比例による保険料となる年金制度における責任準備金の再帰式. (第 3 巻 145〜147 ページ)
(4) 死力を与えたときの平均寿命. (本書 75〜78 ページ)
(5) 年金現価と計算基数の式.
(6) 定常状態にある年金制度における運用利回りの低下に関する問題. (本書 174 ページ)
(7) 定常状態にある年金制度における保険料の引き上げ.
(8) ポイント制退職給付制度の保険料の計算.
(9) 年金制度の貸借対照表と損益計算書. (本書 172〜182 ページ，第 3 巻 172〜173 ページ)
(10) さまざまな年金現価に関する記述の中から正しいものを選ぶ問題.
(11) 連合生命の連続払い終身生命年金現価. (本書 106 ページ)
(12) さまざまな財政方式における保険料率，責任準備金.
(13) 年金制度における財政再計算.
(14) Trowbridge モデルにおける開放基金方式と平準積立方式. (本書 142〜144 ページ，161〜162 ページ)
(15) 給与比例制年金制度における未積立債務償却の問題.
(16) ある年金制度における財政再計算と給付の引き上げ.
(17) 予定新規加入者の加入時給与の計算に関する問題. (第 3 巻 132 ページ，問題 4.5)
(18) 定年退職者に対し，最終給与比例制の給付を支払う年金制度に関する正しい記述を選ぶ問題.
(19) 脱退差損益に関する問題. (第 3 巻 152 ページ)

(20)　死亡率改善を計算に織り込む問題.

◉——平成 25 年度の試験問題

数学

問題 1. (各 5 点，計 60 点)　小問.

(1)　条件付き確率. (本書 46 ページ，2.4 節)
(2)　独立な二つの確率変数の比の確率密度関数を求める問題. (本書 43 ページ，商の分布)
(3)　結合確率分布を与えたときの確率変数の和の平均と分散. (本書 42 ページ，和の分布)
(4)　チェビシェフの不等式.
(5)　組合せを用いた確率変数の分布と期待値に関する問題.
(6)　二つの母集団の標本平均の線形和の分散を最小にする問題.
(7)　分散に関する区間推定 (正規母集団). (本書 56 ページ，2.6 節 (3))
(8)　仮説検定と検出力. (本書 60 ページ，2.7 節)
(9)　独立性の検定.
(10)　回帰分析.
(11)　MA(2) における自己相関の問題.
(12)　シミュレーションにおける逆関数法.

問題 2. (20 点)　first success に関する穴埋め問題.

問題 3. (20 点)　順序統計量，標本範囲に関する穴埋め問題.

生保数理

問題 1. (各 6 点，計 84 点)　小問.

(1)　累加生命年金，累減生命年金の現価. (本書 94 ページ，3.5 節)
(2)　l_x を与え，$\mathring{e}_x$ の x に関する微分を求める問題. (本書 78 ページ，3.2 節)
(3)　死亡・解約の 2 重脱退問題.
(4)　年金現価，定期保険一時払い保険料に関する基礎問題. (本書 79 ページ，3.3 節)

(5) $\bar{P}^{(\infty)}_{x:\overline{n|}}$ の x に関する微分にまつわる問題.
(6) 責任準備金を確率変数と見たときの標準偏差を求める問題.
(7) 予定死亡率の変更に伴う年金現価の変化.
(8) 営業保険料に関する問題.
(9) チルメル式責任準備金に関する問題. (本書 120 ページ, 3.12 節)
(10) 保険料振り替え貸付に関する問題.
(11) 親子連生保険の年払い保険料に関する問題. (本書 105 ページ, 3.8 節)
(12) 就業–就業不能問題. (本書 112 ページ, 3.10 節)
(13) 保険料払い込み免除特約に関する問題.
(14) 疾病入院保険に関する問題.

問題 2. (各 8 点, 計 16 点)

(1) 累加死亡給付, 逓増遺族年金 (確定年金) に関する, 収支相等, 責任準備金に関する穴埋め問題.
(2) 連合生命保険に関する問題.

損保数理

問題 1. (各 7 点, 計 49 点)

I. パレート分布に従うクレーム額に関する問題.
(1) 最尤法によるパラメータ推定.
(2) エクセス方式による免責.

II. 二つの危険指標を与えたときの一般線形化モデルに関する問題.
(1) 対数尤度関数.
(2) パラメータの決定.
(3) クレーム単価の期待値.

III. 累計支払い保険金実績データを与えたときの支払い備金の評価に関する問題.
(1) チェインラダー法による支払い備金の計算.
(2) ボーンヒュッター–ファーガソン法による支払い備金の計算.

IV. 積立保険における会社の損失に関する問題.

(1) 年払い契約の積立保険料.

(2) 保険会社の損失の計算.

V. 期待値原理，指数原理，パーセンタイル原理，エッシャー原理による保険料の算出.

VI. 支払い保険金 X の確率分布をパレート分布としたときの再保険に関する問題.

VII. 支払い保険金 X の確率分布が対数正規分布であるときの Value at Risk $\mathrm{VaR}_\alpha(X)$，Tail Value at Risk $\mathrm{TVaR}_\alpha(X)$ の計算.

問題 2. (I～IV：各 7 点，V：6 点，計 34 点)

I. ある保険商品の年間事故率 X の分布をパレート分布とするとき，未知パラメータの信頼区間を求める問題.

II. 保険料割増，割引の等級制度に関する問題 (マルコフ連鎖の問題). (本書 193 ページ，5.5 節)

III. クレーム件数過程におけるオペレーショナル・タイムに関する問題.

IV. 共単調コピュラに関する問題.

V.

(1) 有限変動信頼性理論，エッシャー変換，支払い備金に関する知識を問う問題. (本書 202 ページ，5.6 節)

(2) IMF法，コヒーレントリスク尺度，閾値超過モデルに関する知識を問う問題.

問題 3. (I：9 点，II：8 点，計 17 点)

I. 保有する富 x の効用関数が $u(x) = -e^{-0.001x}$ である契約者の入院保険への加入に関する問題.

II. Lundberg モデルに関する問題. (本書 213 ページ，5.8 節)

年金数理 (各 5 点 ×20)

(1) l_x となる定常状態の年金制度における脱退時平均年齢.

(2) 脱退残存表から死亡率を算出する問題. (本書 109～112 ページ)

(3) 遺族に対する給付がついた終身年金の給付現価の算出. (第 3 巻 51～53 ページ)

(4) Trowbridge モデルにおける，財政方式と保険料・積立金の問題．(本書 146 ページ)
(5) 開放型総合保険料方式の保険料の計算．
(6) 死力 μ_{x+t} と p_x との関係．(本書 75～77 ページ，第 3 巻 55 ページ，問題 2.2)
(7) 加入年齢方式と閉鎖型総合保険料方式の保険料の計算．
(8) 運用利回りの実績が予定より下回ったとき，保険料の増額で積立金を回復させる計画に関する問題．
(9) Trowbridge モデルの年金制度の財政方式に関する問題．
(10) 連合生命年金現価．(第 3 巻 56 ページ，問題 2.9)
(11) 再計算による財政方式の変更と給付の見直し．
(12) Trowbridge モデルにおいて，総合保険料方式で算出した到達年齢方式による標準保険料率を与えて $\ddot{a}_{x_r}$ を計算する問題．
(13) 定常人口の年金制度における未積立債務の償却．
(14) Trowbridge モデルにおける標準保険料率などの値を与えて予定利率を計算する問題．
(15) Trowbridge モデルにおける開放型総合保険料方式と開放基金方式．(本書 160～164 ページ)
(16) 年金制度の貸借対照表，損益計算書に関する問題．
(17) 年金制度内容，被保険者構成，計算基礎率を与えて責任準備金を算出する問題．
(18) 特別保険料を年度ごとに変える場合の未積立債務の償却．
(19) 終身年金から給付現価の削減による保証期間付き終身年金への変更．
(20) 利差損益，新規加入差損益，昇給差損益に関する問題．

◉——平成 26 年度の試験問題

数学

問題 1. (60 点)　小問．

(1) 独立試行に関する基礎問題．
(2) 漸化式を用いて解く基礎問題．

(3) 独立な確率変数列の最小値 (一様分布) に関する問題. (本書 2.3 節)
(4) 独立な幾何分布の和の積率母関数 (モーメント母関数) に関する問題. (本書 2.3 節)
(5) 独立な一様分布に従う確率変数に関する問題.
(6) 2 つの正規母集団の母平均の差の区間推定.
(7) 正規母集団に関する仮説検定. (本書 2.7 節)
(8) ベルヌーイ試行に関する仮説検定.
(9) 回帰分析に関する基礎問題.
(10) ムービング・アベレージモデル.
(11) ブラウン運動に関する基礎問題.
(12) シミュレーション (棄却法).

問題 2. (20 点)　確率母関数に関する穴埋め問題 (基礎的).

問題 3. (30 点)

(1) 指数分布に従う独立確率変数の和に関する問題 (convolution の計算, 基礎的). (本書 42 ページ)
(2) 指数分布に従う母集団の母平均に関する区間推定問題をデータに打ち切りがある場合とない場合に分けて出題 (穴埋め問題).

生保数理

問題 1. (40 点)　小問.

(1) 元利均等返済と元金均等返済. (第 5 巻 17 ページ)
(2) A, B 2 重脱退の脱退力に関する問題. (第 5 巻 6.4 節)
(3) 正しいものを選ぶ小問.
(4) 死亡給付, 生存給付の現価の期待値に関する問題. (第 5 巻 73 ページ)
(5) 死亡給付として責任準備金を支払うときの一時払い純保険料を求める問題.
(6) 養老保険の払い済み保険への変更. (第 5 巻 8.2 節)
(7) 連合生命の死亡率に関する問題. (第 5 巻 7.1 節)
(8) 疾病入院保険の年払い保険料.

問題 2. (42 点)

(1) 生存給付，期間に応じて死亡給付として責任準備金，保険金 1 を支払う問題．(第 5 巻 95 ページ，例題 4.5)

(2) ある x 歳の予定死亡率のみを引き下げたときの保険料，生命年金現価，年払い保険料の変化を問う問題．(第 5 巻 3 章，演習問題 3.9)

(3) 死亡給付として，既払い込み営業年払い保険料に予定利率と同じ利率で利息をつけたものを支払う問題．(第 5 巻 3.10 節，例題 3.9)

(4) 初年度定期式責任準備金に関する問題．(第 5 巻 4.5.2. 節)

(5) 連合生命の順序のついた死亡率に関する問題．(第 5 巻 7.2 節)

(6) 就業-就業不能に関する計算基数を用いて生命年金現価を計算する問題．

問題 3. (18 点)　穴埋め問題．

(1) 標準体，特別条件体に関する問題．

(2) 責任準備金再帰式を用いる問題．(第 5 巻 4.2 節)

損保数理

問題 1. (49 点)

I. 全信頼，信頼度，営業保険料に関する問題．

　(1) 全信頼度に必要なデータ件数を問う問題．(第 4 巻 9.1 節)

　(2) 実績データを用いた純保険料法による改定純保険料を求める問題．

　(3) 改定純保険料による営業保険料の算出．

II. タリフ理論に関する問題．(第 4 巻 8.2 節)

　(1) 一般化線形モデルのパラメータに関する連立方程式．

　(2) 一般化線形モデルによるクレーム単価の算出．

III. 各年度の支払保険金，普通支払備金が与えられたときの問題．

　(1) IBNR 損害に関する問題．

　(2) チェインラダー法による最終累計発生保険金の推定．

IV. 積特型積立保険の年払い契約における補償部分の平準年払い営業保険料に関する問題．

(1) 1年契約の営業保険料に関する割引率.

(2) 解約が発生した場合の未回収新契約社費の現価.

V. 保険料算出原理に関する選択問題.

VI. Lundberg モデルに関する問題. (第4巻5.1節)

(1) ガンマ分布に従うクレーム額の積率母関数.

(2) 破産確率の上限を与えて安全割増率 θ を求める問題.

VII. 極値理論に関する問題. (第4巻10.2節)

(1) パレート分布に従うクレーム額の超過分布関数.

(2) クレーム額の平均超過関数.

問題 2. (35点)

I. 保険商品の予定料率と営業保険料に関する問題.

II. クレーム件数が Poisson 分布 Po (Θ) に従い, Θ がパレート分布に従うとしたときの問題. (第4巻9.3節)

(1) Bühlmann モデルによる, 信頼度, 次年度の推定値の計算.

(2) 過去2年間の実績データを用いた Bühlmann モデルによる推定値と純保険料, 営業保険料に関する問題.

III. 年間クレーム件数が二項分布 B$(\Theta, 0.3)$ に従い, Θ が Poisson 分布に従い, クレーム額が指数分布に従うとしたときの問題.

(1) 標準偏差原理による純保険料の算出.

(2) エッシャー原理による純保険料の算出.

IV. 2つの再保険パターンに関する問題.

(1) 期待損益に関する問題.

(2) 破産確率と期待損益に関する問題.

V. 正しいものを選ぶ問題.

(1) 契約年度統計, 一般化線形モデル, 期待効用原理に関する知識を問う問題.

(2) QQ プロット, 平均超過プロット, コヒーレントリスク尺度, Minimum Bias 法, Bailey-Simon 法に関する知識を問う問題.

問題 3. (16 点)

I. 2 つの商品の支払保険金の間の相関に関する問題.

(1) 経験コピュラに関する問題.

(2) (X, Y) の分布をコピュラで与え，$\mathrm{CTE}_{0.6}(X+Y)$ を求める問題.

II. Lundberg モデルにおける関数 $G(u, y)$，破産時の欠損額に関する問題. (第 4 巻 5.2 節)

(1) 安全割増の計算.

(2) サープラスの最低記録更新，欠損額に関する穴埋め問題.

(3) 破産確率の計算.

年金数理

問題 1. (70 点)　小問.

(1) 連続払い確定年金現価. (第 3 巻 46 ページ)

(2) 給与の静態的昇給率と動態的昇給率.

(3) 生存脱退と死亡脱退の 2 重脱退残存表. (第 3 巻 38 ページ)

(4) Trowbridge モデルにおいて定常状態の保険料と給付現価とその関係. (本書 145～146 ページ)

(5) 連生生命年金の現価. (本書 106～107 ページ)

(6) Trowbridge モデルの年金制度における各種財政方式に関する知識を問う問題.

(7) 最終給与比例で定年のみ給付の年金制度の脱退率・昇給率と保険料との関係を問う問題. (第 3 巻 158～161 ページ)

(8) 加入年齢方式と個人平準保険方式の保険料の比較.

(9) キャッシュバランスプランの給付現価を計算する問題. (第 3 巻 25 ページ)

(10) Trowbridge モデルにおいて財政方式を加入年齢方式とした場合. 期初払い保険料と期末払い保険料の関係を用いた問題.

(11) 最終給与比例制の年金制度において，ベースアップが継続的に発生した場合の，再計算に関する問題.

(12) 特別保険料を弾力的に設定する問題.

(13) 保険料の払い込み，給付が連続的に行われる年金制度における脱退力の変化に関する問題.

(14) Trowbridge モデルにおいて財政方式を加入年齢方式とし，保険料の払い込み回数を変更する問題.

問題 2. (15 点)　定年退職者のみに一時金を原資とした給付を行う年金制度で財政方式を加入年齢方式とするときの応用問題.

問題 3. (15 点)　開放型総合保険料方式によって財政運営を行っている年金制度における財政決算，財政再計算に関する問題.

◉——平成 27 年度の試験問題

数学

問題 1. (60 点)　小問.

(1) サイコロに関する基本問題.

(2) 分布の再生性に関する知識を問う問題. (本書 2.3 節)

(3) 中心極限定理の応用問題.

(4) F 分布に関する基本問題. (本書 53 ページ)

(5) 復元抽出と最尤推定量に関する問題.

(6) 指数分布に従う母集団における母平均の区間推定において，データに打ち切りがある場合の取り扱い.

(7) 2 つの正規母集団における母平均の差に関する仮説検定.

(8) 1 から 9 までの数字が書かれたカードから 2 枚を同時に取り出したときの数字の和の平均と分散を求める問題.

(9) 回帰分析に関する計算問題.

(10) マルコフチェインに関する計算問題. (本書 193 ページ)

(11) $AR(2)$ モデルにおける平均，分散，自己共分散に関する問題.

(12) 一様乱数に関する計算問題 (負の相関法).

問題 2. (20 点)　非復元抽出に関する計算問題.

問題 3. (20 点)　ベルヌーイ試行における成功確率の精密法による区間推定に関する穴埋め問題.　2 項分布と F 分布の間の関係が用いられる.

生保数理

問題 1. (40 点)　小問.

(1) 確定年金現価に関する計算問題. (第 5 巻 1.3 節)
(2) 定常社会に関する基礎問題. (第 5 巻 5.12 節)
(3) 養老保険の危険保険料に関する問題. (第 5 巻 4.3 節)
(4) 養老保険において，予定死亡率の変化に伴う年払い保険料の変化に関する問題.
(5) 死亡給付がチルメル式責任準備金となる問題.
(6) 払い済み保険，保険契約の転換. (第 5 巻 8.2，8.3 節)
(7) 就業-就業不能脱退残存表に関する問題. (第 5 巻 6.6 節)
(8) 災害入院保障保険における契約の変更.

問題 2. (42 点)

(1) l_x を与えて，据え置き平均余命を計算する問題. (第 5 巻 30 ページ)
(2) A, B, C 3 重脱退の絶対脱退率に関する問題. (第 5 巻 6.2 節)
(3) 累減定期保険の一時払い保険料. (第 5 巻 3.6.1 節)
(4) 終身生命年金保険において，保険料払い込み期間に死亡したとき，年金原資に経過年数に応じた割合を掛けたものを支払う保険.
(5) 3 人の連合生命年金に関する問題. (第 5 巻 7.3.1 節)
(6) 介護保険に関する問題 (就業-就業不能に関する知識で解ける). (第 5 巻 6.6 節)

問題 3. (18 点)

(1) 定期積み立て期間に死亡したとき不足分を支払う保険. (第 5 巻 3.11.2 節)
(2) 連合生命に関する連生保険の一時払い保険料に関する穴埋め問題.

損保数理

問題 1. (49 点)

I. クレーム総額 S がガンマ分布を用いて表現されている.
  (1) S の歪度の計算. (第 4 巻 31 ページ)
  (2) S の平均，標準偏差，歪度を与えてパラメータを決定する問題.

(3) 期末のサープラスが負になる確率.

II. 1 年契約の保険の保険料収入と保険金支払を与えて，損害率の計算を行う.

(1) アーンドベーシス損害率.

(2) リトンベーシス損害率.

(3) 次年度のリトンベーシス損害率.

III. 二つの保険種目の契約ポートフォリオのクレーム総額に関する問題. 各クレーム総額 S_1, S_2 は Poisson 分布に従い，その平均は指数分布に従うとしている. (第 4 巻 57 ページ)

(1) クレーム総額 $S = S_1 + S_2$ の期待値と分散.

(2) 個々のクレーム額が 2 倍になるときのクレーム総額の 97.5 パーセンタイル値.

IV. 二つの危険指標に関する問題. (第 4 巻 8 章)

(1) 相対クレームコスト指数.

(2) 一般化線形モデルによるクレームコスト指数の推定.

V. 累計支払保険金データを与えたときの支払備金の評価.

(1) チェインラダー法による評価.

(2) ボーンヒュッター–ファーガソン法による評価.

VI. 積特型積立保険に関する問題.

(1) 積立型基本特約保険料.

(2) 第 4 保険年度末の払い戻し積立金の積立型基本特約保険料に対する割合.

VII. Lundberg モデルに関する問題. (第 4 巻 5 章)

(1) 期首サープラス 0 のときの破産確率.

(2) 期首サープラス 60 のとき，サープラスが初めて 60 未満になったという条件の下で，期首からの損失額が 30 を超える条件付き確率.

問題 2. (51 点)

I. クレーム件数，クレーム額の分布を与えたときの免責金額に関する問題.

(1) エクセス方式.

(2) 年間 2 回目以降の事故に関する免責.

II. 発生保険金 X の確率分布がパラメータ Θ で記述され，Θ も確率変数であるときのベイズ統計. (第 4 巻 9.2 節)

(1) Θ の事後分布.

(2) X の期待値と，X が X の期待値を超える確率.

III. 累計支払保険金に関する穴埋め問題.

(1) ロスデベロップメントファクターの期待値の推定値.

(2) 経過年数 k の分散係数 σ_k^2 の推定.

IV. リスクと効用関数に関する穴埋め問題.

V. Lundberg モデルにおいて期首サープラスが u であるとき，破産直後の欠損額が y 以上となる確率 $G(u,y)$ に関する穴埋め問題. (第 4 巻 5.2 節)

VI. 契約ポートフォリオを与えたときの再保険に関する問題.

(1) 超過損害再保険の再保険金回収額の期待値.

(2) 比例再保険に関する問題.

VII. 一般化パレート分布に関する問題 (極値理論).

(1) 一般化パレート分布の超過分布関数. (第 4 巻 10.2 節)

(2) 平均超過関数. (第 4 巻 8.2 節)

(3) Value at risk，Tail Value at risk と絡めた問題. (第 4 巻 6.1 節)

VIII. 正しい記述を選ぶ問題.

(1) 純保険料法，スケジュール料率算定法，エッシャー変換，ワン変換に関する知識を問う問題. (第 4 巻 6.2 節)

(2) コヒーレントリスク尺度，保険料算出原理，ケンドールの τ に関する知識を問う問題. (第 4 巻 6.3 節，11.4 節)

年金数理

問題 1. (30 点) 小問.

(1) 定常人口に達している二つの年金制度の被保険者数に関する問題.

(2) 運用利回りの上昇に伴う積立金の増加に関する問題.

(3) Trowbridge モデルにおいて定常人口を仮定するときの財政方式等の知識を問う問題.

(4) Trowbridge モデルにおいて財政方式を加入時積立方式とする場合と平準積立方式とする場合の積立金の比較. (本書 142〜144 ページ)

(5) 定年退職者に対して確定年金を支払う年金制度における予定利率, 予定脱退率の変化に伴う標準保険料率の変化に関する問題.

(6) 平成 26 年度の試験問題「年金数理」問題 1 (7) と同じ.

問題 2. (36 点)　小問.

(1) 保証期間付き年 6 回期末払い終身生命年金において, 保証期間中に一定額を受け取る場合と年 4%ずつ年金が増加する場合の問題.

(2) 定年退職者に対して定年給与に比例した終身年金を支払う年金制度に関する財政再計算に関する問題.

(3) 財政方式を見直した場合の保険料, 積立金の計算に関する問題.

(4) 責任準備金再帰式. (第 3 巻 145 ページ)

(5) 未積立債務の特別保険料と運用利回りに関する問題.

(6) 被保険者の脱退, 保険料の払い込み, 給付が連続的に起こる年金制度に関する問題.

問題 3. (17 点)　定常状態にある Trowbridge モデルにおける責任準備金と積立金の 1 年間の損益に関する穴埋め問題. (本書 166〜168 ページ)

問題 4. (17 点)　年金制度の分割に関する応用問題.

A.2 演習問題解答

●──演習問題 A の解答

A-1

(1) Z_1 の取りうる値の範囲は $-\infty < Z_1 < \infty$ であるので，$t \in \mathbb{R}$ に対して次が成立：

$$
\begin{aligned}
P(Z_1 \leqq t) &= P(\log|X| \leqq t) \\
&= P(|X| \leqq e^t) \\
&= P(-e^t \leqq X \leqq e^t) \\
&= \int_{-e^t}^{e^t} \frac{1}{\sqrt{2\pi}} e^{-\frac{1}{2}x^2} dx \\
&= 2\int_0^{e^t} \frac{1}{\sqrt{2\pi}} e^{-\frac{1}{2}x^2} dx.
\end{aligned}
$$

したがって，Z_1 の確率密度関数 $f_{Z_1}(t)$ は

$$
\begin{aligned}
f_{Z_1}(t) &= \frac{d}{dt} P(Z_1 \leqq t) \\
&= \frac{2}{\sqrt{2\pi}} \exp\left\{-\frac{1}{2}e^{2t} + t\right\}
\end{aligned}
$$

となる．

(2) Z_2 の取りうる値の範囲は $Z_2 \geqq 0$ であるので，$t > 0$ のとき次が成立：

$$
\begin{aligned}
P(Z_2 \leqq t) &= P(X^2 \leqq t) \\
&= P(-\sqrt{t} \leqq X \leqq \sqrt{t}) \\
&= \int_{-\sqrt{t}}^{\sqrt{t}} \frac{1}{\sqrt{2\pi}} e^{-\frac{1}{2}x^2} dx \\
&= 2\int_0^{\sqrt{t}} \frac{1}{\sqrt{2\pi}} e^{-\frac{1}{2}x^2} dx.
\end{aligned}
$$

したがって，

$$
f_{Z_2}(t) = \frac{2}{\sqrt{2\pi}} e^{-\frac{1}{2}t} \cdot \frac{1}{2\sqrt{t}} = \frac{1}{\sqrt{2\pi t}} e^{-\frac{1}{2}t}
$$

となる．

$t \leqq 0$ のときには，$P(Z_2 \leqq t) = 0$ となるので，$f_{Z_2}(t) = 0$ となる．これらをまとめると

$$f_{Z_2}(t) = \begin{cases} \dfrac{1}{\sqrt{2\pi t}} e^{-\frac{1}{2}t} & (t > 0), \\ 0 & (\text{その他}) \end{cases}$$

となる．

(3) Z_3 の取りうる値の範囲は $Z_3 \geqq 0$ であるので，$t > 0$ のとき次が成立：

$$\begin{aligned} P(Z_3 \leqq t) &= P(\sqrt{|X|} \leqq t) \\ &= P(-t^2 \leqq X \leqq t^2) \\ &= \int_{-t^2}^{t^2} \frac{1}{\sqrt{2\pi}} e^{-\frac{1}{2}x^2} dx \\ &= 2\int_0^{t^2} \frac{1}{\sqrt{2\pi}} e^{-\frac{1}{2}x^2} dx. \end{aligned}$$

したがって，

$$f_{Z_3}(t) = \frac{2}{\sqrt{2\pi}} e^{-\frac{1}{2}t^4} \cdot 2t = \frac{4t}{\sqrt{2\pi}} e^{-\frac{1}{2}t^4}$$

となる．

$t \leqq 0$ のときには，$P(Z_3 \leqq t) = 0$ となるので，$f_{Z_3}(t) = 0$ となる．これらをまとめると

$$f_{Z_3}(t) = \begin{cases} \dfrac{4t}{\sqrt{2\pi}} e^{-\frac{1}{2}t^4} & (t > 0), \\ 0 & (\text{その他}) \end{cases}$$

となる．

A-2

(1) $Y = \log X$ とおくと，$Y \sim \mathrm{N}(0,1)$，$X = e^Y$ であるので，$t > 0$ のとき，

$$\begin{aligned}
P(X \leqq t) &= P(e^Y \leqq t) \\
&= P(Y \leqq \log t) \\
&= \int_{-\infty}^{\log t} \frac{1}{\sqrt{2\pi}} e^{-\frac{1}{2}x^2} dx
\end{aligned}$$

となり，

$$f_X(t) = \frac{1}{\sqrt{2\pi}} e^{-\frac{1}{2}(\log t)^2} \cdot \frac{1}{t}$$

となる．

$t \leqq 0$ のときには $f_X(t) = 0$ だから，

$$f_X(t) = \begin{cases} \dfrac{1}{\sqrt{2\pi} t} e^{-\frac{1}{2}(\log t)^2} & (t > 0), \\ 0 & (\text{その他}) \end{cases}$$

(2)

$$\begin{aligned}
E[X] &= \int_0^{\infty} \frac{1}{\sqrt{2\pi}} e^{-\frac{1}{2}(\log t)^2} dt \\
&= \int_{-\infty}^{\infty} \frac{1}{\sqrt{2\pi}} e^{-\frac{1}{2}u^2 + u} du \\
&\qquad (u = \log t \text{ とおくと，} dt = e^u du \text{ であることに注意}) \\
&= \int_{-\infty}^{\infty} \frac{1}{\sqrt{2\pi}} e^{-\frac{1}{2}(u-1)^2} e^{\frac{1}{2}} du \\
&= e^{\frac{1}{2}}.
\end{aligned}$$

A-3

(1) 同時確率密度関数を $\mathbb{R}^2$ で積分すると 1 であることを用いる：

$$\begin{aligned}
\int_{\mathbb{R}^2} f(x, y) dx dy &= \int_0^1 dx \int_0^x dy cy + \int_0^1 dx cx \int_x^1 dy \\
&= \frac{c}{2} \int_0^1 dx [y^2]_0^x + c \int_0^1 dx x(1-x) \\
&= \frac{c}{3}.
\end{aligned}$$

これより，$c=3$ となる．

(2) $D=\{(x,y);0\leqq x,y\leqq 1,\ x+y\leqq 1\}$ において $f(x,y)$ を積分すればよい：

$$\begin{aligned}P(X+Y\leqq 1)&=\int_0^{\frac{1}{2}}dx\int_0^x dycy\\&\quad+\int_{\frac{1}{2}}^1 dx\int_0^{1-x}dycy+\int_0^{\frac{1}{2}}dx\int_x^{1-x}dycx\\&=\frac{1}{4}.\end{aligned}$$

A-4

(1) まず，$X_1=k_1,X_2=k_2$ となる確率は $k_1+k_2\leqq n$ のとき，

$$P(X_1=k_1,X_2=k_2)=\binom{n}{k_1}\left(\frac{1}{6}\right)^{k_1}\binom{n-k_1}{k_2}\left(\frac{1}{2}\right)^{k_2}\left(\frac{1}{3}\right)^{n-k_1-k_2}$$

となる．

次に，$\varphi(\theta_1,\theta_2)=E[e^{\theta_1X_1+\theta_2X_2}]$ とおくと，

$$\begin{aligned}&\varphi(\theta_1,\theta_2)\\&=\sum_{k_1=0}^{n}\sum_{k_2=0}^{n-k_1}e^{\theta_1k_1+\theta_2k_2}\binom{n}{k_1}\left(\frac{1}{6}\right)^{k_1}\binom{n-k_1}{k_2}\left(\frac{1}{2}\right)^{k_2}\left(\frac{1}{3}\right)^{n-k_1-k_2}\\&=\sum_{k_1=0}^{n}e^{\theta_1k_1}\binom{n}{k_1}\left(\frac{1}{6}\right)^{k_1}\sum_{k_2=0}^{n-k_1}\binom{n-k_1}{k_2}\left(\frac{e^{\theta_2}}{2}\right)^{k_2}\left(\frac{1}{3}\right)^{n-k_1-k_2}\\&=\sum_{k_1=0}^{n}\binom{n}{k_1}\left(\frac{e^{\theta_1}}{6}\right)^{k_1}\left(\frac{e^{\theta_2}}{2}+\frac{1}{3}\right)^{n-k_1}\\&=\left(\frac{e^{\theta_1}}{6}+\frac{e^{\theta_2}}{2}+\frac{1}{3}\right)^{n}.\end{aligned}$$

これより，

$$\frac{\partial\varphi}{\partial\theta_1}=n\frac{e^{\theta_1}}{6}\left(\frac{e^{\theta_1}}{6}+\frac{e^{\theta_2}}{2}+\frac{1}{3}\right)^{n-1},$$

$$\frac{\partial \varphi}{\partial \theta_2} = n\frac{e^{\theta_2}}{2}\left(\frac{e^{\theta_1}}{6} + \frac{e^{\theta_2}}{2} + \frac{1}{3}\right)^{n-1},$$

$$\frac{\partial^2 \varphi}{\partial \theta_1 \partial \theta_2} = n(n-1)\frac{e^{\theta_1}}{6}\frac{e^{\theta_2}}{2}\left(\frac{e^{\theta_1}}{6} + \frac{e^{\theta_2}}{2} + \frac{1}{3}\right)^{n-2}$$

となり，

$$E[X_1] = \frac{\partial \varphi}{\partial \theta_1}(0,0) = \frac{n}{6},$$

$$E[X_2] = \frac{\partial \varphi}{\partial \theta_2}(0,0) = \frac{n}{2},$$

$$E[X_1X_2] = \frac{\partial^2 \varphi}{\partial \theta_1 \partial \theta_2}(0,0) = \frac{n(n-1)}{12}$$

となる．

したがって，$\mathrm{Cov}(X_1, X_2) = -\dfrac{n}{12}$.

(2)　条件付確率で考える：

$$\begin{aligned}
&P(X_1 = k_1, X_2 = k_2) \\
&\quad = \sum_{n=k_1+k_2}^{\infty} P(X_1 = k_1, X_2 = k_2 | N = n)P(N = n) \\
&\quad = \sum_{n=k_1+k_2}^{\infty} \binom{n}{k_1}\left(\frac{1}{6}\right)^{k_1}\binom{n-k_1}{k_2}\left(\frac{1}{2}\right)^{k_2}\left(\frac{1}{3}\right)^{n-k_1-k_2} e^{-\lambda}\frac{\lambda^n}{n!} \\
&\quad = \frac{e^{-\lambda}}{k_1!k_2!}\left(\frac{\lambda}{6}\right)^{k_1}\left(\frac{\lambda}{2}\right)^{k_2}\sum_{n=k_1+k_2}^{\infty}\frac{\left(\frac{\lambda}{3}\right)^{n-k_1-k_2}}{(n-k_1-k_2)!} \\
&\quad = e^{-\frac{\lambda}{6}}\frac{\left(\frac{\lambda}{6}\right)^{k_1}}{k_1!}e^{-\frac{\lambda}{2}}\frac{\left(\frac{\lambda}{2}\right)^{k_2}}{k_2!}.
\end{aligned}$$

これより，

$$P(X_1 = k_1, X_2 = k_2) = P(X_1 = k_1)P(X_2 = k_2)$$

となり，X_1, X_2 は独立となる．したがって，$\mathrm{Cov}(X_1, X_2) = 0$ となる．

A-5

電話の通話時間を X とし，料金を S とする．

$$S = a \Longleftrightarrow 0 < X < m_0,$$

$$S = a + kd \Longleftrightarrow m_0 + (k-1) < X < m_0 + k \quad (k \geqq 1)$$

であることを考慮すると，

$$\begin{aligned} E[S] &= aP(0 < X < m_0) \\ &\quad + \sum_{k=1}^{\infty}(a+kd)P(m_0+(k-1) < X < m_0+k) \\ &= a(1-e^{-\frac{m_0}{c}}) + e^{-\frac{m_0}{c}}(e^{\frac{1}{c}}-1)\sum_{k=1}^{\infty}(a+kd)e^{-\frac{k}{c}} \\ &= a + de^{-\frac{m_0}{c}}\frac{e^{\frac{1}{c}}}{e^{\frac{1}{c}}-1}. \end{aligned}$$

ここで，

$$\sum_{k=1}^{\infty} ke^{-\alpha k} = \frac{e^{\alpha}}{(e^{\alpha}-1)^2}$$

を用いた．

A-6

$$E[X_i] = 1 \cdot 0.7 + (-1) \cdot 0.3 = 0.4,$$

$$V[X_i] = 1 - 0.4^2 = 0.84,$$

中心極限定理より

$$\frac{S_n - 0.4n}{\sqrt{0.84n}} \sim \mathrm{N}(0,1)$$

であるので，

$$P(S_n \geqq 100) = P\left(\frac{S_n - 0.4n}{\sqrt{0.84n}} \geqq \frac{100-0.4n}{\sqrt{0.84n}}\right) \geqq 0.9.$$

したがって，

$$\frac{100-0.4n}{\sqrt{0.84n}} \leqq -u(0.1).$$

$x=\sqrt{n}$ とおくと，上の不等式は

$$\frac{2}{5}x^2 - \frac{\sqrt{21}}{5}u(0.1)x - 100 \geqq 0$$

となる．これを解くと，$x \geqq 17.348$ となり，$n \geqq 300.95$ となる．

n は自然数なので，$n \geqq 301$ となる．

A-7

n 人の生徒の得点を $X_1, \cdots, X_n$ とする．$X_i \sim \mathrm{U}(0,100)$ であるので，

$$E[X_i]=50, \qquad V[X_i]=\frac{2500}{3}.$$

したがって，中心極限定理より

$$\frac{S_n - 50n}{\sqrt{\frac{2500n}{3}}} \sim \mathrm{N}(0,1)$$

が言える．

平均点は $\dfrac{S_n}{n}$ であるので，

$$P\left(40 \leqq \frac{S_n}{n} \leqq 60\right) \geqq 0.9$$

とするための n の条件を求めたい．

$$P\left(-\frac{10n}{\sqrt{\frac{2500n}{3}}} \leqq \frac{S_n-50n}{\sqrt{\frac{2500n}{3}}} \leqq \frac{10n}{\sqrt{\frac{2500n}{3}}}\right) \geqq 0.9$$

より，次の不等式がえられる：

$$\frac{\sqrt{3n}}{5} \geqq u(0.05) = 1.645.$$

これを解くと，$n \geqq 23$ となる．

A-8

H_0 の下で,

$$\frac{\bar{X}}{\frac{1}{\sqrt{n}}} \sim \mathrm{N}(0,1)$$

であるので，棄却域は

$$\sqrt{n}\bar{X} > u(0.01)$$

である.

H_1 の下では,

$$\frac{\bar{X}-1}{\frac{1}{\sqrt{n}}} \sim \mathrm{N}(0,1)$$

となる.

$$\begin{aligned} \text{第 2 種の誤りの確率} &= P(\sqrt{n}\bar{X} \leqq u(0.01)) \\ &= P(\sqrt{n}(\bar{X}-1) \leqq u(0.01)-\sqrt{n}) < 0.01 \end{aligned}$$

より,

$$u(0.01)-\sqrt{n} < -u(0.01)$$

となり,

$$n > (2u(0.01))^2 = 37.94$$

となるので，$n \geqq 38$.

●——演習問題 B 解答

B-1

$$\begin{aligned} {}_{40}p_{30} &= \left(\frac{90-40}{90-30}\right)^3 \cdot \frac{240-30}{240-40} \\ &= \frac{175}{512}. \end{aligned}$$

B-2

$$P_{30} = \exp\left\{-\int_0^{30} \mu_{30+u} du\right\}$$

$$p'_{30} = \exp\left\{-\int_0^{30} (\mu_{30+u} + c) du\right\}$$

$$P'_{30} = p_{30} \cdot 0.81$$

より，

$$e^{-30c} = \frac{3^4}{10^2}$$

となり，$c = 0.0070533$ となる．

B-3

$$\ddot{a}_{30:\overline{20|}} = \frac{1}{P_{30:\overline{20|}} + d} = \frac{1}{d + 0.041019},$$

$$\ddot{a}_{50:\overline{20|}} = \frac{1}{P_{50:\overline{20|}} + d} = \frac{1}{d + 0.04433},$$

$$\ddot{a}_{30:\overline{40|}} = \ddot{a}_{30:\overline{20|}} + A_{30:\overset{1}{\overline{20|}}}\, \ddot{a}_{50:\overline{20|}}.$$

これより，

$$\frac{1}{d + 0.041019} + \frac{0.64977}{d + 0.04433} = 26.6599$$

なので，$d = 0.0196$ となる．

B-4

収支相等の関係より次が成立：

$$P\ddot{a}_{30:\overline{30|}} = P(IA)^1_{30:\overline{10|}} + K_{10|}A^1_{30:\overline{20|}}.$$

これより，

$$P = \frac{K_{10|}A^1_{30:\overline{20|}}}{\ddot{a}_{30:\overline{30|}} - (IA)^1_{30:\overline{10|}}} = \frac{K(M_{40} - M_{60})}{N_{30} - N_{60} - (R_{30} - R_{40} - 10M_{40})}$$

となる．

B-5

収支相等の関係より

$$P\ddot{a}_{x:\overline{f|}} = {}_{f|}\ddot{a}_{x:\overline{n|}} + v^f{}_fp_x \cdot \frac{1}{2}(\ddot{a}_{\overline{n|}} - \ddot{a}_{x+f:\overline{n|}}),$$

${}_{f|}\ddot{a}_{x:\overline{n|}} = v^f{}_fp_x\ddot{a}_{x+f:\overline{n|}}$ に注意すると

$$P = \frac{v^f{}_fp_x(\ddot{a}_{\overline{n|}} + \ddot{a}_{x+f:\overline{n|}})}{2\ddot{a}_{x:\overline{f|}}}.$$

B-6

責任準備金 ${}_{n-1}V_{x:\overline{n|}}$ と ${}_nV_{x:\overline{n|}}$ の間の再帰式を考えると，

$${}_{n-1}V_{x:\overline{n|}} + P_{x:\overline{n|}} - vq_{x+n-1} = vp_{x+n-1}\,{}_nV_{x:\overline{n|}}$$

となる．

${}_nV_{x:\overline{n|}} = 1$ であるので，

$${}_{n-1}V_{x:\overline{n|}} + P_{x:\overline{n|}} = v(q_{x+n-1} + p_{x+n-1}) = v$$

となる．

B-7

(1) 問題の題意から，

$$q_x^A = 2q_x^C, \qquad d_x^B = 8000$$

となり，q_x^A, q_x^B, q_x^C を絶対脱退率で表すと

$$q_x^A = 0.1 \cdot \left(1 - \frac{1}{2}(0.2 + q_x^{C*}) + \frac{1}{3} \cdot 0.2 \cdot q_x^{C*}\right),$$
$$q_x^B = 0.2 \cdot \left(1 - \frac{1}{2}(0.1 + q_x^{C*}) + \frac{1}{3} \cdot 0.1 \cdot q_x^{C*}\right),$$
$$q_x^C = q_x^{C*}\left(1 - \frac{1}{2} \cdot 0.3 + \frac{1}{3} \cdot 0.02\right)$$

となる．これらより，$q_x^{C*} = 0.05123339$ となる．

(2)

$$q_x^B = 0.2\left(1 - \frac{1}{2}\cdot 0.15123339 + \frac{1}{3}\cdot 0.00512334\right) = 0.1852182$$

となる．

$$q_x^B = \frac{d_x^B}{l_x}$$

であるので，

$$l_x = \frac{8000}{0.1852182} = 43192$$

となる．

B-8

(1)　収支相等の関係より

$$P\ddot{a}^{aa}_{25:\overline{35|}} = A^{1\,aa}_{25:\overline{35|}} + a^{ai}_{25:\overline{35|}}$$

が成り立ち，

$$P = \frac{A^{1\,aa}_{25:\overline{35|}} + a^{ai}_{25:\overline{35|}}}{\ddot{a}^{aa}_{25:\overline{35|}}}$$

となる．

(2)　就業者契約の責任準備金は将来法で考えると，

$${}_{10}V = A^{1\,aa}_{35:\overline{25|}} + a^{ai}_{35:\overline{25|}} - P\ddot{a}^{aa}_{35:\overline{25|}}$$

となり，就業不能者の責任準備金は

$${}_{10}\tilde{V} = \ddot{a}^{i}_{35:\overline{26|}}$$

となる．

B-9

収支相等の関係は次のように与えられる：

$$0.38337 = A_{x:\overline{n|}} + 0.025 + 0.002\cdot\ddot{a}_{x:\overline{n|}},$$

$$0.02368 \cdot \ddot{a}_{x:\overline{n}|} = A_{x:\overline{n}|} + 0.025 + 0.03 \cdot 0.02368 \cdot \ddot{a}_{x:\overline{n}|} + 0.003 \cdot \ddot{a}_{x:\overline{n}|}.$$

これより，$\ddot{a}_{x:\overline{n}|}, A_{x:\overline{n}|}$ を求めると，

$$\ddot{a}_{x:\overline{n}|} = 17.45002, \qquad A_{x:\overline{n}|} = 0.32347$$

となり，$A_{x:\overline{n}|} = 1 - d\ddot{a}_{x:\overline{n}|}$ より $d = 0.03877, i = 0.040337$ となる．

◉――演習問題 C 解答

C-1

$$\begin{aligned} S^p &= \sum_{x=x_r}^{\omega} l_x \cdot \ddot{a}_x \\ &= \sum_{x=x_r}^{\omega} l_x \cdot \frac{\sum_{y=x}^{\omega} D_y}{D_x} \\ &= \sum_{x=x_r}^{\omega} \sum_{y=x}^{\omega} l_y \cdot v^{y-x}. \end{aligned}$$

ここで，x と y とで $\sum$ の範囲の入れ替えを行う（下図参照）．

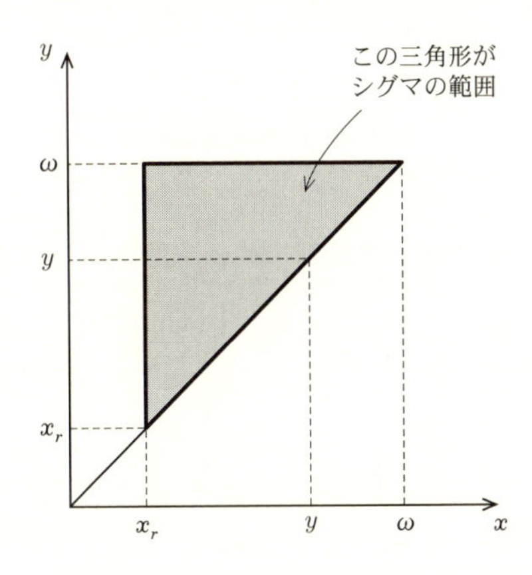

$$S^p = \sum_{y=x_r}^{\omega} \sum_{x=x_r}^{y} l_y \cdot v^{y-x} = \sum_{y=x_r}^{\omega} l_y \cdot \sum_{x=x_r}^{y} v^{y-x}$$

$$
\begin{aligned}
&= \sum_{y=x_r}^{\omega} l_y \cdot \frac{1-v^{y-x_r+1}}{1-v} \\
&= \frac{1}{d} \cdot \left(\sum_{y=x_r}^{\omega} l_y - \sum_{y=x_r}^{\omega} l_y \cdot v^{y-x_r+1} \right) \\
&= \frac{1}{d} \cdot \sum_{y=x_r}^{\omega} l_y - \frac{v}{d} \cdot l_{x_r} \cdot \sum_{y=x_r}^{\omega} \frac{D_y}{D_{x_r}} \\
&= \frac{1}{d} \cdot B - \frac{v}{d} \cdot l_{x_r} \cdot \ddot{a}_{x_r} \\
&= \frac{1}{d} \cdot B - \left(S^a + S^f \right),
\end{aligned}
$$

したがって,

$$
S^p + S^a + S^f = \frac{B}{d}
$$

となる.

C-2

$$
\begin{aligned}
G^a &= \sum_{x=x_e}^{x_r-1} l_x^{(T)} \cdot \frac{\sum_{y=x}^{x_r-1} D_y}{D_x} \\
&= \sum_{x=x_e}^{x_r-1} l_x^{(T)} \cdot \frac{\sum_{y=x}^{x_r-1} l_y^{(T)} \cdot v^y}{l_x^{(T)} \cdot v^x} = \sum_{x=x_e}^{x_r-1} \sum_{y=x}^{x_r-1} l_y^{(T)} \cdot v^{y-x}.
\end{aligned}
$$

C-1 と同様に, x と y とで $\sum$ の範囲の入れ替えを行う.

$$
\begin{aligned}
G^a &= \sum_{y=x_e}^{x_r-1} \sum_{x=x_e}^{y} l_y^{(T)} \cdot v^{y-x} \\
&= \sum_{y=x_e}^{x_r-1} l_y^{(T)} \cdot \sum_{x=x_e}^{y} v^{y-x} = \sum_{y=x_e}^{x_r-1} l_y^{(T)} \cdot \frac{1-v^{y-x_e+1}}{1-v} \\
&= \frac{1}{d} \cdot \left(\sum_{y=x_e}^{x_r-1} l_y^{(T)} - \sum_{y=x_e}^{x_r-1} l_y^{(T)} \cdot v^{y-x_e+1} \right) \\
&= \frac{1}{d} \cdot \sum_{y=x_e}^{x_r-1} l_y^{(T)} - \frac{v}{d} \cdot l_{x_e}^{(T)} \cdot \sum_{y=x_e}^{x_r-1} \frac{D_y}{D_{x_e}}
\end{aligned}
$$

この第 2 項は将来加入者の人数現価 G^f となる．したがって，

$$G^a + G^f = \frac{L}{d}$$

が成立する．

C-3

保険料収入・給付支払いおよび利息収入によって，一年後の積立金に変化がないことを示せばよい．

(1) 給付の発生が期末であるため，利息収入は（期初積立金＋保険料収入）にかかる．

$$(F + C) \cdot (1 + i) - B = F$$

が成立するため，両辺を $(1 + i)$ で除して整理すると，

$$d \cdot F + C = v \cdot B$$

となる．これが保険料期初払い，給付期末払いの極限方程式である．

(2) 給付および保険料の発生が期末であるため，利息収入は期初積立金にかかる．

$$F \cdot (1 + i) + C - B = F$$

より，極限方程式は，

$$i \cdot F + C = B$$

または，

$$d \cdot F + v \cdot C = v \cdot B$$

となる．

(3) 給付，保険料および利息収入は連続的に発生する．

利力を δ とすると，期初の積立金 F の期末における元利合計は

$$F \cdot e^{\delta}$$

また，期初から t $(t < 1)$ 経過後の微小期間 Δt に支払われた保険料 $\Delta t \cdot C$ の

期末時点の元利合計は，

$$\Delta t \cdot C \cdot \exp\left\{\int_t^1 \delta d\tau\right\} = \Delta t \cdot C \cdot e^{\delta\cdot(1-t)}$$

となるため，一年間に支払われた保険料の期末時点の元利合計は，

$$\int_0^1 C \cdot e^{\delta\cdot(1-t)} dt = C \cdot \left[-\frac{e^{\delta\cdot(1-t)}}{\delta}\right]_0^1 = C \cdot \frac{e^{\delta}-1}{\delta}$$

となる．同様に一年間に支給された給付の期末時点の元利合計は，

$$B \cdot \frac{e^{\delta}-1}{\delta}$$

となる．

$$F \cdot e^{\delta} + C \cdot \frac{e^{\delta}-1}{\delta} - B \cdot \frac{e^{\delta}-1}{\delta} = F$$

が成り立つため，連続払いの極限方程式は

$$\delta \cdot F + C = B$$

となる．

C-4

(1) $S^f = \frac{v}{d} \cdot l_{x_e}^{(T)} \cdot \frac{D_{x_r}}{D_{x_e}} \cdot \ddot{a}_{x_r}$ より明らか．

(2) $\frac{{}^{U}C}{d} = S_{FS}^a + S^f$ であるため，

$$S_{FS}^a = \left(S_{FS}^a + S^f\right) - S^f = \frac{{}^{U}C}{d} - \frac{v}{d} \cdot {}^{In}C.$$

(3) $S^a + S^f = \frac{v}{d} \cdot l_{x_r} \cdot \ddot{a}_{x_r}$ であるため，

$$S_{PS}^a = \left(S^a + S^f\right) - \left(S_{FS}^a + S^f\right) = \frac{v}{d} \cdot l_{x_r} \cdot \ddot{a}_{x_r} - \frac{{}^{U}C}{d} = \frac{v}{d} \cdot {}^{T}C - \frac{{}^{U}C}{d}.$$

(4) $S^a = (S^a + S^f) - S^f = \frac{v}{d} \cdot {}^{T}C - \frac{v}{d} \cdot {}^{In}C.$

(5) $S^p + S^a + S^f = \frac{B}{d}$ であるため，

$$S^p = \left(S^p + S^a + S^f\right) - \left(S^a + S^f\right) = \frac{B}{d} - \frac{v}{d} \cdot {}^T C = \frac{{}^T C}{d} - \frac{v}{d} \cdot {}^T C.$$

C-5

(1)

$${}^a P_x = \frac{x_r - x}{x_r - x_e} \cdot \frac{D_{x_r} \cdot \ddot{a}_{x_r}}{\sum_{y=x}^{x_r-1} D_y} = \frac{D_{x_r} \cdot \ddot{a}_{x_r}}{x_r - x_e} \cdot \frac{x_r - x}{\sum_{y=x}^{x_r-1} D_y}$$

であるため,

$$\frac{x_r - x}{\sum_{y=x}^{x_r-1} D_y} < \frac{x_r - (x+1)}{\sum_{y=x+1}^{x_r-1} D_y}$$

となることを示す. 左辺から右辺を引くと,

$$\frac{(x_r - x) \cdot \sum_{y=x+1}^{x_r-1} D_y - (x_r - x - 1) \cdot \sum_{y=x}^{x_r-1} D_y}{\left(\sum_{y=x}^{x_r-1} D_y\right) \cdot \left(\sum_{y=x+1}^{x_r-1} D_y\right)}$$

$$= \frac{\left\{(x_r - x - 1) \cdot \sum_{y=x+1}^{x_r-1} D_y + \sum_{y=x+1}^{x_r-1} D_y\right\} - (x_r - x - 1) \cdot \left(\sum_{y=x+1}^{x_r-1} D_y + D_x\right)}{\left(\sum_{y=x}^{x_r-1} D_y\right) \cdot \left(\sum_{y=x+1}^{x_r-1} D_y\right)}$$

$$= \frac{\sum_{y=x+1}^{x_r-1} D_y - (x_r - x - 1) \cdot D_x}{\left(\sum_{y=x}^{x_r-1} D_y\right) \cdot \left(\sum_{y=x+1}^{x_r-1} D_y\right)}$$

$$= \frac{\sum_{y=x+1}^{x_r-1} (D_y - D_x)}{\left(\sum_{y=x}^{x_r-1} D_y\right) \cdot \left(\sum_{y=x+1}^{x_r-1} D_y\right)}$$

$$< 0 \quad (\because y > x).$$

したがって，${}^{a}P_x$ は x について増加関数となる．

別解　数列 $\{a_n\}$, $\{b_n\}$(ただし，$n=1,2,\cdots k$) について，$a_n>0$, $b_n>0$ であり，かつ $\dfrac{b_n}{a_n}$ が増加関数のとき，

$$\frac{\sum_{n=s}^{k} b_n}{\sum_{n=s}^{k} a_n} < \frac{\sum_{n=s+1}^{k} b_n}{\sum_{n=s+1}^{k} a_n} \quad (\text{ただし } 1 \leqq s \leqq k-1)$$

となることを利用する．

$$b_n=1,\ a_n=D_n \quad (\text{ただし}, x_e \leqq n \leqq x_r-1)$$

とおくと，$a_n>0$, $b_n>0$ かつ，

$$\frac{b_n}{a_n}=\frac{1}{l_n^{(T)}}\cdot(1+i)^n$$

となり，これは n について増加関数である．したがって，

$$\frac{x_r-x}{\sum_{y=x}^{x_r-1} D_y}=\frac{\sum_{n=x}^{x_r-1} b_n}{\sum_{n=x}^{x_r-1} a_n} < \frac{\sum_{n=x+1}^{x_r-1} b_n}{\sum_{n=x+1}^{x_r-1} a_n}=\frac{x_r-(x+1)}{\sum_{y=x+1}^{x_r-1} D_y}$$

となり，${}^{a}P_x$ は x について増加関数となることがわかる．

(2)

$$\begin{aligned}
{}^{a}P_x-{}^{U}P_x &= \frac{x_r-x}{x_r-x_e}\cdot\frac{D_{x_r}\cdot\ddot{a}_{x_r}}{\sum_{y=x}^{x_r-1} D_y}-\frac{1}{x_r-x_e}\cdot\frac{D_{x_r}\cdot\ddot{a}_{x_r}}{D_x} \\
&= \frac{D_{x_r}\cdot\ddot{a}_{x_r}}{x_r-x_e}\cdot\left(\frac{x_r-x}{\sum_{y=x}^{x_r-1} D_y}-\frac{1}{D_x}\right)
\end{aligned}$$

$$= \frac{D_{x_r} \cdot \ddot{a}_{x_r}}{x_r - x_e} \cdot \frac{(x_r - x) \cdot D_x - \sum_{y=x}^{x_r-1} D_y}{\left(\sum_{y=x}^{x_r-1} D_y\right) \cdot D_x}$$

$$= \frac{D_{x_r} \cdot \ddot{a}_{x_r}}{x_r - x_e} \cdot \frac{\sum_{y=x}^{x_r-1} D_x - \sum_{y=x}^{x_r-1} D_y}{\left(\sum_{y=x}^{x_r-1} D_y\right) \cdot D_x}$$

$$= \frac{D_{x_r} \cdot \ddot{a}_{x_r}}{x_r - x_e} \cdot \frac{\sum_{y=x}^{x_r-1} (D_x - D_y)}{\left(\sum_{y=x}^{x_r-1} D_y\right) \cdot D_x}$$

$$\geqq 0 \quad (\because y \geqq x),$$

したがって，${}^aP_x \geqq {}^UP_x$．なお，等号は $x = x_r - 1$ のときに成立する．

また，$x_r - x \leqq x_r - x_e$ なので，

$${}^aP_x = \frac{x_r - x}{x_r - x_e} \cdot \frac{D_{x_r} \cdot \ddot{a}_{x_r}}{\sum_{y=x}^{x_r-1} D_y} \leqq \frac{D_{x_r} \cdot \ddot{a}_{x_r}}{\sum_{y=x}^{x_r-1} D_y} = {}^IP_x$$

となる．等号は，$x = x_e$ のときに成立する．

(3) ${}^{OAN}P$ は ${}^aP_x$ の加重平均として表されるため，

$${}^aP_{x_e} \leqq {}^{OAN}P \leqq {}^aP_{x_r-1}$$

となる．(1) より ${}^aP_x$ は x の増加関数であるため，

$${}^aP_{x_2} \leqq {}^{OAN}P \leqq {}^aP_{x_2+1}$$

となるような年齢 (x_2) が存在する．

また，

$${}^aP_{x_e} = \frac{D_{x_r} \cdot \ddot{a}_{x_r}}{\sum_{y=x}^{x_r-1} D_y} = {}^IP_{x_e}$$

であるため，

$$^{I}P_{x_e} = {}^{a}P_{x_e} \leqq {}^{OAN}P \leqq {}^{a}P_{x_r-1} \leqq {}^{I}P_{x_r-1}$$

となるが，

$$^{I}P_x = \frac{D_{x_r} \cdot \ddot{a}_{x_r}}{\sum_{y=x}^{x_r-1} D_y}$$

は x の増加関数であるため，

$$^{I}P_{x_1} \leqq {}^{OAN}P \leqq {}^{I}P_{x_1+1}$$

となるような年齢 (x_1) が存在する．

さらに，

$$^{a}P_{x_r-1} = \frac{1}{x_r - x_e} \frac{D_{x_r} \cdot \ddot{a}_{x_r}}{D_{x_r-1}} = {}^{U}P_{x_r-1}$$

であるため，

$$^{U}P_{x_e} \leqq {}^{a}P_{x_e} \leqq {}^{OAN}P \leqq {}^{a}P_{x_r-1} = {}^{U}P_{x_r-1}$$

となるが，

$$^{U}P_x = \frac{1}{x_r - x_e} \cdot \frac{D_{x_r} \cdot \ddot{a}_{x_r}}{D_x}$$

は x の増加関数であるため，

$$^{U}P_{x_3} \leqq {}^{OAN}P \leqq {}^{U}P_{x_3+1}$$

となるような年齢 (x_3) が存在する．

$x_1 > x_2$ と仮定すると，

$$^{a}P_{x_2} \leqq {}^{OAN}P \leqq {}^{a}P_{x_2+1} \leqq {}^{a}P_{x_1} \leqq {}^{I}P_{x_1}$$

となるが，これは

$$^{I}P_{x_1} \leqq {}^{OAN}P \leqq {}^{In}P_{x_1+1}$$

となることと矛盾する．したがって，$x_1 \leqq x_2$ である．

同様に $x_2 > x_3$ と仮定すると，

$$^{U}P_{x_3} \leqq {}^{OAN}P \leqq {}^{U}P_{x_3+1} \leqq {}^{U}P_{x_2} \leqq {}^{a}P_{x_2}$$

となるが，これは

$$^{a}P_{x_2} \leqq {}^{OAN}P \leqq {}^{a}P_{x_2+1}$$

となることと矛盾する．したがって，$x_2 \leqq x_3$ である．

以上より，$x_1 \leqq x_2 \leqq x_3$(以下のイメージ図を参照)．

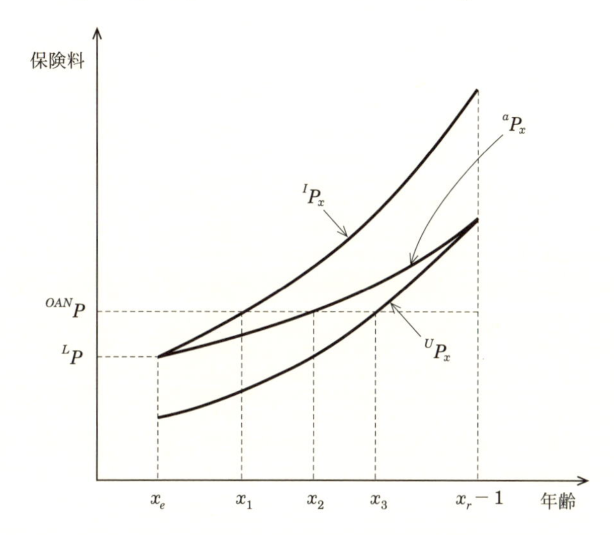

(4) 開放基金方式の加入者一人当たりの責任準備金は，年齢を x とすると，

$$\frac{D_{x_r}}{D_x}\cdot\ddot{a}_{x_r} - {}^{OAN}P\cdot\frac{\sum_{y=x}^{x_r-1} D_y}{D_x} = \frac{\sum_{y=x}^{x_r-1} D_y}{D_x}\cdot\left(\frac{D_{x_r}\cdot\ddot{a}_{x_r}}{\sum_{y=x}^{x_r-1} D_y} - {}^{OAN}P\right)$$

$$= \frac{\sum_{y=x}^{x_r-1} D_y}{D_x}\cdot\left({}^{I}P_x - {}^{OAN}P\right)$$

となる．したがって，(3) の x_1 を用いて，

$x \leqq x_1$のとき，加入者の責任準備金は負

$x > x_1$のとき，加入者の責任準備金は正

となる．

C-6

開放基金方式の標準保険料は次の算式で与えられる．

$$ {}^{OAN}P = \frac{S_{FS}^{a} + S^{f}}{G^{a} + G^{f}} $$

ここで，S_{FS}^{a} について考える．

$$ \begin{aligned} S_{FS}^{a} &= \sum_{x=x_e}^{x_r-1} l_x^{(T)} \cdot \frac{x_r - x}{x_r - x_e} \cdot \frac{D_{x_r}}{D_x} \cdot \ddot{a}_{x_r} \\ &= \frac{l_{x_r}^{(T)} \cdot \ddot{a}_{x_r}}{x_r - x_e} \sum_{x=x_e}^{x_r-1} (x_r - x) \cdot v^{x_r - x} \end{aligned} $$

まず，

$$ K = \sum_{x=x_e}^{x_r-1} (x_r - x) \cdot v^{x_r - x} $$

とおいて，$K - v \cdot K$ をとると，

$$ K - v \cdot K = (v + v^2 + \cdots + v^{x_r - x_e}) - (x_r - x_e) \cdot v^{x_r - x_e + 1} $$

より，

$$ K = \frac{1}{d} \cdot \left\{ \sum_{x=x_e}^{x_r-1} v^{x_r - x} - (x_r - x_e) \cdot v^{x_r - x_e + 1} \right\} $$

が得られる．これを S_{FS}^{a} 式に代入すると，

$$ \begin{aligned} S_{FS}^{a} &= \frac{l_{x_r}^{(T)} \cdot \ddot{a}_{x_r}}{x_r - x_e} \cdot \frac{1}{d} \cdot \left\{ \sum_{x=x_e}^{x_r-1} v^{x_r - x} - (x_r - x_e) \cdot v^{x_r - x_e + 1} \right\} \\ &= \frac{1}{d} \cdot \sum_{x=x_e}^{x_r-1} \frac{l_{x_r}^{(T)} \cdot \ddot{a}_{x_r}}{x_r - x_e} \cdot v^{x_r - x} - \frac{v}{d} \cdot l_{x_r}^{(T)} \cdot \ddot{a}_{x_r} \cdot v^{x_r - x_e} \\ &= \frac{1}{d} \cdot \sum_{x=x_e}^{x_r-1} l_x^{(T)} \cdot \frac{1}{x_r - x_e} \cdot \frac{D_{x_r}}{D_x} \cdot \ddot{a}_{x_r} - \frac{v}{d} \cdot l_{x_e}^{(T)} \cdot \frac{D_{x_r}}{D_{x_e}} \cdot \ddot{a}_{x_r} \\ &= \frac{1}{d} \cdot \sum_{x=x_e}^{x_r-1} l_x^{(T)} \cdot {}^{U}P_x - S^{f} \end{aligned} $$

となる．したがって，

$$S_{FS}^{a} + S^{f} = \frac{1}{d} \cdot \sum_{x=x_e}^{x_r-1} l_x^{(T)} \cdot {}^{U}P_x$$

となる．また，

$$G^{a} + G^{f} = \frac{L}{d} = \frac{\sum_{x=x_e}^{x_r-1} l_x^{(T)}}{d}$$

より，開放基金方式の標準保険料は

$${}^{OAN}P = \frac{S_{FS}^{a} + S^{f}}{G^{a} + G^{f}} = \frac{\sum_{x=x_e}^{x_r-1} l_x^{(T)} \cdot {}^{U}P_x}{\sum_{x=x_e}^{x_r-1} l_x^{(T)}}$$

であり，これは開放基金方式の標準保険料が単位積立方式の保険料の加重平均で表せることを示している．

C-7

$$l_{x_e}^{(T)} \cdot \frac{D_{x_r}}{D_{x_e}} \cdot \ddot{a}_{x_r} = \frac{d}{v} \cdot S^{f} = i \cdot S^{f}, \qquad l_{x_e}^{(T)} \cdot \frac{\sum_{y=x_e}^{x_r-1} D_y}{D_{x_e}} = \frac{d}{v} \cdot G^{f} = i \cdot G^{f}$$

を用いると，

$$\begin{aligned}
\Delta V &= i \cdot S^{p} - (1+i) \cdot B + i \cdot (S^{a} - P \cdot G^{a}) \\
&\quad + (1+i) \cdot P \cdot L + i \cdot (S^{f} - P \cdot G^{f}) \\
&= i \cdot (S^{p} + S^{a} + S^{f}) - (1+i) \cdot B \\
&\quad - i \cdot P \cdot (G^{a} + G^{f}) + (1+i) \cdot P \cdot L \\
&= i \cdot \frac{B}{d} - (1+i) \cdot B - i \cdot P \cdot \frac{L}{d} + (1+i) \cdot P \cdot L \\
&= 0.
\end{aligned}$$

C-8

(1)

$$
\begin{aligned}
P' &= \frac{2\cdot(S^p+S^a+S^f)-V}{G^a+G^f}\\
&= \frac{(S^p+S^a+S^f)-V}{G^a+G^f}+\frac{S^p+S^a+S^f}{G^a+G^f}\\
&= {}^{O}P+\frac{\left(\dfrac{B}{d}\right)}{\left(\dfrac{L}{d}\right)}\\
&= {}^{O}P+\frac{B}{L}.
\end{aligned}
$$

(2) 保険料は $L\cdot P'$（期初払い），給付は $2\cdot B$（期初払い）である．

期末の積立金

$$
\begin{aligned}
&= \left\{V+L\cdot\left({}^{O}P+\frac{B}{L}\right)-2\cdot B\right\}\cdot(1+i)\\
&= \left(V+L\cdot{}^{O}P-B\right)\cdot(1+i)\\
&= V \qquad (\because \text{制度変更前の極限方程式より}).
\end{aligned}
$$

C-9

(1) 積立金は V なので，

未積立債務

$$
\begin{aligned}
&= S^p+S^a_{PS}+2\cdot S^a_{FS}-{}^{L}P\cdot 2\cdot G^a-V\\
&= S^a_{FS}-{}^{L}P\cdot G^a\\
&= \sum_{x=x_e}^{x_r-1} l_x^{(T)}\cdot\left(\frac{x_r-x}{x_r-x_e}\cdot\frac{D_{x_r}}{D_x}\cdot\ddot{a}_{x_r}-{}^{L}P\cdot\frac{\sum\limits_{y=x}^{x_r-1}D_y}{D_x}\right)
\end{aligned}
$$

となる．ここで，加入年齢方式（平準保険料方式）の保険料の定義から導かれる

$$D_{x_r} \cdot \ddot{a}_{x_r} = {}^{L}P \cdot \sum_{x=x_e}^{x_r-1} D_x$$

を代入して整理すると，未積立債務は以下の式となる：

未積立債務

$$= \sum_{x=x_e}^{x_r-1} \frac{l_x^{(T)} \cdot {}^{L}P}{D_x \cdot (x_r - x_e)} \cdot \left\{ (x_r - x) \cdot \sum_{y=x_e}^{x_r-1} D_y - (x_r - x_e) \cdot \sum_{y=x}^{x_r-1} D_y \right\}.$$

ここで中カッコ内を変形すると，

$$\begin{aligned}
&(x_r - x) \cdot \left(\sum_{y=x_e}^{x-1} D_y + \sum_{y=x}^{x_r-1} D_y \right) - \{(x_r - x) + (x - x_e)\} \cdot \sum_{y=x}^{x_r-1} D_y \\
&= (x_r - x) \cdot \sum_{y=x_e}^{x-1} D_y - (x - x_e) \cdot \sum_{y=x}^{x_r-1} D_y \\
&= \sum_{z=x}^{x_r-1} \sum_{y=x_e}^{x-1} D_y - \sum_{z=x}^{x_r-1} (x - x_e) \cdot D_z \\
&= \sum_{z=x}^{x_r-1} \sum_{y=x_e}^{x-1} D_y - \sum_{z=x}^{x_r-1} \sum_{y=x_e}^{x-1} D_z \\
&= \sum_{z=x}^{x_r-1} \sum_{y=x_e}^{x-1} (D_y - D_z) \\
&> 0 \quad (\because y < z).
\end{aligned}$$

よって，未積立債務は正となる．

(2)　(1) で導かれた不等式，

$$S_{FS}^a > {}^{L}P \cdot G^a$$

の両辺に $S^f (= {}^{L}P \cdot G^f)$ を加えると，

$$S_{FS}^a + S^f > {}^{L}P \cdot (G^a + G^f)$$

となる．給付現価と保険料の関係式および人数現価と人数の関係式より，

$$\frac{{}^{U}C}{d} > {}^{L}P \cdot \frac{L}{d}$$

となる．したがって，

$$ {}^{U}C > {}^{L}C $$

が成立する．

C-10

$$
\begin{aligned}
P' &= \frac{(S^p + S^a + S^f) - V}{G^a + G^f} + \frac{S^a_{FS} + S^f}{G^a + G^f} \\
&= {}^{O}P + {}^{OAN}P.
\end{aligned}
$$

●——演習問題 D の解答

D-1

確率変数 X が Poisson 分布 Po(λ) に従い，λ がガンマ分布に従うとき，X は負の二項分布に従うことと，負の二項分布の再生性を用いると，総クレーム数 $S_k = X_1 + \cdots + X_k$ は負の二項分布 $\mathrm{NB}\left(\alpha_1 + \cdots + \alpha_k; \dfrac{\beta}{\beta+1}\right)$ に従う．

D-2

免責金額を 10 としたときの 1 年間のクレーム件数を X とし，免責金額 0 のときのクレーム件数を N とする．1 件のクレームが発生したとき，免責金額 10 を超える確率は

$$ \int_{10}^{\infty} du \frac{1}{10} e^{-\frac{1}{10}u} = e^{-1} $$

であるので，

$$
\begin{aligned}
P(X = k) &= \sum_{n=k}^{\infty} P(X = k | N = n) P(N = n) \\
&= \sum_{n=k}^{\infty} \binom{n}{k} e^{-k} (1 - e^{-1})^{n-k} e^{-2} \frac{2^n}{n!} \\
&= \frac{e^{-k} e^{-2} 2^k}{k!} \sum_{n=k}^{\infty} \frac{(2(1 - e^{-1}))^{n-k}}{(n-k)!} \\
&= \frac{(2e^{-1})^k e^{-2}}{k!} e^{2(1-e^{-1})}
\end{aligned}
$$

$$= e^{-2e^{-1}} \frac{(2e^{-1})^k}{k!}$$

となる．

したがって，$P(X=0) = e^{-2e^{-1}}$ となる．

D-3

(1) 1回目のクレームで破産する条件は $u_0 + cX_1 < Y_1$ であるので，

$$\begin{aligned} P(u_0 + cX_1 < Y_1) &= \int_0^\infty dx_1 \lambda e^{-\lambda x_1} \int_{u_0+cx_1}^\infty dy_1 \mu e^{-\mu y_1} \\ &= \int_0^\infty dx_1 \lambda e^{-\lambda x_1} [-e^{-\mu y_1}]_{u_0+cx_1}^\infty \\ &= \lambda e^{-\mu u_0} \int_0^\infty dx_1 e^{-(\lambda + c\mu)x_1} \\ &= \frac{\lambda e^{-\mu u_0}}{\lambda + c\mu} \end{aligned}$$

となる．

(2) 1回目のクレームで破産せず，2回目のクレームで破産する条件は『$u_0 + cX_1 > Y_1$，$u_0 + c(X_1 + X_2) - Y_1 < Y_2$』であるので，

$$\begin{aligned} &P(u_0 + cX_1 > Y_1,\ u_0 + c(X_1 + X_2) - Y_1 < Y_2) \\ &= \int_0^\infty dx_1 \lambda e^{-\lambda x_1} \int_0^\infty dx_2 \lambda e^{-\lambda x_2} \\ &\quad \times \int_0^{u_0+cx_1} dy_1 \mu e^{-\mu y_1} \int_{u_0+c(x_1+x_2)-y_1}^\infty dy_2 \mu e^{-\mu y_2} \\ &= \int_0^\infty dx_1 \lambda e^{-\lambda x_1} \int_0^\infty dx_2 \lambda e^{-\lambda x_2} \\ &\quad \times \int_0^{u_0+cx_1} dy_1 \mu e^{-\mu y_1} [-e^{-\mu y_2}]_{u_0+c(x_1+x_2)-y_1}^\infty \\ &= \int_0^\infty dx_1 \lambda e^{-\lambda x_1} \int_0^\infty dx_2 \lambda e^{-\lambda x_2} \int_0^{u_0+cx_1} dy_1 \mu e^{-\mu(u_0+cx_1+cx_2)} \\ &= \int_0^\infty dx_1 \lambda e^{-\lambda x_1} \int_0^\infty dx_2 \lambda e^{-\lambda x_2} (u_0 + cx_1) \mu e^{-\mu(u_0+cx_1+cx_2)} \end{aligned}$$

$$
\begin{aligned}
&= \mu e^{-\mu u_0} \int_0^\infty dx_1 \lambda(u_0 + cx_1) e^{-(\lambda + c\mu)x_1} \int_0^\infty dx_2 \lambda e^{-(\lambda+c\mu)x_2} \\
&= \frac{\lambda^2 \mu e^{-\mu u_0}}{\lambda + c\mu} \int_0^\infty dx_1 (u_0 + cx_1) e^{-(\lambda+c\mu)x_1} \\
&= \frac{\lambda^2 \mu e^{-\mu u_0}(u_0(\lambda + c\mu) + c)}{(\lambda + c\mu)^3}.
\end{aligned}
$$

(3) 時刻 t までのクレーム件数 N_t は $\mathrm{Po}(\lambda t)$ に従っているので，

$$
\begin{aligned}
M_{S_t}(\theta) &= E[\exp\{\theta(Y_1 + \cdots + Y_{N_t})\}] \\
&= \sum_{k=0}^{\infty} E[\exp\{\theta(Y_1 + \cdots + Y_{N_t})\} | N_t = k] P(N_t = k) \\
&= \sum_{k=0}^{\infty} E[e^{\theta Y_1}]^k P(N_t = k) \\
&= e^{-\lambda t} \sum_{k=0}^{\infty} \frac{(\lambda t E[e^{\theta Y_1}])^k}{k!} \\
&= \exp\{-\lambda t + \lambda t E[e^{\theta Y_1}]\} \\
&= \exp\left\{-\lambda t \left(1 - \frac{\mu}{\mu - \theta}\right)\right\} \\
&= \exp\left\{\frac{\lambda t \theta}{\mu - \theta}\right\}.
\end{aligned}
$$

D-4

(1) 被保険者の平均自己負担額は

$$
\int_0^a x \frac{1}{m} e^{-\frac{1}{m}x} dx + a \int_a^\infty \frac{1}{m} e^{-\frac{1}{m}x} dx = m(1 - e^{-\frac{a}{m}})
$$

となる．

保険会社の支払いが生ずる確率は

$$
\int_a^\infty \frac{1}{m} e^{-\frac{1}{m}x} dx = e^{-\frac{a}{m}}
$$

となるので，保険会社の支払いが生じたときの平均支払額は

$$\frac{\displaystyle\int_a^\infty (x-a)\frac{1}{m}e^{-\frac{1}{m}x}dx}{e^{-\frac{a}{m}}} = m$$

となる．

(2) 保険会社に支払いが生ずるときの平均支払い額は

$$\frac{\displaystyle\int_a^\infty x\frac{1}{m}e^{-\frac{1}{m}x}dx}{e^{-\frac{a}{m}}} = m + a$$

となる．

D-5

まず信頼度 Z を求めると，

$$E[V[X_i|\Theta]] = E[\Theta] = \frac{1}{2}\cdot 10 = 5,$$
$$V[E[X_i|\Theta]] = V[\Theta] = \frac{1}{12}(10)^2 = \frac{25}{3}$$

より，

$$Z = \frac{3}{3 + \dfrac{E[V[X_i|\Theta]]}{V[E[X_i|\Theta]]}} = \frac{5}{6}$$

となり，次年度の推定値は

$$\frac{17}{3}Z + E[\Theta](1-Z) = \frac{50}{9}$$

となる．

D-6

免責金額を a としたときの 1 年間のクレーム件数を X とし，免責金額 0 のときのクレーム件数を N とする．1 件のクレームが発生したとき，免責金額 a を超える確率は

$$\int_a^\infty du\,\mu e^{-\mu u} = e^{-\mu a}$$

であるので，

$$\begin{aligned}
P(X=k) &= \sum_{n=k}^{\infty} P(X=k|N=n)P(N=n) \\
&= \sum_{n=k}^{\infty} \binom{n}{k} (e^{-\mu a})^k (1-e^{-\mu a})^{n-k} e^{-2} \frac{2^n}{n!} \\
&= \frac{e^{-2}(e^{-\mu a})^k}{k!} \sum_{n=k}^{\infty} \frac{(2(1-e^{-\mu a}))^{n-k}}{(n-k)!} \cdot 2^k \\
&= \frac{e^{-2}(2e^{-\mu a})^k}{k!} \sum_{m=0}^{\infty} \frac{(2(1-e^{-\mu a}))^{m}}{m!} \\
&= e^{-2e^{-\mu a}} \frac{(2e^{-\mu a})^k}{k!}
\end{aligned}$$

となる．

これより，

$$P(X=0) = e^{-2e^{-\mu a}}$$

であるので，

$$e^{-2e^{-\mu a}} > \frac{1}{2}$$

より $a > -\dfrac{1}{\mu}\log(\log\sqrt{2})$ とすれば良い．

A.3 統計データ・生命表

I. 標準正規分布表

上側 ε 点 $u(\varepsilon)$ から確率 ε を求める表 $(u(\varepsilon) \to \varepsilon)$

(例えば，0.2$*$ 行，$* = 5$ 列の値の解釈は $u(0.4013) = 0.25$ となる．)

$u(\varepsilon) \to \varepsilon$	$*=0$	$*=1$	$*=2$	$*=3$	$*=4$	$*=5$	$*=6$	$*=7$	$*=8$	$*=9$
0.0$*$	0.5000	0.4960	0.4920	0.4880	0.4840	0.4801	0.4761	0.4721	0.4681	0.4641
0.1$*$	0.4602	0.4562	0.4522	0.4483	0.4443	0.4404	0.4364	0.4325	0.4286	0.4247
0.2$*$	0.4207	0.4168	0.4129	0.4090	0.4052	0.4013	0.3974	0.3936	0.3897	0.3859
0.3$*$	0.3821	0.3783	0.3745	0.3707	0.3669	0.3632	0.3594	0.3557	0.3520	0.3483
0.4$*$	0.3446	0.3409	0.3372	0.3336	0.3300	0.3264	0.3228	0.3192	0.3156	0.3121
0.5$*$	0.3085	0.3050	0.3015	0.2981	0.2946	0.2912	0.2877	0.2843	0.2810	0.2776
0.6$*$	0.2743	0.2709	0.2676	0.2643	0.2611	0.2578	0.2546	0.2514	0.2483	0.2451
0.7$*$	0.2420	0.2389	0.2358	0.2327	0.2297	0.2266	0.2236	0.2207	0.2177	0.2148
0.8$*$	0.2119	0.2090	0.2061	0.2033	0.2005	0.1977	0.1949	0.1922	0.1894	0.1867
0.9$*$	0.1841	0.1814	0.1788	0.1762	0.1736	0.1711	0.1685	0.1660	0.1635	0.1611
1.0$*$	0.1587	0.1562	0.1539	0.1515	0.1492	0.1469	0.1446	0.1423	0.1401	0.1379
1.1$*$	0.1357	0.1335	0.1314	0.1292	0.1271	0.1251	0.1230	0.1210	0.1190	0.1170
1.2$*$	0.1151	0.1131	0.1112	0.1093	0.1075	0.1057	0.1038	0.1020	0.1003	0.0985
1.3$*$	0.0968	0.0951	0.0934	0.0918	0.0901	0.0885	0.0869	0.0853	0.0838	0.0823
1.4$*$	0.0808	0.0793	0.0778	0.0764	0.0749	0.0735	0.0721	0.0708	0.0694	0.0681
1.5$*$	0.0668	0.0655	0.0643	0.0630	0.0618	0.0606	0.0594	0.0582	0.0571	0.0559
1.6$*$	0.0548	0.0537	0.0526	0.0516	0.0505	0.0495	0.0485	0.0475	0.0465	0.0455
1.7$*$	0.0446	0.0436	0.0427	0.0418	0.0409	0.0401	0.0392	0.0384	0.0375	0.0367
1.8$*$	0.0359	0.0351	0.0344	0.0336	0.0329	0.0322	0.0314	0.0307	0.0301	0.0294
1.9$*$	0.0287	0.0281	0.0274	0.0268	0.0262	0.0256	0.0250	0.0244	0.0239	0.0233
2.0$*$	0.0228	0.0222	0.0217	0.0212	0.0207	0.0202	0.0197	0.0192	0.0188	0.0183
2.1$*$	0.0179	0.0174	0.0170	0.0166	0.0162	0.0158	0.0154	0.0150	0.0146	0.0143
2.2$*$	0.0139	0.0136	0.0132	0.0129	0.0125	0.0122	0.0119	0.0116	0.0113	0.0110
2.3$*$	0.0107	0.0104	0.0102	0.0099	0.0096	0.0094	0.0091	0.0089	0.0087	0.0084
2.4$*$	0.0082	0.0080	0.0078	0.0075	0.0073	0.0071	0.0069	0.0068	0.0066	0.0064
2.5$*$	0.0062	0.0060	0.0059	0.0057	0.0055	0.0054	0.0052	0.0051	0.0049	0.0048
2.6$*$	0.0047	0.0045	0.0044	0.0043	0.0041	0.0040	0.0039	0.0038	0.0037	0.0036
2.7$*$	0.0035	0.0034	0.0033	0.0032	0.0031	0.0030	0.0029	0.0028	0.0027	0.0026
2.8$*$	0.0026	0.0025	0.0024	0.0023	0.0023	0.0022	0.0021	0.0021	0.0020	0.0019
2.9$*$	0.0019	0.0018	0.0018	0.0017	0.0016	0.0016	0.0015	0.0015	0.0014	0.0014

確率 ε から上側 ε 点 $u(\varepsilon)$ を求める表 $(\varepsilon \to u(\varepsilon))$

(たとえば 0.02$*$ 行，$* = 5$ 列の値の解釈は，$u(0.025) = 1.9600$ となる．)

$\varepsilon \to u(\varepsilon)$	$* = 0$	$* = 1$	$* = 2$	$* = 3$	$* = 4$	$* = 5$	$* = 6$	$* = 7$	$* = 8$	$* = 9$
0.00*	∞	3.0902	2.8782	2.7478	2.6521	2.5758	2.5121	2.4573	2.4089	2.3656
0.01*	2.3263	2.2904	2.2571	2.2262	2.1973	2.1701	2.1444	2.1201	2.0969	2.0749
0.02*	2.0537	2.0335	2.0141	1.9954	1.9774	1.9600	1.9431	1.9268	1.9110	1.8957
0.03*	1.8808	1.8663	1.8522	1.8384	1.8250	1.8119	1.7991	1.7866	1.7744	1.7624
0.04*	1.7507	1.7392	1.7279	1.7169	1.7060	1.6954	1.6849	1.6747	1.6646	1.6546
0.05*	1.6449	1.6352	1.6258	1.6164	1.6072	1.5982	1.5893	1.5805	1.5718	1.5632
0.06*	1.5548	1.5464	1.5382	1.5301	1.5220	1.5141	1.5063	1.4985	1.4909	1.4833
0.07*	1.4758	1.4684	1.4611	1.4538	1.4466	1.4395	1.4325	1.4255	1.4187	1.4118
0.08*	1.4051	1.3984	1.3917	1.3852	1.3787	1.3722	1.3658	1.3595	1.3532	1.3469
0.09*	1.3408	1.3346	1.3285	1.3225	1.3165	1.3106	1.3047	1.2988	1.2930	1.2873
0.10*	1.2816	1.2759	1.2702	1.2646	1.2591	1.2536	1.2481	1.2426	1.2372	1.2319
0.11*	1.2265	1.2212	1.2160	1.2107	1.2055	1.2004	1.1952	1.1901	1.1850	1.1800
0.12*	1.1750	1.1700	1.1650	1.1601	1.1552	1.1503	1.1455	1.1407	1.1359	1.1311
0.13*	1.1264	1.1217	1.1170	1.1123	1.1077	1.1031	1.0985	1.0939	1.0893	1.0848
0.14*	1.0803	1.0758	1.0714	1.0669	1.0625	1.0581	1.0537	1.0494	1.0450	1.0407
0.15*	1.0364	1.0322	1.0279	1.0237	1.0194	1.0152	1.0110	1.0069	1.0027	0.9986
0.16*	0.9945	0.9904	0.9363	0.9822	0.9782	0.9741	0.9701	0.9661	0.9621	0.9581
0.17*	0.9542	0.9502	0.9463	0.9424	0.9385	0.9346	0.9307	0.9269	0.9230	0.9192
0.18*	0.9154	0.9116	0.9078	0.9040	0.9002	0,8965	0.8927	0.8890	0.8853	0.8816
0.19*	0.8779	0.8742	0.8705	0.8669	0.8633	0.8596	0.8560	0.8524	0.8488	0.8452
0.20*	0.8416	0.8381	0.8345	0.8310	0.8274	0.8239	0.8204	0.8169	0.8134	0.8099
0.21*	0.8064	0.8030	0.7995	0.7961	0.7926	0.7892	0.7858	0.7824	0.7790	0.7756
0.22*	0.7722	0.7688	0.7655	0.7621	0.7588	0.7554	0.7521	0.7488	0.7454	0.7421
0.23*	0.7388	0.7356	0.7323	0.7290	0.7257	0.7225	0.7192	0.7160	0.7128	0.7095
0.24*	0.7063	0.7031	0.6999	0.6967	0.6935	0.6903	0.6871	0.6840	0.6808	0.6776
0.25*	0.6745	0.6713	0.6682	0.6651	0.6620	0.6588	0.6557	0.6526	0.6495	0.6464
0.26*	0.6433	0.6403	0.6372	0.6341	0.6311	0.6280	0.6250	0.6219	0.6189	0.6158
0.27*	0.6128	0.6098	0.6068	0.6038	0.6008	0.5978	0.5948	0.5918	0.5888	0.5858
0.28*	0.5828	0.5799	0.5769	0.5740	0.5710	0.5681	0.5651	0.5622	0.5592	0.5563
0.29*	0.5534	0.5505	0.5476	0.5446	0.5417	0.5388	0.5359	0.5330	0.5302	0.5273
0.30*	0.5244	0.5215	0.5187	0.5158	0.5129	0.5101	0.5072	0.5044	0.5015	0.4987

II. 自由度 φ の χ^2 分布の上側 ε 点：$\chi^2_\varphi(\varepsilon)$

φ \ ε	0.995	0.990	0.975	0.950	0.900	0.100	0.050	0.025	0.010	0.005
1	0.0000	0.0002	0.0010	0.0039	0.0158	2.7055	3.8415	5.0239	6.6349	7.8794
2	0.0100	0.0201	0.0506	0.1026	0.2107	4.6052	5.9915	7.3778	9.2103	10.5966
3	0.0717	0.1148	0.2158	0.3518	0.5844	6.2514	7.8147	9.3484	11.3449	12.8382
4	0.2070	0.2971	0.4844	0.7107	1.0636	7.7794	9.4877	11.1433	13.2767	14.8603
5	0.4117	0.5543	0.8312	1.1455	1.6103	9.2364	11.0705	12.8325	15.0863	16.7496
6	0.6757	0.8721	1.2373	1.6354	2.2041	10.6446	12.5916	14.4494	16.8119	18.5476
7	0.9893	1.2390	1.6899	2.1673	2.8331	12.0170	14.0671	16.0128	18.4753	20.2777
8	1.3444	1.6465	2.1797	2.7326	3.4895	13.3616	15.5073	17.5345	20.0902	21.9550
9	1.7349	2.0879	2.7004	3.3251	4.1682	14.6837	16.9190	19.0228	21.6660	23.5894
10	2.1559	2.5582	3.2470	3.9403	4.8652	15.9872	18.3070	20.4832	23.2093	25.1882
11	2.6032	3.0535	3.8157	4.5748	5.5778	17.2750	19.6751	21.9200	24.7250	26.7568
12	3.0738	3.5706	4.4038	5.2260	6.3038	18.5493	21.0261	23.3367	26.2170	28.2995
13	3.5650	4.1069	5.0088	5.8919	7.0415	19.8119	22.3620	24.7356	27.6882	29.8195
14	4.0747	4.6604	5.6287	6.5706	7.7895	21.0641	23.6848	26.1189	29.1412	31.3193
15	4.6009	5.2293	6.2621	7.2609	8.5468	22.3071	24.9958	27.4884	30.5779	32.8013
16	5.1422	5.8122	6.9077	7.9616	9.3122	23.5418	26.2962	28.8454	31.9999	34.2672
17	5.6972	6.4078	7.5642	8.6718	10.0852	24.7690	27.5871	30.1910	33.4087	35.7185
18	6.2648	7.0149	8.2307	9.3905	10.8649	25.9894	28.8693	31.5264	34.8053	37.1565
19	6.8440	7.6327	8.9065	10.1170	11.6509	27.2036	30.1435	32.8523	36.1909	38.5823
20	7.4338	8.2604	9.5908	10.8508	12.4426	28.4120	31.4104	34.1696	37.5662	39.9968
21	8.0337	8.8972	10.2829	11.5913	13.2396	29.6151	32.6706	35.4789	38.9322	41.4011
22	8.6427	9.5425	10.9823	12.3380	14.0415	30.8133	33.9244	36.7807	40.2894	42.7957
23	9.2604	10.1957	11.6886	13.0905	14.8480	32.0069	35.1725	38.0756	41.6384	44.1813
24	9.8862	10.8564	12.4012	13.8484	15.6587	33.1962	36.4150	39.3641	42.9798	45.5585

φ \ ε	0.995	0.990	0.975	0.950	0.900	0.100	0.050	0.025	0.010	0.005
25	10.5197	11.5240	13.1197	14.6114	16.4734	34.3816	37.6525	40.6465	44.3141	46.9279
26	11.1602	12.1981	13.8439	15.3792	17.2919	35.5632	38.8851	41.9232	45.6417	48.2899
27	11.8076	12.8785	14.5734	16.1514	18.1139	36.7412	40.1133	43.1945	46.9629	49.6449
28	12.4613	13.5647	15.3079	16.9279	18.9392	37.9159	41.3371	44.4608	43.2782	50.9934
29	13.1211	14.2565	16.0471	17.7084	19.7677	39.0875	42.5570	45.7223	49.5879	52.3356
30	13.7867	14.9535	16.7908	18.4927	20.5992	40.2560	43.7730	46.9792	50.8922	53.6720
31	14.4578	15.6555	17.5387	19.2806	21.4336	41.4217	44.9853	48.2319	52.1914	55.0027
32	15.1340	16.3622	18.2908	20.0719	22.2706	42.5847	46.1943	49.4804	53.4858	56.3281
33	15.8153	17.0735	19.0467	20.8665	23.1102	43.7452	47.3999	50.7251	54.7755	57.6484
34	16.5013	17.7891	19.8063	21.6643	23.9523	44.9032	48.6024	51.9660	56.0609	58.9639
35	17.1918	18.5089	20.5694	22.4650	24.7967	46.0588	49.8018	53.2033	57.3421	60.2748
36	17.8867	19.2327	21.3359	23.2686	25.6433	47.2122	50.9985	54.4373	58.6192	61.5812
37	18.5858	19.9602	22.1056	24.0749	26.4921	48.3634	52.1923	55.6680	59.8925	62.8833
38	19.2889	20.6914	22.8785	24.8839	27.3430	49.5126	53.3835	56.8955	61.1621	64.1814
39	19.9959	21.4262	23.6543	25.6954	28.1958	50.6598	54.5722	58.1201	62.4281	65.4756
40	20.7065	22.1643	24.4330	26.5093	29.0505	51.8051	55.7585	59.3417	63.6907	66.7660
50	27.9907	29.7067	32.3574	34.7643	37.6886	63.1671	67.5048	71.4202	76.1539	79.4900
60	35.5345	37.4849	40.4817	43.1880	46.4589	74.3970	79.0819	83.2977	88.3794	91.9517
70	43.2752	45.4417	48.7576	51.7393	55.3289	85.5270	90.5312	95.0232	100.4252	104.2149
80	51.1719	53.5401	57.1532	60.3915	64.2778	96.5782	101.8795	106.6286	112.3288	116.3211
90	59.1963	61.7541	65.6466	69.1260	73.2911	107.5650	113.1453	118.1359	124.1163	128.2989
100	67.3276	70.0649	74.2219	77.9295	82.3581	118.4980	124.3421	129.5612	135.8067	140.1695

III. 分母の自由度 n, 分子の自由度 m の F 分布の上側 ε 点：$F_n^m(\varepsilon)$

$\varepsilon = 0.100$

n \ m	1	2	3	4	5	6	7	8	9	10
2	8.526	9.000	9.162	9.243	9.293	9.326	9.349	9.367	9.381	9.392
3	5.538	5.462	5.391	5.343	5.309	5.285	5.266	5.252	5.240	5.230
4	4.545	4.325	4.191	4.107	4.051	4.010	3.979	3.955	3.936	3.920
5	4.060	3.780	3.619	3.520	3.453	3.405	3.368	3.339	3.316	3.297
6	3.776	3.463	3.289	3.181	3.108	3.055	3.014	2.983	2.958	2.937
7	3.589	3.257	3.074	2.961	2.883	2.827	2.785	2.752	2.725	2.703
8	3.458	3.113	2.924	2.806	2.726	2.668	2.624	2.589	2.561	2.538
9	3.360	3.006	2.813	2.693	2.611	2.551	2.505	2.469	2.440	2.416
10	3.285	2.924	2.728	2.605	2.522	2.461	2.414	2.377	2.347	2.323

$\varepsilon = 0.050$

n \ m	1	2	3	4	5	6	7	8	9	10
2	18.5128	19.0000	19.1643	19.2468	19.2964	19.3295	19.3532	19.3710	19.3848	19.3959
3	10.1280	9.5521	9.2766	9.1172	9.0135	8.9406	8.8867	8.8452	8.8123	8.7855
4	7.7086	6.9443	6.5914	6.3882	6.2561	6.1631	6.0942	6.0410	5.9988	5.9644
5	6.6079	5.7861	5.4095	5.1922	5.0503	4.9503	4.8759	4.8183	4.7725	4.7351
6	5.9874	5.1433	4.7571	4.5337	4.3874	4.2839	4.2067	4.1468	4.0990	4.0600
7	5.5914	4.7374	4.3468	4.1203	3.9715	3.8660	3.7870	3.7257	3.6767	3.6365
8	5.3177	4.4590	4.0662	3.8379	3.6875	3.5806	3.5005	3.4381	3.3881	3.3472
9	5.1174	4.2565	3.8625	3.6331	3.4817	3.3738	3.2927	3.2296	3.1789	3.1373
10	4.9646	4.1028	3.7083	3.4780	3.3258	3.2172	3.1355	3.0717	3.0204	2.9782

$\varepsilon = 0.025$

n \ m	1	2	3	4	5	6	7	8	9	10
2	38.5063	39.0000	39.1655	39.2484	39.2982	39.3315	39.3552	39.3730	39.3869	39.3980
3	17.4434	16.0441	15.4392	15.1010	14.8848	14.7347	14.6244	14.5399	14.4731	14.4189
4	12.2179	10.6491	9.9792	9.6045	9.3645	9.1973	9.0741	8.9796	8.9047	8.8439
5	10.0070	8.4336	7.7636	7.3879	7.1464	6.9777	6.8531	6.7572	6.6811	6.6192
6	8.8131	7.2599	6.5988	6.2272	5.9876	5.8198	5.6955	5.5996	5.5234	5.4613
7	8.0727	6.5415	5.8898	5.5226	5.2852	5.1186	4.9949	4.8993	4.8232	4.7611
8	7.5709	6.0595	5.4160	5.0526	4.8173	4.6517	4.5286	4.4333	4.3572	4.2951
9	7.2093	5.7147	5.0781	4.7181	4.4844	4.3197	4.1970	4.1020	4.0260	3.9639
10	6.9367	5.4564	4.8256	4.4683	4.2361	4.0721	3.9498	3.8549	3.7790	3.7168

$\varepsilon = 0.010$

$n \backslash m$	1	2	3	4	5	6	7	8	9	10
2	98.5025	99.0000	99.1662	99.2494	99.2993	99.3326	99.3564	99.3742	99.3881	99.3992
3	34.1162	30.8165	29.4567	28.7099	28.2371	27.9107	27.6717	27.4892	27.3452	27.2287
4	21.1977	18.0000	16.6944	15.9770	15.5219	15.2069	14.9758	14.7989	14.6591	14.5459
5	16.2582	13.2739	12.0600	11.3919	10.9670	10.6723	10.4555	10.2893	10.1578	10.0510
6	13.7450	10.9248	9.7795	9.1483	8.7459	8.4661	8.2600	8.1017	7.9761	7.8741
7	12.2464	9.5466	8.4513	7.8466	7.4604	7.1914	6.9928	6.8400	6.7188	6.6201
8	11.2586	8.6491	7.5910	7.0061	6.6318	6.3707	6.1776	6.0289	5.9106	5.8143
9	10.5614	8.0215	6.9919	6.4221	6.0569	5.8018	5.6129	5.4671	5.3511	5.2565
10	10.0443	7.5594	6.5523	5.9943	5.6363	5.3858	5.2001	5.0567	4.9424	4.8491

$\varepsilon = 0.005$

$n \backslash m$	1	2	3	4	5
2	198.5013	199.0000	199.1664	199.2497	199.2996
3	55.5520	49.7993	47.4672	46.1946	45.3916
4	31.3328	26.2843	24.2591	23.1545	22.4564
5	22.7848	18.3138	16.5298	15.5561	14.9396
6	18.6350	14.5441	12.9166	12.0275	11.4637
7	16.2356	12.4040	10.8824	10.0505	9.5221
8	14.6882	11.0424	9.5965	8.8051	8.3018
9	13.6136	10.1067	8.7171	7.9559	7.4712
10	12.8265	9.4270	8.0807	7.3428	6.8724

$n \backslash m$	6	7	8	9	10
2	199.3330	199.3568	199.3746	199.3885	199.3996
3	44.8385	44.4341	44.1256	43.8824	43.6858
4	21.9746	21.6217	21.3520	21.1391	20.9667
5	14.5133	14.2004	13.9610	13.7716	13.6182
6	11.0730	10.7859	10.5658	10.3915	10.2500
7	9.1553	8.8854	8.6781	8.5138	8.3803
8	7.9520	7.6941	7.4959	7.3386	7.2106
9	7.1339	6.8849	6.6933	6.5411	6.4172
10	6.5446	6.3025	6.1159	5.9676	5.8467

IV. 自由度 φ の t 分布の上側 ε 点：$t_{\varphi}(\varepsilon)$

φ \ ε	0.100	0.050	0.025
1	3.0777	6.3138	12.7062
2	1.8856	2.9200	4.3027
3	1.6377	2.3534	3.1824
4	1.5332	2.1318	2.7764
5	1.4759	2.0150	2.5706
6	1.4398	1.9432	2.4469
7	1.4149	1.8946	2.3646
8	1.3968	1.8595	2.3060
9	1.3830	1.8331	2.2622
10	1.3722	1.8125	2.2281
11	1.3634	1.7959	2.2010
12	1.3562	1.7823	2.1788
13	1.3502	1.7709	2.1604
14	1.3450	1.7613	2.1448
15	1.3406	1.7531	2.1314
16	1.3368	1.7459	2.1199
17	1.3334	1.7396	2.1098
18	1.3304	1.7341	2.1009
19	1.3277	1.7291	2.0930
20	1.3253	1.7247	2.0860
21	1.3232	1.7207	2.0796
22	1.3212	1.7171	2.0739
23	1.3195	1.7139	2.0687
24	1.3178	1.7109	2.0639
25	1.3163	1.7081	2.0595

V. ポアソン確率の値：$e^{-1} \cdot \dfrac{\lambda^k}{k!}$

ポアソン分布の確率を平均値 λ と分布の取りうる値 k から求める表

λ \ k	0	1	2	3	4	5	6	7
1.0	0.3679	0.3679	0.1839	0.0613	0.0153	0.0031	0.0005	0.0001
1.1	0.3329	0.3662	0.2014	0.0738	0.0203	0.0045	0.0008	0.0001
1.2	0.3012	0.3614	0.2169	0.0867	0.0260	0.0062	0.0012	0.0002
1.3	0.2725	0.3543	0.2303	0.0998	0.0324	0.0084	0.0018	0.0003
1.4	0.2466	0.3452	0.2417	0.1128	0.0395	0.0111	0.0026	0.0005
1.5	0.2231	0.3347	0.2510	0.1255	0.0471	0.0141	0.0035	0.0008
1.6	0.2019	0.3230	0.2584	0.1378	0.0551	0.0176	0.0047	0.0011
1.7	0.1827	0.3106	0.2640	0.1496	0.0636	0.0216	0.0061	0.0015
1.8	0.1653	0.2975	0.2678	0.1607	0.0723	0.0260	0.0078	0.0020
1.9	0.1496	0.2842	0.2700	0.1710	0.0812	0.0309	0.0098	0.0027
2.0	0.1353	0.2707	0.2707	0.1804	0.0902	0.0361	0.0120	0.0034
2.1	0.1225	0.2572	0.2700	0.1890	0.0992	0.0417	0.0146	0.0044
2.2	0.1108	0.2438	0.2681	0.1966	0.1082	0.0476	0.0174	0.0055
2.3	0.1003	0.2306	0.2652	0.2033	0.1169	0.0538	0.0206	0.0068
2.4	0.0907	0.2177	0.2613	0.2090	0.1254	0.0602	0.0241	0.0083
2.5	0.0821	0.2052	0.2565	0.2138	0.1336	0.0668	0.0278	0.0099
2.6	0.0743	0.1931	0.2510	0.2176	0.1414	0.0735	0.0319	0.0118
2.7	0.0672	0.1815	0.2450	0.2205	0.1488	0.0804	0.0362	0.0139
2.8	0.0608	0.1703	0.2384	0.2225	0.1557	0.0872	0.0407	0.0163
2.9	0.0550	0.1596	0.2314	0.2237	0.1622	0.0940	0.0455	0.0188
3.0	0.0498	0.1494	0.2240	0.2240	0.1680	0.1008	0.0504	0.0216

VI. 生保標準生命表 1996(死亡保険用)　予定利率 1.50%

年齢 x	生存数 l_x	死亡数 d_x	D_x	N_x	C_x	M_x
0	100000	110	100000.00	4564561.09	54.19	16271.66
1	99890	76	98413.79	4464561.09	36.84	16217.47
2	99814	50	96885.71	4366147.29	23.86	16180.63
3	99764	33	95406.18	4269261.58	15.51	16156.76
4	99731	24	93965.22	4173855.40	11.11	16141.25
5	99707	22	92554.35	4079890.19	10.03	16130.14
6	99685	22	91166.49	3987335.84	9.88	16120.11
7	99663	21	89799.44	3896169.35	9.29	16110.23
8	99643	19	88453.78	3806369.91	8.28	16100.94
9	99624	17	87130.02	3717916.13	7.30	16092.66
10	99607	15	85827.79	3630786.11	6.34	16085.37
11	99592	14	84546.72	3544958.32	5.83	16079.03
12	99578	15	83285.60	3460411.61	6.15	16073.19
13	99563	22	82042.47	3377126.01	8.89	16067.04
14	99541	34	80812.23	3295083.55	13.54	16058.15
15	99507	52	79590.89	3214271.31	20.39	16044.61
16	99455	73	78373.90	3134680.42	28.18	16024.23
17	99383	93	77159.30	3056306.52	35.73	15996.04
18	99289	108	75947.55	2979147.23	40.78	15960.31
19	99181	114	74743.61	2903199.68	42.34	15919.53
20	99067	113	73554.34	2828456.06	41.31	15877.19
21	98954	106	72384.72	2754901.72	38.15	15835.89
22	98848	98	71238.69	2682516.99	34.74	15797.73
23	98750	91	70116.42	2611278.30	31.78	15762.99
24	98660	87	69016.66	2541161.89	29.92	15731.21
25	98573	85	67936.87	2472145.23	28.78	15701.29
26	98488	84	66875.32	2404208.35	28.00	15672.51
27	98404	84	65831.01	2337333.04	27.56	15644.51
28	98321	83	64803.01	2271502.03	26.82	15616.95
29	98238	83	63791.70	2206699.02	26.40	15590.13
30	98155	82	62796.17	2142907.33	25.98	15563.74
31	98073	83	61816.18	2080111.16	25.88	15537.75
32	97990	86	60850.87	2018294.98	26.38	15511.87
33	97903	90	59898.84	1957444.11	27.15	15485.49
34	97813	96	58959.34	1897545.27	28.46	15458.34

年齢 x	生存数 l_x	死亡数 d_x	D_x	N_x	C_x	M_x
35	97717	103	58031.10	1838585.93	30.02	15429.88
36	97615	110	57113.46	1780554.83	31.79	15399.86
37	97505	119	56205.84	1723441.37	33.78	15368.07
38	97386	130	55307.65	1667235.54	36.24	15334.29
39	97256	140	54417.82	1611927.89	38.60	15298.06
40	97116	152	53536.42	1557510.06	41.14	15259.45
41	96965	166	52662.95	1503973.65	44.36	15218.31
42	96799	182	51795.96	1451310.69	47.97	15173.95
43	96617	201	50934.57	1399514.73	52.19	15125.98
44	96416	221	50077.46	1348580.17	56.49	15073.79
45	96195	241	49224.42	1298502.71	60.86	15017.30
46	95954	262	48375.23	1249278.29	65.06	14956.44
47	95692	283	47530.22	1200903.06	69.31	14891.38
48	95408	306	46689.19	1153372.84	73.83	14822.08
49	95102	331	45851.54	1106683.65	78.60	14748.25
50	94771	359	45016.73	1060832.10	84.05	14669.65
51	94412	392	44183.37	1015815.37	90.33	14585.60
52	94020	430	43349.76	971632.01	97.59	14495.27
53	93590	475	42513.94	928282.25	106.18	14397.68
54	93116	525	41673.30	885768.31	115.78	14291.50
55	92591	583	40825.87	844095.01	126.70	14175.72
56	92007	647	39969.13	803269.14	138.42	14049.02
57	91361	714	39101.62	763300.01	150.44	13910.61
58	90647	783	38222.90	724198.39	162.68	13760.17
59	89864	855	37332.66	685975.49	174.89	13597.49
60	89009	910	36431.16	648642.83	183.41	13422.59
61	88100	970	35525.94	612211.67	192.68	13239.18
62	87130	1049	34615.57	576685.73	205.31	13046.50
63	86081	1135	33693.40	542070.16	218.92	12841.20
64	84945	1216	32757.62	508376.76	230.92	12622.27
65	83730	1291	31811.68	475619.14	241.64	12391.35
66	82439	1397	30858.27	443807.46	257.51	12149.71
67	81042	1511	29887.22	412949.19	274.43	11892.20
68	79531	1634	28896.67	383061.97	292.38	11617.77
69	77898	1766	27884.86	354165.29	311.40	11325.39

年齢 x	生存数 l_x	死亡数 d_x	D_x	N_x	C_x	M_x
70	76132	1908	26849.96	326280.43	331.46	11013.98
71	74224	2058	25790.25	299430.46	352.30	10682.53
72	72166	2217	24704.52	273640.21	373.85	10330.23
73	69949	2382	23591.72	248935.69	395.83	9956.38
74	67566	2553	22451.42	225343.97	417.95	9560.55
75	65013	2729	21283.72	202892.56	440.04	9142.60
76	62284	2904	20089.11	181608.84	461.46	8702.56
77	59380	3078	18869.31	161519.73	481.86	8241.10
78	56302	3245	17626.73	142650.42	500.49	7759.24
79	53057	3401	16365.24	125023.69	516.84	7258.74
80	49655	3541	15089.72	108658.45	530.15	6741.91
81	46114	3659	13806.43	93568.73	539.67	6211.76
82	42455	3747	12523.04	79762.30	544.54	5672.08
83	38707	3800	11248.90	67239.26	543.99	5127.55
84	34907	3810	9994.67	55990.36	537.45	4583.56
85	31097	3773	8772.07	45995.69	524.29	4046.11
86	27324	3683	7593.85	37223.62	504.22	3521.82
87	23641	3538	6473.18	29629.77	477.20	3017.59
88	20103	3337	5423.12	23156.59	443.49	2540.39
89	16766	3085	4455.99	17733.47	403.89	2096.90
90	13681	2787	3582.35	13277.48	359.51	1693.01
91	10894	2454	2810.40	9695.13	311.88	1333.50
92	8440	2100	2145.10	6884.73	262.89	1021.62
93	6340	1739	1587.62	4739.64	214.53	758.73
94	4601	1389	1135.10	3152.01	168.82	544.20
95	3212	1065	780.69	2016.92	127.54	375.38
96	2147	780	514.07	1236.23	92.05	247.84
97	1366	543	322.38	722.16	63.11	155.79
98	823	357	191.38	399.78	40.86	92.68
99	467	220	106.84	208.40	24.80	51.82
100	247	126	55.67	101.56	14.00	27.03
101	121	67	26.85	45.88	7.29	13.03
102	54	32	11.87	19.04	3.47	5.74
103	22	14	4.76	7.17	1.49	2.27
104	8	5	1.71	2.41	0.57	0.78
105	3	2	0.54	0.70	0.19	0.21
106	1	1	0.15	0.15	0.07	0.02

VII. Trowbridge モデルにおける脱退残存表　割引率 2.5%

年齢 x	死亡脱退を含む脱退率	残存数 $l_x^{(T)}$	脱退者数	D_x	年齢 x	死亡脱退を含む脱退率	残存数 $l_x^{(T)}$	脱退者数	D_x
20 (x_e)	0.01352	100000.00	1352.00	61027.09	40	0.00769	49366.80	379.63	18385.71
21	0.02302	98648.00	2270.88	58733.67	41	0.00952	48987.17	466.36	17799.34
22	0.03317	96377.12	3196.83	55982.07	42	0.01155	48520.81	560.42	17199.89
23	0.04318	93180.29	4023.53	52805.02	43	0.01211	47960.40	580.80	16586.57
24	0.05069	89156.77	4519.36	49292.58	44	0.01249	47379.60	591.77	15986.05
25	0.05664	84637.41	4793.86	45652.62	45	0.01173	46787.83	548.82	15401.35
26	0.05923	79843.55	4729.13	42016.45	46	0.01134	46239.00	524.35	14849.46
27	0.06182	75114.42	4643.57	38563.72	47	0.01305	45714.65	596.58	14322.99
28	0.06092	70470.84	4293.08	35297.28	48	0.01637	45118.08	738.58	13791.29
29	0.05765	66177.76	3815.15	32338.51	49	0.02016	44379.49	894.69	13234.66
30	0.05219	62362.61	3254.70	29730.92	50	0.02581	43484.80	1122.34	12651.56
31	0.04582	59107.91	2708.32	27491.96	51	0.03237	42362.46	1371.27	12024.42
32	0.03696	56399.58	2084.53	25592.47	52	0.03584	40991.19	1469.12	11351.40
33	0.02909	54315.05	1580.02	24045.44	53	0.03880	39522.06	1533.46	10677.63
34	0.02158	52735.03	1138.02	22776.54	54	0.04143	37988.61	1573.87	10013.01
35	0.01497	51597.01	772.41	21741.49	55	0.04152	36414.74	1511.94	9364.07
36	0.01025	50824.60	520.95	20893.67	56	0.03839	34902.80	1339.92	8756.36
37	0.00717	50303.65	360.68	20175.14	57	0.03539	33562.88	1187.79	8214.84
38	0.00566	49942.97	282.68	19541.93	58	0.03066	32375.09	992.62	7730.84
39	0.00591	49660.29	293.49	18957.39	59	0.02500	31382.47	784.56	7311.04
					60 (x_r)		30597.91		6954.40

文献案内

[1] 黒田耕嗣,『経済リスクと確率論』(アクチュアリー数学シリーズ 2), 日本評論社, 2011.
——1次試験のみならず, ブラウン運動, 確率解析など金融リスクで取り扱われる確率論を論じている.
[2] Grimmett G.R., Stirzaker D., *Probability and Random Processes* (Oxford Science Publications), Oxford University Press, 1992.
——測度論的な本ではあるが読みやすい本と言える. この本の内容が理解されていれば, 金融リスクにおける確率論の知識は十分と言える.
[3] 黒田耕嗣,『生保年金数理 I(理論編)』(補訂版), 培風館, 2007.
——アクチュアリー試験の数学と生保数理をコンパクトに学ぶための本.
[4] 黒田耕嗣,『生命保険数理』(アクチュアリー数学シリーズ 5), 日本評論社, 2016.
——生命保険数理の本格書.
[5] 黒田耕嗣,『保険とファイナンスのための確率論』, 遊星社, 2000.
——予備知識なく読める保険数理とファイナンスの入門書.
[6] 国沢清典(編),『確率統計演習 1——確率』,『確率統計演習 2——統計』培風館, 1996.
——数理統計の演習問題はアクチュアリー試験向け.
[7] 小暮雅一, 東出純,『例題で学ぶ損害保険数理』, 共立出版, 2003.
——損保数理の数少ない演習書.
[8] 山内恒人,『生命保険数学の基礎——アクチュアリー数学入門 [第2版]』, 東京大学出版会, 2014.
——下記の [9] の内容を包括する生保数理のテキスト.
[9] 二見隆,『生命保険数学(上)(下)』(改訂版), 生命保険文化研究所, 1992.
[10] 日本アクチュアリー会(編),『損保数理』(平成23年2月改訂版), 日本アクチュアリー会, 2011.
[11] 日本アクチュアリー会(編),『年金数理』(平成27年3月改訂版), 日本アクチュアリー会, 2015.
[12] 日本アクチュアリー会(編),『モデリング』, 日本アクチュアリー会, 2005.
——[9]～[12] は日本アクチュアリー会で出版しているテキストである. (市販はされていない. 日本アクチュアリー会に申し込んで購入.)
[13] James Lam, *Enterprise Risk Management :From Incentives to Controls*, John Wiley and Sons, 2003 [邦訳：林康史, 茶野努(監訳),『統合リスク管理入門』, ダイヤモンド社, 2008].

[14] Paul Sweeting, *Financial Enterprise Risk Management*, Cambridge University Press, 2011 [邦訳：松山直樹(訳者代表),『フィナンシャルERM』, 朝倉書店, 2014].
——[13], [14]はST9の市販指定テキスト.

[15] IAA, "Note on ERM for Capital and Solvency Purposes in the Insurance Industry", 2009 [邦訳：日本アクチュアリー会(訳),「保険業界における資本とソルベンシーにかかわるERMに関する報告書」, 2010].
——[15]は第6章の参考文献

索引

●タ行

●ナ行

●ハ行

●マ行

●ヤ行

●ラ行

●ワ行

●アクチュアリー記号 (主なもの)

プロフィール一覧 (文末の括弧は分担)

浅野紀久男●あさの・きくお

1959 年生まれ．早稲田大学理工学部卒業．

1982 年に明治生命 (現・明治安田生命) 保険へ入社．執行役収益管理部長，常務執行役を経て，2015 年より専務執行役．公益社団法人日本アクチュアリー会会長，社会保障審議会臨時委員，生命保険契約者保護機構評価審査会委員．(【座談会 1】参加)

岡部美乃理●おかべ・みのり

1984 年生まれ．東京大学大学院工学系研究科修士課程修了．

東京海上日動火災保険リスク管理部を経て，現在，東京海上ホールディングス海外事業企画部に所属．(【座談会 1】参加)

斧田浩二●おのだ・こうじ

1967 年生まれ．大阪大学理学部卒業．

安田信託銀行 (現・みずほ信託銀行)，アイアイシーパートナーズ，監査法人トーマツを経て，JP アクチュアリーコンサルティング所属．年金数理人．

著書に『生保年金数理 II　理論・実務編』(培風館) がある．(第 4 章執筆)

栗山 晃●くりやま・あきら

1956 年生まれ．京都大学理学部卒業．

朝日生命保険で，団体保険数理，再保険，経営企画，収益管理，ALM，内部監査等の業務を経て，2012 年より損害保険料率算出機構に勤務．2000～2001 年に日本アクチュアリー会事務局長を務めた．(【座談会 2】参加)

黒田耕嗣●くろだ・こうじ

1951 年生まれ．東京教育大学大学院理学研究科修士課程修了．理学博士．

ニュージャージー州立大学，慶應義塾大学を経て，日本大学大学院総合基礎科学研究科教授．専門は確率論，数理物理学，経済物理学．

著書に『生保年金数理 I　理論編 (補訂版)』,『統計力学』(ともに培風館) などがある．(第 1 章～第 3 章，第 5 章執筆)

黒田英樹●くろだ・ひでき
1962 年生まれ．慶應義塾大学理工学部卒業．
大和銀行 (現・りそな銀行)，プライスウォーターハウスクーパースなどを経て，JP アクチュアリーコンサルティング代表取締役社長，年金数理人．現在は，企業年金向けの債務側の制度設計と，退職給付債務の評価業務などを行っている．(【座談会 2】参加)

古家潤子●こいえ・じゅんこ
1966 年生まれ．東京大学大学院理学系研究科数学専攻修士課程修了．
郵政省へ入省の後，簡易保険事業の保険数理業務，調査研究業務，運用業務およびリスク管理業務を担当．かんぽ生命保険商品開発部長を経て，現在，同執行役 保険計理人．(【座談会 1】参加)

服部久美子●はっとり・くみこ
1956 年生まれ．東京大学大学院博士課程修了．
東京大学助手，信州大学助教授を経て，現在，首都大学東京大学院理工学研究科教授．専門は，フラクタル，確率論．(【座談会 1】司会)

藤田佳子●ふじた・よしこ
1977 年生まれ．早稲田大学理工学部土木工学科卒業．
りそな銀行に入社．年金信託部上席数理役，年金数理人，日本アクチュアリー会正会員．適格退職年金，確定給付企業年金および厚生年金基金の制度設計，財政計算業務を経て，現在，退職給付債務計算を担当，併せて年金数理人業務を担当している．(【座談会 1】参加)

松山直樹●まつやま・なおき
1958 年生まれ．大阪大学理学部卒業．博士 (理学)．
明治安田生命保険・総合資本管理政策担当部長を経て，2009 年より明治大学理工学部教授，2013 年より総合数理学部教授．日本アクチュアリー会論文委員会委員長・ALM 研究会座長．明治安田生命保険では，自己資本政策と ALM を中心に携わってきた．
著書に，『生命保険数理への確率論的アプローチ』(培風館，共著) がある．(第 6 章執筆，【座談会 2】参加)

山内恒人●やまうち・つねと
1958 年生まれ．東京都立大学理学部卒業，慶應義塾大学大学院修了．
外資系生命保険会社を中心に，決算・商品開発・会社設立時の基礎書類作成と行政対応を担当．現在，慶應義塾大学理工学部特任教授，日本アクチュアリー会アクチュアリー講座講師．
著書に『生命保険数学の基礎――アクチュアリー数学入門 [第 2 版]』(東京大学出版会) がある．(【座談会 2】参加)

アクチュアリー 数学入門（すうがくにゅうもん）［第4版（だいはん）］ アクチュアリー数学シリーズ 1

2010年4月25日　第1版第1刷発行
2012年4月20日　第2版第1刷発行
2014年9月 5 日　第3版第1刷発行
2016年9月20日　第4版第1刷発行

著者　黒田耕嗣
　　　斧田浩二
　　　松山直樹

発行者　串崎 浩

発行所　株式会社 日本評論社
〒170-8474 東京都豊島区南大塚3-12-4
電話 03-3987-8621 [販売]
03-3987-8599 [編集]

印刷　藤原印刷
製本　井上製本所
装釘　林 健造

Printed in Japan　ISBN 978-4-535-60719-4